KUNCHONGCHUAN ZHIWU BINGDU
LIUXINGXUE JIQI YUFANG

昆虫传植物病毒流行学及其预防

陈声祥　燕飞　陈剑平　著

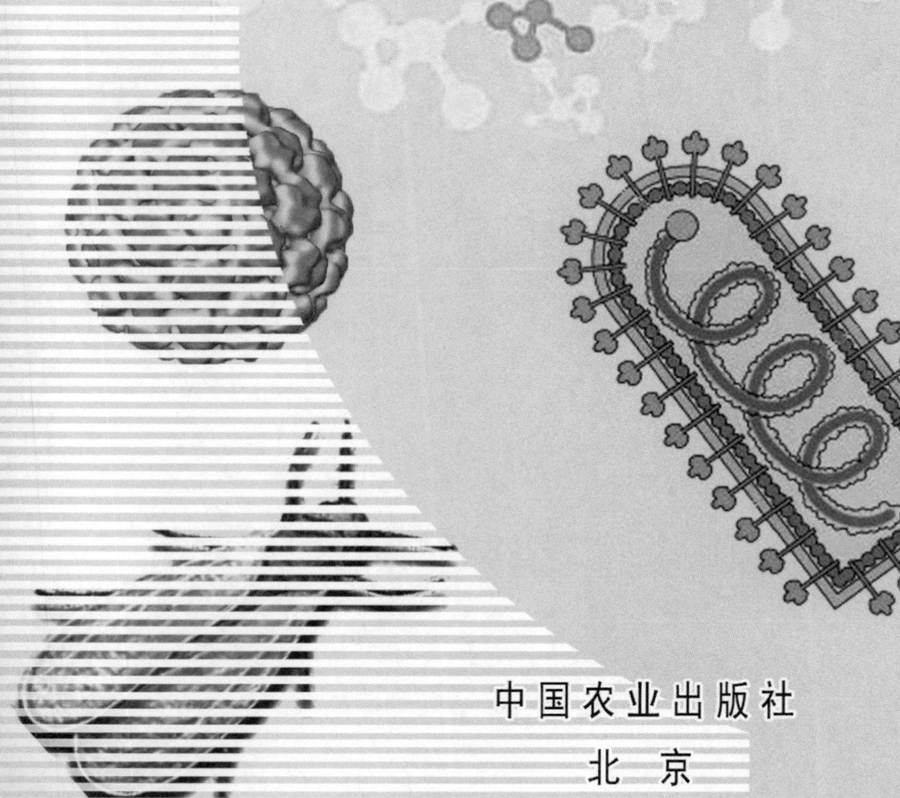

中国农业出版社
北　京

PREFACE／前言

20世纪60年代以来，昆虫传植物病毒已逐渐成为制约我国主要农作物优质高产的一类重要病原。每当病毒流行期，广大植物保护科技人员和有关专家都纷纷深入病区，采用田间调查研究和实验室试验相结合的方法确证病原，测试介体昆虫传病特性，观测病毒传播过程及病害发生发展动态，开展病虫测报和病害防治试验，总结提出了一套“农业防治为基础，治虫防病抓适期”的病害防治措施，有效地减轻了危害，控制了病毒流行扩展。然而这些科研资料除部分能成文发表以外，大多是以课题研究总结材料的形式散落在研究者所在单位的档案库中或个人的办公室里，最后随着课题的结束和研究人员的离退而散落，后来的科技人员难以学习和借鉴，往往造成同类研究从头开始，重复进行。这不仅浪费资源，还不利于提高课题研究的起点水平。因此有必要将我国植保科研前辈在同类研究中所取得的研究成果及资料总结成文并公布于世，以便现代同类研究的科技人员借鉴。幸而我于20世纪60年代至21世纪前10年一直从事本学科研究，有机会参加国内外同类研究的协作会议和学术活动，并保存有相关的科研资料，于是在当今本学科学术带头人的协作下，起草编写本书。

本书的命题由来已久，因为它是同行研究者共同的追求目标。我在本书的写作过程中，通过多个昆虫传植物病毒流行研究的事例分析、综合和推理，并依据生态学观念和“物竞天择，适者生存”的自然法则，设计出“昆虫传植物病毒生存状态时空模型”，将常人看不见摸不着的病毒微粒体及其互作伙伴一起装进一个时空模型中，令其互作互动，并可用现代技术方法监测其活动轨迹，表达其各种生存状态，显示其在农作物中的上升和流行过程，从中正确找到病毒病防控的适期，进而真正达到揭示病毒发生规律，有效防控植物病毒病危害的研究目的。

在本书写作过程中，留英学者刘力博士帮助选择多数英文文献；英国洛桑试验站植物病理学研究室前主任 Mike Adams 教授帮助整理 2011 年前昆虫传植物病毒名录；浙江大学杜阳教授帮助绘制昆虫传植物病毒生存状态时空模型及病害与昆虫和气候因子相关性图表，并修改和审核本书第三章；浙江大学洪健教授提供本书附录Ⅰ和病毒双重侵染电镜照片；本研究团队的多名研究生帮助录入本书文稿。在此一并致谢！

本书写作中，限于作者学识和能力，有差错和不当之处，望读者指正。

陈声祥

2018 年 12 月　于杭州

CONTENTS／目 录

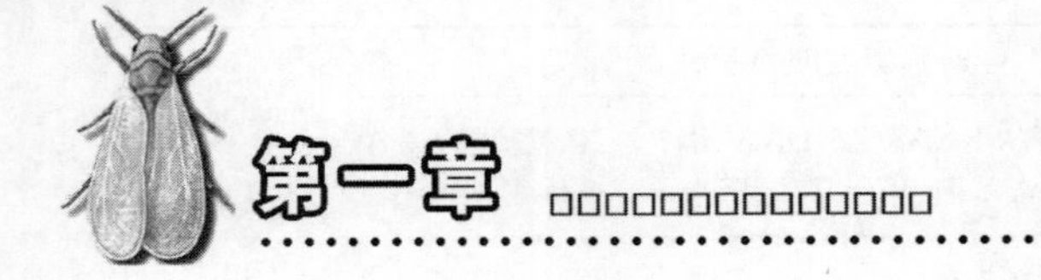

概　论

随着农业生产的发展和科学技术的进步，越来越多侵染植物、特别是危害农作物的病毒被陆续发现。至今，世界上已报道的病毒种多达 1 100 种，其中 2011 年被国际病毒分类委员会（ICTV）确认的有 984 种，分为 8 目 21 科 91 属（附录Ⅰ，附录Ⅱ）。这些病毒大多以昆虫为介体传播。根据 2007 年 ICTV 确认的 697 种植物病毒统计，以昆虫为介体传播的占 64%，其中由半翅目（Hemiptera）昆虫（蚜虫、烟粉虱、叶蝉、飞虱和其他半翅目）传播的占 55%，由鞘翅目（Coleoptera）昆虫传播的占 7%，由缨翅目（Thysanoptera）昆虫传播的占 2%。在半翅目昆虫介体中，传播植物病毒最多的是蚜虫，占所有昆虫传植物病毒的 28%，其次是烟粉虱（*Bemisia tabaci*），占 18%，再次是叶蝉和飞虱，分别占 4%和 3%（表 1-1，附录Ⅱ，图版 1，图版 2）。

表 1-1　病毒介体及其传播的植物病毒

（Hogenhout et al.，2008）

介体分类			病毒类型				总数
			球状 RNA 病毒基因组	杆状 RNA 病毒基因组	DNA 病毒基因组	有包膜的 RNA 病毒基因组	
昆虫	半翅目	蚜虫	26	153[a]	13	5	197
		烟粉虱	—	13	115[b]	—	128
		叶蝉	8	—	15	3	26
		飞虱	10	4[c]	—	4	18
		其他半翅目	—	8	5	—	13
	缨翅目	蓟马	2	—	—	14	16
	鞘翅目	甲虫	50	1	—	—	51

（续）

介体分类			病毒类型				总数
			球状 RNA 病毒基因组	杆状 RNA 病毒基因组	DNA 病毒基因组	有包膜的 RNA 病毒基因组	
非昆虫	真螨目	螨	1	9	—	—	10
	线虫目	线虫	45	3	—	—	48
	真菌目	真菌	8	16	—	—	24
不明介体			84	60	19	3[d]	166
总数			234	267	167	29	697

a 包括马铃薯 Y 病毒属的 110 种病毒；

b 双生病毒科菜豆金色花叶病毒属病毒；

c 飞虱所传纤细病毒属病毒为线形 RNA 病毒；

d 可能由昆虫传播。

由昆虫传播的植物病毒是一类专性活体寄生的微生物，不能独立于寄主植物和介体昆虫细胞之外持久生存，必须完全依赖于寄主植物和介体昆虫的物质、能量系统而生存，并依靠介体昆虫在寄主植物上的取食、繁殖及活动行为实现传播、扩散。在昆虫传植物病毒的生存环境中，寄主植物既是昆虫的取食对象，也是病毒生存的基础，因而寄主植物决定着介体昆虫和病毒的生存与发展，决定着昆虫传植物病毒的流行与否。

根据记载，历史上昆虫传植物病毒的流行均与该病毒及介体昆虫的寄主植物生产大发展相关。记录较早流行的昆虫传植物病毒是由烟粉虱传播的番茄黄曲叶病毒（*Tomato yellow leaf curl virus*，TYLCV），该病毒于20世纪20年代在约旦河谷大量种植的番茄上大发生（Cohen et al.，1994）。30年代，随着南美洲柑橘生产的大发展，引起南美洲由蚜虫传播的柑橘速衰病毒（*Citrus tristeza virus*，CTV）大流行，造成数百万株柑橘树被毁（Carter，1962）。60年代初，随着中国南方地区十字花科蔬菜和油菜的大发展，由蚜虫传播的芜菁花叶病毒（*Turnip mosaic virus*，TuMV）和黄瓜花叶病毒（*Cucumber mosaic virus*，CMV）在广州、杭州等城郊蔬菜和长江流域油菜作物上大流行；之后随着蔬菜品种的改良，特别是大面积推广抗病毒的甘蓝型油菜品种后，这两种病毒才得到有效控制。60年代以后，随着世界各国稻区稻米生产的大发展，相继出现了15种水稻病毒的流行危害（Hibino，1996），如由黑尾叶蝉（*Nephotettix cincticeps*）传播引起的水稻矮缩病毒（*Rice dwarf virus*，RDV，图版3）。该病毒虽然早在1883年就在日本被发现（Katsura，1936；Ling，1979），但在日本水稻上流行却是在20世纪50年代日本水稻生产大发展的时期，尤其是在提倡水稻早植栽培的60～70年代，同时又有由灰飞虱（*Laodelphax striatellus*）传播的水稻黑条矮缩病毒

(*Rice black streaked dwarf virus*, RBSDV) 和水稻条纹病毒 (*Rice stripe virus*, RSV) 在麦-稻种植区流行 (Hibino, 1996)。

在我国，随着20世纪60年代以后粮食生产的大发展，1960—1985年相继发生了由多种昆虫传播的植物病毒流行危害。1960—1984年由蚜虫传播的大麦黄矮病毒 (*Barley yellow dwarf virus*, BYDV) 在中国西北冬小麦区间歇流行达7次之多（周广和等，1987）。在长江流域以南稻区随着绿肥-双季稻种植制的大面积推广，暴发了主要由黑尾叶蝉传播的水稻黄矮病毒 (*Rice yellow stunt virus*, RYSV，图版4) 和RDV的并发流行危害（全国水稻病毒病研究协作组，1984）。当时，浙江省粮食生产发展最快，单产全国最高，RYSV和RDV的流行危害也最为严重（浙江省农科院植保所水稻矮缩病课题组，1972），麦-双季稻种植区于20世纪60年代中期发生了由灰飞虱传播的RBSDV的大流行，其中在浙江中部和西南部推广麦-双季稻种植面积最大地区的发病流行危害最为严重（陈鸿逵，1966；浙江省农业科学院植物保护研究所病毒病研究组，1985）。

在亚洲东南部各国稻区，随着20世纪60年代由国际水稻研究所 (International Rice Research Institute, IRRI) 倡导的"绿色革命"的成功，水稻生产发展迅速。在60年代后期至80年代初期发生了由二点黑尾叶蝉 (*Nephotettix virescens*) 和二条黑尾叶蝉 (*Nephotettix nigropictus*) 传播的东格鲁病毒 (*Rice tungro spherical virus*, RTSV；*Rice tungro bacilliform virus*, RTBV) 以及由褐飞虱 (*Nilaparavata Lugens*) 传播的水稻齿叶矮缩病毒 (*Rice ragged stunt virus*, RRSV)（图版5）和水稻草状矮缩病毒 (*Rice grassy stunt virus*, RGSV) 的大流行。1991年国际水稻研究所的统计结果表明，当时由这几种昆虫传植物病毒所造成的水稻经济损失占同期所有病虫灾害和自然灾害造成水稻损失总和的10.2%（Khush et al., 1991）。同样，在非洲，随着60年代后期引种亚洲水稻的成功和灌溉稻生产的大发展，发生了由甲虫 (*Sesselia pusilla*) 传播（也能机械传播）的水稻黄斑驳病毒 (*Rice yellow mottle virus*, RYMV) 的流行，该病毒从1966年发现到2004年，已由其发源地非洲东部（坦桑尼亚东部）扩展到全非洲大陆的灌溉稻种植区（Fargette et al., 2004）。在中美洲，也随水稻生产的发展于60年代新发现了由稻飞虱 (*Sogatodes orizicola*) 和古巴飞虱 (*Sogatodes cubanus*) 传播的水稻白叶病毒 (*Rice hoja blanca virus*, RHBV) 的发生危害（Ling, 1979）。

烟粉虱在20世纪初就已被发现，曾于20年代在约旦河谷的番茄上传播番茄黄曲叶病毒，但在1980年以前并不被作为农作物生产的重要害虫看待。自90年代以来，随着热带和亚热带地区番茄等果蔬作物、木薯和棉花生产的大发展，温带地区花卉和番茄等园艺作物设施栽培的推广，促成了烟粉虱新生物种的不断出现及其种群数量的暴发，进而导致由烟粉虱传播的菜豆金色花叶病毒属病毒的大流行。在美国亚利桑那州，随着瓜果生产的发展，烟粉虱从1980年初见到90年代烟粉虱生物型A很快被生物型B所取代，由于该生物型烟粉虱抗药性强、繁殖率高，成为传播菜豆金色花叶病毒属病毒的重要介体（Thompson，2011）。在巴基斯坦，90年代随着棉花生产的发展，由烟粉虱传播的棉花曲叶病毒（*Cotton curl leaf virus*，CCLV）大流行，发病面积达200万 hm^2 以上，一度严重影响该国棉花出口（Mansoor et al.，1993）。在非洲，随着木薯生产的发展于90年代暴发了由烟粉虱传播的木薯花叶病毒（*African cassava mosaic virus*，ACMV）的大流行，造成经济损失超过20亿美元（Harrison et al.，1999）。在法国罗纳三角洲地区由于推广种植由西班牙输入的带毒番茄种苗，引起2001—2002年两年连续发生由烟粉虱传播的番茄黄曲叶病毒的流行（Jones，2003）。

在中国，随着花卉、番茄等园艺作物和烟草的生产发展，烟粉虱新生物型已在许多地方发生危害，由其传播的菜豆金色花叶病毒属病毒的危害已在南方一些地区的番茄、番木瓜和烟草等作物上呈逐年上升之势。据1999—2001年调查，在广西局部地区的番木瓜上的发病率已经高达30％～50％，最严重的达100％，当地秋番茄也因此病毒的危害较难种植（纠敏等，2006）。

至今烟粉虱随寄主作物生产的大发展在全球已成为包括许多生物型的庞大复合种，使其传播的菜豆金色花叶病毒属病毒种类达194个，迅速超过了以往由蚜虫传播的马铃薯Y病毒属（*Potyvirus*）病毒的146个（附录Ⅰ和附录Ⅱ）。

昆虫传植物病毒的流行与其介体昆虫大发生的关系在历史上已有不少记录，近年来菜豆金色花叶病毒属病毒在热带和亚热带许多食用作物和经济作物上广泛流行与20世纪90年代以来粉虱新生物型的不断涌现和种群数量急剧上升密切相关（Thompson，2011）。70年代中国长江流域以南稻区RYSV和RDV并发流行与其介体昆虫黑尾叶蝉的暴发有关（浙江省农业科学院植物保护研究所病毒病研究组，1985）。60～80年代中国西北地区BYDV流行年份与其介体昆虫麦蚜的大发生相关。1950年发现马铃薯卷叶病毒（*Potato leaf roll virus*，PLRV）与马铃薯叶片上的桃蚜（*Myzus persicae*）数量有关。50年代初在英格兰观测到甜菜黄化病毒（*Beet yellowing virus*，BYV）的发病率与成活的蚜虫数量相关。甜菜曲顶病毒（*Beet curly top virus*，BCTV）发病率与春季进入甜菜的叶蝉种群数量相关（Carter，1962）。

昆虫传植物病毒在一些农作物生产过程中往往不是以昆虫为主要介体传播的，如黄瓜花叶病毒在郁金香、唐菖蒲等观赏作物中以球茎带毒传播为主（Kamo et al.，2010），21世纪初在法国罗纳三角洲地区TYLCV的流行是输入西班牙带毒番茄苗引起的（Jones，2003）。

昆虫传植物病毒的分布范围通常与其介体昆虫的区系分布一致。如CMV随分布全球各地的60余种蚜虫在千余种植物上传播而遍布世界各地；马铃薯Y病毒属的多种病毒也随其介体多种蚜虫广泛分布于世界各地；BYDV随介体蚜虫的专化性分成遍及世界不同地区的株系，在欧洲分布的主要是由禾谷缢管蚜传播的BYDV-RPV株系，在中国主要是由麦二叉蚜和禾谷缢管蚜传播的BYDV-GPV株系（周广和等，1987）；菜豆金色花叶病毒属病毒随其介体昆虫烟粉虱主要分布在热带和亚热带地区的寄主植物上，但随着温带地区农作物设施栽培的发展，该属病毒也随介体昆虫入侵到温带地区的农作物上；RDV和RYSV随其介体昆虫黑尾叶蝉主要分布在东亚稻区；由灰飞虱传播的RBSDV和RSV（图版6）则分布于东北亚地区以及西亚和欧洲；由褐飞虱传播的RRSV和RGSV以及由二点黑尾叶蝉为主传播的东格鲁病毒主要分布在热带亚洲；RHBV随介体昆虫古巴飞虱的分布仅限于中美洲（Ling，1979）；RYMV随介体昆虫甲虫只分布在非洲大陆及附近海岛。然而，昆虫传植物病毒也会随介体昆虫的自主迁飞或上升气流迁到其栖息地之外的寄主植物上感染发病，如果迁入地的生态环境适合介体昆虫的生存发展，则其传带的病毒有可能在迁入地上升流行，反之就不会。

显然，随着病毒与介体昆虫和寄主植物三者互作关系的发展，原病毒种可能演化为由新介体昆虫传播的新病毒种，如21世纪初在中国南方水稻上新发现了由白背飞虱（*Sogatella furcifera*）传播的南方水稻黑条矮缩病毒（*Southern rice black streaked dwarf virus*，SRBSDV），从病毒基因组测序和介体昆虫传毒试验比较的结果来看，认为该病毒是由灰飞虱传播的RBSDV演化而来（周国辉等，2008），从而其分布范围由原亚洲温带稻区转移到亚洲热带稻区。随着白背飞虱的迁飞，该病毒仍可在温带稻区传播，但由于白背飞虱的迁入时期、数量和带毒率有限，不一定能造成大范围的流行发病。

随着农业生物技术的发展和农作物设施栽培的推广，在一些由营养体繁殖生产的农作物上，昆虫介体对传播病毒似乎显得并不重要，但在自然环境中，昆虫传植物病毒的生存发展和消长还得依赖昆虫传播。现在还不清楚昆虫传病毒中那些能由机械传播的病毒是由昆虫传植物病毒进化而来的还是由机械传播进化到能被昆虫传播。当然，许多由蚜虫传播的非持久型病毒都能由病株汁液接种传播。显然，在论述昆虫传植物病毒流行中，病毒是主角，但它却完全依赖于寄主植物和介体昆虫的生命活动才能生存发展。通常，昆虫传植物病毒的流行都是以其在寄主植物上表现出来的发病率和发病严重度来表现。如果其生存环境中都是隐症寄主，那就反映不出该病毒是否存在。只有当病毒生存地的农业生产状况发生改变，农作物更加多样化时，病毒才有可能在可表现其症状的显症寄主作物上发病，进而使人们发现它的存在。随着近代生物技术尤其是高通量测序技术的发展，现在可用分子生物学技术检测到任何寄主植物和介体昆虫体内传带的微量病毒，还可以检测病毒随寄主植物和介体昆虫的生存和发展而发生演化的关系。

在昆虫传植物病毒生存环境中，病毒与寄主植物和介体昆虫三者的关系是互相牵连的，也就是常说的三者存在互作关系。在这种关系中，假设病毒为 A、寄主植物为 B、介体昆虫为 C，则可将 A、B、C 连接成为一个等腰三角形 ABC（图 1-1），可称为病毒与介体昆虫和寄主植物的三角生存关系。再设病毒与寄主植物和介体昆虫所处的共同生存环境为 D，处于$\triangle ABC$ 平面的上方，然后将 D 分别与$\triangle ABC$ 的 A、B 和 C 三点连接成一个直角锥体 $ABCD$，称为病毒与寄主植物和介体昆虫三者的互作关系在 D 生存环境下的时空模型（图 1-2），表示病毒原始生存状态或病毒流行后的间歇状态，也是病毒在 D 环境下的生存常态。在这个常态下，病毒量是受寄主植物和介体昆虫的适度和丰度直接制约着的；同样，病毒的分布范围也随着寄主植物和介体昆虫的地理分布而变动。虽然在自然生态环境里，介体昆虫和寄主作物的分布时间和地理位置并不完全一致，但它们对病毒的作用是一致的，表现在病毒与介体昆虫和寄主植物三者互作关系的$\triangle ABC$ 中，边 $AB=AC$。

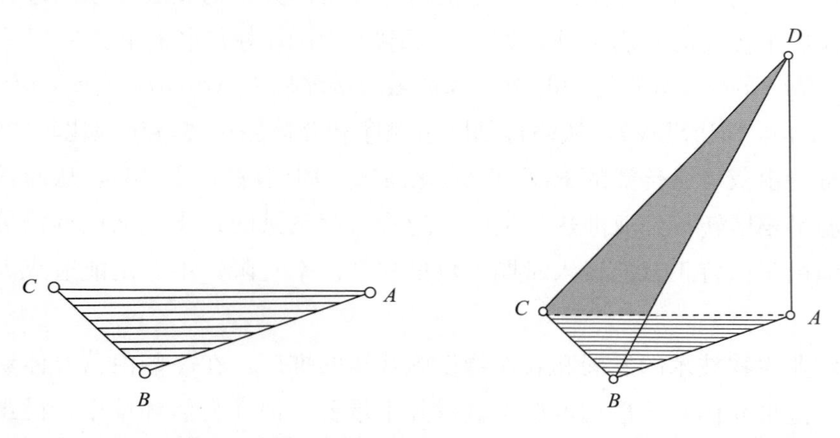

图 1-1　昆虫传植物病毒与寄主作物和介体昆虫的生存关系

图 1-2　病毒生存常态模型

在农业生态系统中，昆虫传植物病毒的位移和数量升降的主要动力是寄主作物的播种数和推广范围，以及介体昆虫的迁移能力和繁殖量两个杠杆，表达在病毒生存常态模型（图 1-2）中为 AB 和 AC 线在水平方向，以病毒 A 与环境 D 的连线 AD 为轴心，拖动直角锥体 $ABCD$ 向顺时针或逆时针方向任意移动（图 1-3）。若病毒随着寄主植物和介体昆虫的生存位置（$\triangle ABC$）移动 180°，达到$\triangle A'B'C'$位置，若位移 360°，这样其空间轨迹就形成一个圆锥体，表示昆虫传植物病毒在地面上的一个扩展动态，说明在自然界昆虫传植物病毒的生存地点是不固定的，它是随着寄主植物和介体昆虫的分布范围而改变的，其变动范围是以病毒（A 点）为中心，AB 或 AC 为半径的圆周内，其变动轨迹是在其生存环境（D）下的一个圆锥体，可将其称为昆虫传植物病毒扩展动态（图 1-3）。在图 1-3 中，昆虫传植物病毒从原生态$\triangle ABC$ 转移 180°到达相对的圆内$\triangle A'B'C'$位置，这是其在 D 生存环境中的最大位移距离。D 空间环境分布也可随寄主植物和介体昆虫位移距离扩大而增大，相应的病毒传播范围也随之向空间环境四周以外地区扩展。

在病毒流行中，病毒虽然作为主角，但它只能依赖或适应寄主植物和介体昆虫的兴衰而增减。病毒生存状态模型（图 1-1 至图 1-4）内，病毒（A）与寄主植物（B）和介体昆虫（C）的三角互作关系中，病毒（A）上升的原动力应该就是寄主植物（B）和介体昆虫（C）的上升合力，然后才带动病毒（A）上升。在农业生态系统中寄主植物主要是农作物，在历史上每当农作物发展到满足于介体昆虫和病毒的适度和丰度时，紧随着的是介体昆虫的大发生和由介体昆虫传播的病毒的大流行。由于植物病毒的流行通常用该病毒引起寄主植物的发病率及其危害的严重度来表达，其最高流行危害率为 100%，此时病毒再无健康寄主植物可侵染，病毒存量达到顶峰后就随着患病寄主植物的衰亡而急剧下降，表现在一年生寄主作物遭受病毒大流行之后发病率急剧下降。假设图 1-3 中昆虫传植物病毒生存常态模型（直角四面体 $DABC$）中寄主植物（B）随着作物生产发展到达满足于病毒和介体昆虫的丰度和适度时，病毒（A）在图 1-3 中就随着$\triangle ABC$ 以病毒（A）为支点，以 AB 和 AC 为半径向上运动，当运动轨迹到 90°时，表示寄主植物的发病率达到 100%饱和度，若在图 1-4 中 B_2C_2 再继续向前运动，则寄主植物发病率和介体昆虫带毒率随着半圆弧度的增加而下降，当运动轨迹转到 180°时$\triangle ABC$ 的轨迹反转 180°到达$\triangle AB_4C_4$的位置，就显示寄主植物发病率和介体昆虫带毒率渐降至趋近为 0，则表示为这次病毒流行过程结束。这样，这个病毒流行动态过程可根据病毒扩展动态模型，将其运动轨迹画作一个半圆跨直径双截

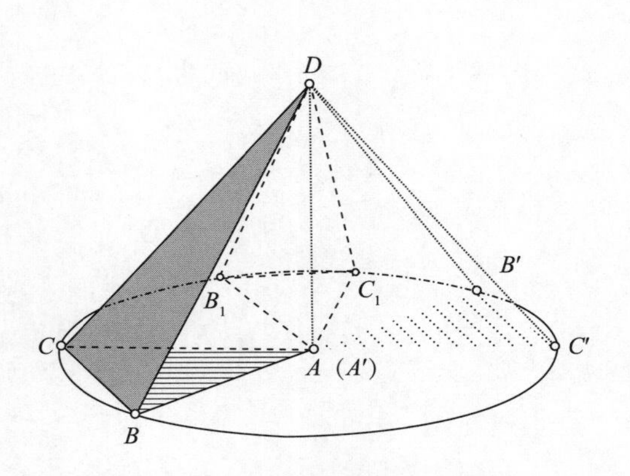

图 1-3 病毒扩展动态模型

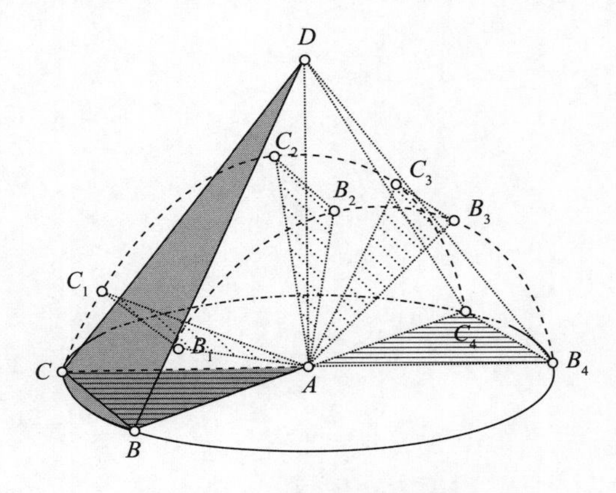

图 1-4 病毒流行动态模型

面（图 1-4）。再根据病毒扩展动态模型（图 1-3），若将所有病毒扩展点的病毒量上升和下降轨迹画出，则图 1-4 所示病毒流行动态全过程模型可能就是个接近以 AB 或 AC 为半径的半球面（图 1-4）。

根据上述昆虫传植物病毒生命活动的时空结构模型，昆虫传植物病毒的流行只是其生命发展史中一个短暂的兴旺篇章，通常应用病毒所感染的寄主植物在寄主植物群体中的增长为表量来描述昆虫传播植物病毒病的流行时，仅反映该病毒全生命活动的一个时空片段，但也只有这个病毒流行的时空片段场景，才能引起人们对其存在和发生发展的注意，并进一步探索病毒的流行原因，预测该病毒在寄主植物上发生流行的可能性，提出阻止病毒流行的经济有效的方法，并加以实践。

病毒的流行因子及其相互关系

昆虫传植物病毒的流行因子通常包括病毒源、介体昆虫、寄主植物和生存环境四个方面。

第一节　病毒源

病毒源指的是引起寄主植物发病流行的病毒来源，一般是在农业生态系统中生存着的带毒寄主植物及其根和茎等繁殖材料（包括发病的和处于潜伏期及隐症带毒的），以及在其上取食或繁殖的带毒介体昆虫。病毒源的分布范围和数量多少以及对农作物的侵染性因病毒种类不同而异，还受农业耕作制度、农作物品种和栽培方式的制约。

一、病毒源性质

病毒种类和性质不仅决定了病毒的寄主范围、致病性以及介体昆虫种类和传播特性，还决定了病毒在种内和种间对环境适应性的变异能力。

昆虫传植物病毒被昆虫传播时，通常是昆虫从病株上吸取整个病毒粒体，然后在吸食健康植株时整个病毒粒体随唾液释放到健株的活细胞内才致病的（图版 7，图版 8）。因此一种病毒能否被介体昆虫传播首先取决于病毒粒体表面的分子功能。大多数植物病毒粒体结构都是基因组 RNA 或 DNA 被 1～3 个衣壳蛋白螺旋包裹成为杆状、等径或不等径球状、弹状或分支丝状粒体（图版 3 至图版 8）。一些复杂的病毒衣壳蛋白外面还包有一层类脂质膜（图版 4）。昆虫传植物病毒外壳蛋白（coat protein，CP）表面分子与介体昆虫有关细胞分子的互作决定了病毒的传播方式和特点。此外，有些病毒还需要其他蛋白参与才能完成传播，如马铃薯 Y 病毒属病毒就需要一种由病毒基因组编码的辅助成分（helper component）和一个非结构、多功能蛋白即辅助成分蛋白酶

（helper component-proteinase，HC-pro）参与才能由蚜虫传播（Hull，1994；Plisson et al.，2005）。

CMV是一种单分子正链RNA病毒，是雀麦花叶病毒科黄瓜花叶病毒属代表种，它是目前已知昆虫传植物病毒中寄主范围最广、介体昆虫最多和危害性最大的一个种。它能由60余种蚜虫传播，侵染1 000余种单、双子叶植物，在世界各地危害许多农作物和野生寄主植物，其病毒源遍布世界各个农区，病毒源的性质现在已从侵染过程和病毒粒体表面结构的功能研究中得到一些解释。早期在比较蚜虫传和非蚜虫传CMV外壳蛋白的序列中发现，传毒特性与CMV的CP序列中第168位氨基酸有关（Hull，1994）。进一步研究发现，CMV有3个重要特性决定了它具有如此强大的生命力和侵染性。第一，基因组易于自然变异产生由多种蚜虫有效传播的株系，如CMV-Q和CMV-T，能自发突变决定由一种或多种蚜虫传播，如CMV-C和CMV-M；第二，RNA基因组组分（RNA1，RNA2和RNA3）（图2-1）可在不同CMV株系间重组，以适应新的环境；第三，病毒RNA在体外能够与游离的CP组装成具有生物活性并具侵染性的病毒粒子，如CMV与同科的、由斑点黄瓜甲虫传播的豇豆褪绿斑驳病毒（*Cowpea chlorotic mottle virus*，CCMV）互换CP后，CMV-hybrid（CMV杂合株）就能由甲虫传播（Mello et al.，2010）。上述CMV的生命特征还有如下研究例证。较早研究表明CMV株系基因组编码的CP是蚜虫传播的决定因子，如将非桃蚜传的CMV-M株系与桃蚜传番茄不孕花叶病毒（*Tomato aspermy mosaic virus*，TAMV）的CP置换后，则含有TAMV株系CP的CMV新株系就能由桃蚜传播，而含有CMV-M株系CP的TAMV新株系则不能由桃蚜传播（Perry et al.，1994；洪健等，2001；Ng et al.，2006）。后来进一步分析桃蚜传CMV-Fny再分体的基因组RNA1和RNA2，以及嵌合有CMV-Fny与非桃蚜传CMV-M株系的CP区间的RNA3，证实CP基因的这两个区域由限制性酶HindⅢ、Cfr101和XbaⅠ分隔着，这对棉蚜（*Aphis gossypii*）传播CMV是重要的。在这两个区域里CMV-Fny与CMV-M株系的区别为只差了3个氨基酸，从而导致CMV-M的CP突变为类似CMV-Fny的CP，其中在序列129位点的亮氨酸（leucine）变为脯氨酸（proline），在162位点的苏氨酸（threonine）变为丙氨酸（alanine），就能使CMV-M株系可由棉蚜传播（图2-1）。在研究CMV-M能由桃蚜传播的氨基酸序列中，发现了3个其他的氨基酸发生改变也具有此功能：序列25的丝氨酸（serine）变为甘氨酸（glycine），序列168的半胱氨酸（cysteine）变为酪氨酸（tyrosine）和在214位点的精氨酸（arginine）变为甘氨酸（glycine）（图2-1）。由此发现在CMV的CP基因序列中有25、129、162、168和214总计5个位点的氨基酸影响着蚜虫传播病毒特性（Ng et al.，2006）。

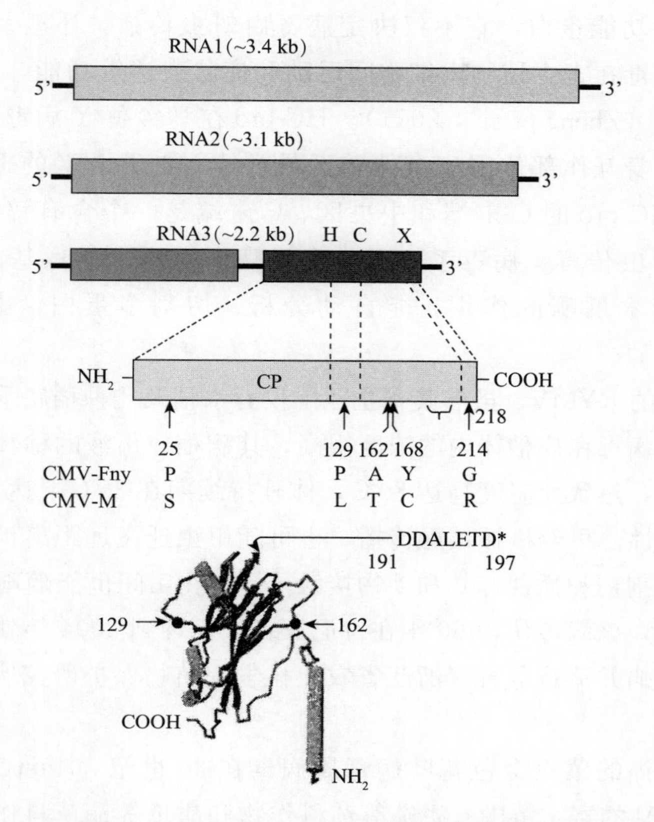

图 2-1　黄瓜花叶病毒（CMV）外壳蛋白（CP）氨基酸残基影响蚜虫传播病毒示意
（Ng et al.，2006）

顶端：CMV 基因组 RNA1、RNA2 和 RNA3。

中间：外壳蛋白氨基酸位点，显示蚜虫传 CMV-Fny 株系和非蚜虫传 CMV-M 株系之间的差别。影响棉蚜传播的氨基酸位点在序列 25、129 和 162 位点，影响桃蚜的在 25、129、162、168 和 214 位点，在序列 129、162 和 168 位点的氨基酸残基单独或者合在一起会影响病毒质粒的稳定性。在暴露的和高保守的 βH-βI 环中划有横线上的氨基酸 DDALETD 任意置换为 alanine（A）或 lysine（L），以及将在 197 位点的 D* 置换为 A，都会导致桃蚜传毒能力降低或消失。这些置换不会引起病毒稳定性的改变，而 D* 置换为 L 会引起致死突变。从用致死突变株接种的植物中发现子代病毒质粒中潜伏着一个在位点 193 由 A 突变为 E（glutamic acid）的补偿次生突变株，并发现这个突变株完全能被桃蚜传播。在 CP 基因上的限制性酶位点 Hind Ⅲ（H）、Cfr101（C）和 XbaⅠ（X）区隔在 CP 基因上两个相关的区域。

底部：CMV-CP 的带状模型，在 βH-βI 环中氨基酸 DDALETD 的大致位置，氨基酸 129 位和 162 位用箭头指示，核衣壳表面是位于模型的顶端。

马铃薯 Y 病毒属（隶属马铃薯 Y 病毒科，成员为单分子正链 RNA 病毒）的病毒种类繁多，目前已知有 146 种，由多种蚜虫非持久型传播，广布于世界各地，侵染许多种单、双子叶植物。其中许多种病毒必须有 HC-pro 参与才能由蚜虫传播，它在植物病毒传播中能将病毒粒体表面分子与蚜虫口针内表皮细胞中的受体结合在一起，在蚜虫传毒中起决定作用（Ng et al.，2006）。现在已知马铃薯 Y 病毒属的

HC-pro是一个多功能蛋白，它不仅决定病毒由蚜虫传播，还涉及病毒基因扩增、多蛋白加工、病毒在寄主植物内细胞间运动和症状表达等功能，也是病毒编码的基因沉默抑制子（Zheng et al.，2011）。HC-pro在马铃薯Y病毒属病毒变异中可自身互作，其自身互作部位因病毒种类不同而异，如TuMV的HC-pro参与自身互作的部位在HC-pro的C-末端和中央区，C-末端是一个含有锌环基序的寡胱氨酸区，控制着蚜虫传毒、病毒系统侵染和发病严重度、病毒基因扩增和病毒聚集。C-末端具有木瓜酶的作用，能自动分析、切割多蛋白，影响病毒细胞间运动。

发生在非洲的RYMV，虽然其寄主范围仅有水稻及几种稻属禾草，介体昆虫为几种甲虫，但该病毒在病稻体内的浓度很高，其病稻榨出液的稀释终点可达10^{-10}，物理性质很稳定，热致死温度高达80℃，体外持续期在25℃下达33d，在9℃下保存71d还有侵染性。可经机械接触传播，也可随甲虫迁飞远距离扩散，还能通过人工农事操作（如割稻和插秧等）和动物接触传播，在田间也能随雨水流淌和灌溉水流动传播。因此，该病毒从1966年在肯尼亚首次发现到2004年就很快传遍全非洲大陆及其周边岛屿并流行危害（浙江省农业科学院植物保护研究所，1975；Fargette et al.，2008）。

由烟粉虱传播的菜豆金色花叶病毒属病毒在20世纪80年代之前并不引人注目。其中TYLCV的寄主范围有番茄等茄科作物和甜瓜等葫芦科作物数种，介体昆虫仅有烟粉虱一种。在过去番茄小规模分散种植条件下，该病毒源仅在原生地寄主作物上借助当地烟粉虱介体少量传播，历史上仅在约旦河谷种植的番茄上有局部流行记录（Cohen et al.，1994）。但是由于该病毒在自然界容易由不同株系混合侵染发生基因重组变异株系，能适应不同生态环境，自20世纪90年代以来，随着热带、亚热带和温带地区番茄规模化生产的发展，该病毒就随着番茄带毒种苗及其上寄生的烟粉虱介体的异地输入，使不同株系的基因发生重组变异，产生致病性更强的病毒株，造成在大面积生产的番茄上发生流行危害。如地中海西岸的西班牙，有关TYLCV的发生开始于20世纪90年代，当时存在的西班牙株系（TYLCSV）是一个变异较少的病毒株系群体，后来引进的以色列株系与当地的病毒株系发生基因重组变异，结果在两年之后产生了1个新的变异株系（TYLCMaLv）。不久西班牙株系（TYLCSV）又与意大利株系（TYLCICV）重组变异产生新的TYLCAXY病毒株系，结果导致该种病毒至今在意大利番茄上广泛流行危害。另外，在番茄生产中具一般抗性的番茄品种也能造成原有病毒株系（TYLCSV）被新的病毒基因重组变异株系所取代，以克服其低水平抗性番茄的抗性基因，致使具一般抗性的番茄感病。现在已确认在世界各地番茄上流行的TYLCV株系至少有11种，在中国已确认的有中国株系（TYLCCNV）、广东株系（TYLCGuV）、广西株系（TYLCGXV）（Diaz-Pendon et al.，2010）。

在菜豆金色花叶病毒属病毒流行中，病毒源的变异除不同株系发生基因重组变异外，还有两个不同株系在混合侵染中发生协同作用（synergism）加剧了病株症状（或病状）的严重度，从而促进了病毒的流行危害。如ACMV，曾于20世纪90年代在乌干达木薯上严重流行，造成6亿余美元经济损失，影响当地多数农民的口粮问题。当时曾怀疑是否是ACMV不同株系的基因重组变异之故。历经田间和实验室调查研究，明确只有在ACMV与当地乌干达株系（EACMV-UG）混合侵染情况下两者发生协同作用症状才能比两者各自单独侵染发生的症状更加严重。测得在两者混合侵染病株中的病毒DNA-A和DNA-B聚合浓度比两者各自侵染病株中的病毒浓度高20～50倍，且两者混合侵染病株的病状比两者分别侵染病株的病状更严重（图2-2）。后来进一步研究证明ACMV与EACMV-UG株系的协同作用的分子生物学机制是两个病毒株系的基因沉默抑制子的联合效应。ACMV含有两个沉默抑制子，AC2和AC4蛋白，ACMV利用AC4蛋白（在某些情况下促进致病性）作为一个有效的沉默抑制子，而EACMV-UG和ACMV应用AC2蛋白（株系活化蛋白），当木薯植株受两个病毒株系侵染后，ACMV的AC4蛋白提供了一个直接的沉默抑制子，这样就有利于两病毒株系复制和增加浓度，并特化产生较多的EACMV的AC2产物，能更有效地抑制寄主植物本身的基因沉默。这种联合效应使两个病毒的DNA聚集增加20～50倍（图2-2）（Fargette et al.，2006）。

另外研究表明，双生病毒种群在复合侵染中发生基因重组不仅在种内产生新的病毒株系，还可在种间产生新病毒种群，如玉米线条病毒属（*Mastrevirus*）病毒代表种BCTV，推测它是由一个曲顶病毒属（*Curtovirus*）病毒种与一个菜豆金色花叶病毒属病毒种发生基因重组后产生的，能由叶蝉传播，而前两者是由烟粉虱传播的。还有番茄伪曲顶病毒（*Tomato pseudo-curly top virus*，TPTV），可能是由一个菜豆金色花叶病毒属病毒种与其他病毒种基因重组产生，能以一种角蝉为介体传播（Briddon et al.，2001）。

BYDV是单分子正义RNA病毒，隶属黄症病毒科黄症病毒属，它能由14种蚜虫传播、侵染100余种单子叶植物，因而其病毒源也广布于世界各个麦区和草原。特别是BYDV-PAV株系，其基因组在世界各国麦区具有高度重组频率，在谱系地理学分析中显示高度多样性，这可解释为它具有局部地理学适应性和对寄主来源的适应性，因此决定了其病毒源有世界广布性（Wu et al.，2011）。

图 2-2　非洲木薯花叶病毒单个株系和两个株系复合侵染植株的病状及相对的 DNA 聚结浓度

a 和 b 为乌干达田间 ACMV 和 EACMV-UG 株系自然复合侵染的木薯病株，显示病状（病症）比较严重；c 为介体昆虫烟粉虱成虫种群密度很高（叶面布满小白点为成虫）；d 为健康木薯；e 为ACMV-(CM) 单独侵染木薯病株（病状较轻），右边 AC 标签为 southern blot 条带，表示病毒 DNA 相对含量较少；f 为 EACMV 单独侵染病株，显示病状较轻，右边 EC 标签为 southern blot 条带，显示 DNA 相对含量较低；g 为 ACMV 和 EACMV 复合侵染病株，其病状和田间自然复合侵染一样严重，右边标签显示 southern blot 条带，表示病毒 DNA 含量相对较高。

二、耕作制度、农作物品种和栽培方式对病毒源的影响

由于昆虫传植物病毒完全依赖寄主植物和介体昆虫生存，而在农业生态系统中病毒和介体昆虫的主要寄主都是农作物，因此耕作制度、农作物品种和栽培方式直接左右着昆虫传植物病毒的生存和消长。

（一）耕作制度

耕作制度在这里主要是指可耕地在年内或跨年度能栽培各种农作物的次数，以及各种农作物的前后茬搭配关系是否有利于病毒和介体昆虫的生存和发展。耕作制度受

地理、温度、光照和水分等自然因素的严格制约，也因人们生活习惯和各个历史时期对农作物生产的需求不同而异。

发生在非洲的RYMV是近代大力推行水稻种植制度后迅速上升流行的一个突出例子。根据近年对该病毒外壳蛋白基因序列的分析结果，推测该病毒在数千年以前就自然生存在非洲野生稻及稻属野生禾草上。因为在1960年前非洲不推广栽培水稻，当地原有的野生稻有陆稻和深水稻（浮稻），只在雨季零星生长在荒无人烟的江河湖岸边，在旱季大多干枯，原生的RYMV在稀有的寄主植物和介体昆虫环境中处于原始生存常态。然而从1960年起随着亚洲灌溉稻引进和在非洲大力推广，该病毒就随着叶甲科（Chrysomelidae）介体昆虫迁移远距离传播，随着病田再生稻和自生苗被动物接触传带，通过人工拔秧和插秧等农事操作广泛的接触传播，结果该病毒就随着水稻栽培制度的推广而传遍非洲稻区（Fargette et al.，2006）。

我国甘肃省河西地区在1951年前原是北方春小麦高产区，小麦上BYDV发生很轻。但自1952年后推广种植冬小麦的28年中，引起由麦蚜传播的BYDV的多次流行。究其原因，当地在1952年前，夏秋作物收获后田野禾草逐渐干枯，残留在寄主植物根茎上越冬的蚜虫极少，达不到翌年春季小麦上病毒流行的毒源量，因此春小麦上BYDV发生轻微。然而自从种植冬小麦后，夏秋作物上发生的带毒蚜在秋后直接迁入小麦苗取食传毒，成为翌年春小麦上BYDV流行的主要侵染源（周广和等，1987）。

RBSDV（图版7至图版9）在浙江省发生两次大流行（图版31、图版32、图版35）与当时该省稻田耕作制度转变关系非常密切。浙江省RBSDV首次于20世纪60年代中期流行（图版32），与当时浙江省稻田耕作制度由一熟制改为二熟制，连作稻种植面积从1955年的3.6%扩增到1966年的61%密切相关（蒋彭炎，2001）。因为在种植一季稻时期，水稻播种迟，成熟收获早，在水稻上繁殖的末代灰飞虱成虫找不到合适的寄主植物过冬，从而抑制了越冬虫生存。到第二年春天，少量的越冬成虫又找不到合适的寄主植物产卵繁殖，于是依赖灰飞虱取食传播的RBSDV的年初次侵染源受到抑制，病毒就不可能发生流行。后在早稻和晚稻一年两熟的耕作制度下，早稻提早到3月末至4月初播种，晚稻延迟到11月末收获。这样在晚稻穗期繁殖的第五代灰飞虱成虫有丰富的营养繁殖大量的第六代若虫，并有机会从晚稻RBSDV病株获取病毒，于翌年3月下旬至4月上旬羽化为成虫后迁到早稻秧苗上取食传毒，成为RBSDV的年初次侵染源。灰飞虱在早稻上繁殖第二、三代虫，其虫量在7月中、下旬达全年高峰（常为越冬后成虫量的数十至百余倍）。这些虫中的带毒虫在早稻成熟收获后迁向晚稻秧田和早栽大田取食传毒，成为当年晚稻上RBSDV发病流行的主要侵染源，从而造成连作晚稻发病重于早稻（发病率通常按侵入水稻秧苗期的带毒虫量的倍数扩增)。以此重复数年(一般3～5年),病毒源逐年累积放大,最终造成该病毒在晚稻上大流行(阮义理等,1981;陈声祥等,1985)。20世纪60年代中期至70年代,浙江省稻田耕作制又改革为春花-双季稻一年三熟制,其中"春花"作物主要种植大麦和绿肥(紫云英),而这些田块在春耕时正好将灰飞虱第一代虫(成虫迁飞前)杀灭在春耕农事操作中,于是就切断了早稻RBSDV发生的初次侵染源,到60年代末期RBSDV发病率迅速下降,在70～80年代难以找到RBSDV的病株标本。但到80年代中期后,浙江省农业生产由大集体改为个体经营,在金华、台州等老病区又恢复小麦-单季稻和麦-单、双季稻混栽制。这样,如同60年代前中期的耕作制度那样,又有利于灰飞虱传播的RBSDV的发生和流行(图版28、图版29、图版30、图版51)。于是,在90年代,这些地区又再次发生RBDSV的大流行(祝增荣等,1998;陈声祥等,2000;陈声祥等,2005)。然而,浙江省在20世纪60～70年代实行春花-双季稻耕作制时期虽不利于灰飞虱的发生和RBSDV的流行,但有利于黑尾叶蝉的发生及由它传播的RDV和RYSV的流行。因为当时的冬季作物(春花)中紫云英(绿肥作物)田面积约占1/3,其中滋生的看麦娘(*Alopecurus aequalis* Sobol.)和日本看麦娘(*A. japanicum* Steud.)(图版13)是黑尾叶蝉越冬栖息的最佳寄主。根据当时RDV(图版12至图版14)和RYSV(图版15至图版17)流行区东阳病虫观测站调查记录,在当地田间占总面积38.5%的紫云英田的看麦娘上越冬的黑尾叶蝉虫量占当地越冬总虫量的84.8%～97.0%,低的也占58.0%～60.9%(农牧渔业部农作物病虫测报站,1983)。据调查,绿肥田越冬虫量占当地总虫量的66.6%～80.02%。这些越冬黑尾叶蝉若虫在翌年绿肥田翻耕前羽化为越冬代成虫,直接迁入早稻秧田取食,其中的带毒虫就成为早稻上RDV和RYSV的初次侵染源。黑尾叶蝉在早稻上繁殖第二、三代虫,随着早稻的黄熟和收获,陆续迁入晚稻秧田和早栽大田,其中的带毒虫就成为晚稻上水稻矮缩病毒和黄矮病毒发生的主要侵染源。由于迁入晚稻秧苗上的黑尾叶蝉第二、三代成虫量比越冬代的大十倍至上百倍,因此只要当地早稻上这两种病毒病合计有3%以上的发病率,就会引起晚稻上这两种病毒病的扩大流行。

RSV(图版6)在日本分别于20世纪60年代中后期和70年代前期流行,与当时推行小麦-水稻耕作制、提倡水稻早植栽培和扩增小麦播种面积有关。后来压缩小麦种植面积,增加冬春休闲田面积,致使RSV的发生受到抑制,但是这些休闲田有利于黑尾叶蝉适生寄主日本看麦娘的滋长,因此有利于黑尾叶蝉的越冬和翌春侵入早植水稻,从而为其中的带毒虫在水稻上传播RDV创造了有利环境,于是引起RDV于1967—1978年在日本水稻上流行危害(Hibino,1996)。

(二) 农作物品种和栽培方式

在农作物生产中，耕作制度通常由农作物品种及其栽培方式来体现，其中病毒及其介体昆虫的寄主作物和栽培方式的演变牵动着昆虫传植物病毒源的数量、时空布局和消长动态，成为昆虫传植物病毒流行与否的杠杆。

在昆虫传植物病毒的流行中，寄主作物品种对病毒的抗感性有显著影响。如浙江省在20世纪60年代前种植的白菜型油菜品种（姜黄种和浠水白等）易遭TuMV的流行危害，后来改用抗病的甘蓝型油菜品种后，TuMV在油菜上的发生渐渐减轻，至今未发生过流行危害（陈鸿逵等，1963；俞碧霞，2001）。由褐飞虱传播的RGSV曾于20世纪60年代在菲律宾稻田严重流行危害，后来国际水稻研究所（IRRI）学者将野生稻（*Oryza nivara*）的抗性基因转化到栽培稻（*Oryza sativa*）中，培育成高抗品种，自1973年推广种植后该病毒在水稻上的发病率迅速下降，到80年代，该病毒在田间的发生率几乎就减少到可以忽略不计的程度（林克治，1980）。70年代开始发生在我国北方玉米上的水稻黑条矮缩病毒病（当时称为玉米粗缩病，图版33、图版34）与当时当地推广玉米与小麦套播和间作密切相关。后来将春玉米提前到4月中旬播种，麦垄套播玉米推迟到麦收前数天，推广麦收后毁茬然后播玉米等栽培方式后发病渐渐减轻。但到90年代为提高玉米产量尽可能延长生育期，又恢复原来玉米与小麦套种间作，同时推广免耕法，造成野生寄主毒源增多，有利于介体昆虫灰飞虱的发生和对病毒的传播，因此在90年代再次发生玉米粗缩病（玉米上由RBSDV导致的病毒病害）的大流行（陈巽祯等，1986；陈声祥等，2005）。

介体昆虫在寄主植物群体内的活动常受田间管理的影响，早期Walott（1928）就报道了甘蔗的田间除草引起了甘蔗病株上有翅蚜的扩增，加重了甘蔗花叶病毒（*Sugarcane mosaic virus*，SCMV）的发生。一点红（*Emilia sonchifolia*）是菠萝田野草，通常是烟蓟马（*Thrips tabaci*）的取食寄主并易感染番茄斑萎病毒（*Tomato spot wilt virus*，TSWV），田间机械除草惊扰了栖息在牛百花上的烟蓟马，并使其向除草机前进方向的菠萝苗上迁移，引起了菠萝苗在除草后发病率增加的现象（Carter，1962）。已知CMV在自然界由多种蚜虫传播，侵染1 000多种单、双子叶植物，也是近代危害唐菖蒲（*Gladiolus gandavensis*）和郁金香（*Lilium longiflorum*）等花卉生产的重要病毒，但在现代花卉生产中CMV危害主要是由球茎带毒传播为主，蚜虫传毒属于次要地位（Azadi et al.，2011）。

玉米线条病毒（*Maize streak virus*，MSV）由叶蝉传播。该病毒原生存于非洲禾本科野草寄主上，病株症状温和。然而自从公元6世纪引进玉米和甘蔗作物后，该病毒就由叶蝉从野草病株传播到当地引进栽培的玉米和甘蔗苗上，曾于1925年和1930年先后在玉米上发生危害。近年来在非洲曾引起玉米100%发病，产量损失达33%，已鉴定有A、B、C、D和E等5个株系。在A株系中还有6个亚型。根据全非洲玉米病株材料进行病毒基因组序列分析结果，其核苷酸同源性高达96%～99%，表明全非洲各地的MSV分离物都各自起源于当地。通过对甘蔗的检测，发现其上有很多MSV株系，而这些株系的分布都受甘蔗繁殖种茎材料输送的影响，表明在当地甘蔗上的MSV是经甘蔗病茎带毒传播的（Fargette et al.，2006）。

本书前述提到的近代由烟粉虱传播的双生病毒属（*Geminivirus*）在全球许多国家的农作物上流行危害是与其病毒源（带毒种苗及烟粉虱）输入有关（Harrison et al.，1999；纠敏等，2006）。历史上许多由蚜虫传播的马铃薯病毒在作物生产中也往往是由种薯带毒传播的。20世纪50年代在美国西部发生的由叶蝉传播的甜菜曲叶病毒（*Beet leaf curl virus*，BLCV），其初侵染源是马铃薯带毒块茎及残留在窖藏地块茎上的越冬代带毒叶蝉（Carter，1962）。总之，在现代农业生产经营中，随着农作物种质资源在地区和国家间不断交流，农作物无性繁殖技术的进步及设施栽培的推广，许多种昆虫传植物病毒已打破其原生态的地理限制和原生态介体昆虫的传播，随着农作物营养繁殖材料（适合病毒活体寄生和介体昆虫取食存活的）的运输，传播到输入地生存和消长，有些原生常态下的昆虫传植物病毒及介体昆虫也可能遇到新引进的寄主植物而良好生存发展，从而流行危害。

第二节　介体昆虫

在自然界，传播植物病毒的介体昆虫种类繁多，其生存、发展和数量消长与其种类、寄主植物范围、世代繁殖、种群迁移活动及其传播病毒特性都有密切关系。

一、介体昆虫种类

传播植物病毒的介体昆虫已知有直翅目（Orthoptera）、革翅目（Dermaptera）、鞘翅目（Coleoptera）、鳞翅目（Lepidoptera）、双翅目（Diptera）、缨翅目（Thysanoptera）、半翅目（Hemiptera）。大多属半翅目，根据1997年报道，半翅目昆虫所传播的植物病毒的种类占所有介体昆虫传播的55%，其中胸喙亚目的蚜虫又占50%以上，有250余种蚜虫传播19个属275种植物病毒（Nault，1997）。其次是粉虱，在21世纪初报道粉虱传播的植物病毒有114种（Jones，2003），现报道仅烟粉虱一个种所传播的植物病毒已达197种（附录Ⅰ和附录Ⅱ）。

半翅目昆虫传播植物病毒的优势在于其头部口器的构造，口器由 4 个管状口针组成，包括 2 个内扣封闭的下颚针形成食管和唾液腺管道，2 个可机械活动又能相互独立运动的下颚针。口针可通过植物表皮细胞间隙刺入植物组织吸取植物营养并传播其所携带的病毒（图 2-3、图 2-4）。椿象类传播植物病毒的效力比其他半翅目昆虫低，原因在于其口器构造粗大，刺吸植物组织后对细胞的伤害较大，不利于病毒感染。

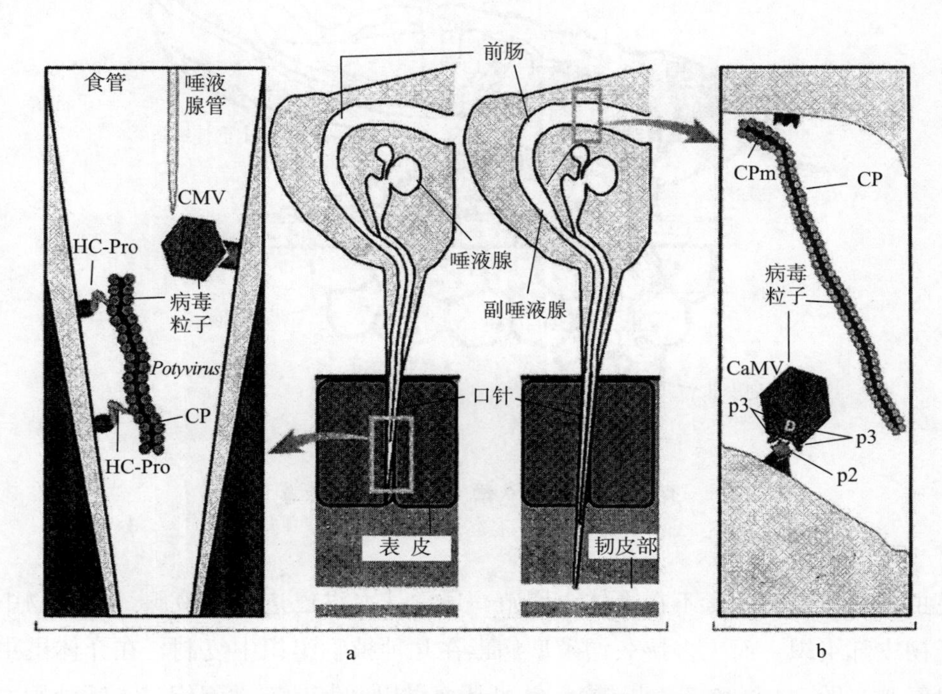

图 2-3　昆虫非持久型和半持久型传播病毒模型示意
（Ng et al.，2006）

图 2-3 中的 a 部分表示非持久型传播，其中右边两个图表示半翅目昆虫一般取食场景，即蚜虫在叶表皮组织刺探取食后获得病毒；左边图为蚜虫口针束放大，显示在病株上获得非持久型病毒如 CMV 和 *Potyvirus* 属病毒，它们的粒子被连接在口针内表皮里。*Potyvirus* 病毒粒子与蚜虫口针内表皮连接位点是通过病毒辅助成分蛋白酶介导使病毒外壳蛋白与蚜虫口针内表皮受体直接连接的。

图 2-3 中的 b 部分为昆虫前肠放大，显示昆虫前肠内半持久型花椰菜花叶病毒（CaMV，花椰菜花叶病毒科花椰菜花叶病毒属）和莴苣侵染性黄化病毒（LIYV，长线形病毒科毛状病毒属）的连接位点。其中 CaMV 与昆虫口针内的结合位点是由 2 个病毒编码蛋白的 p2 和 p3 蛋白介导的，3 个 p3 的单基序锚定在 CaMV 病毒的衣壳上，而 2 个相邻的 p3 单基序的 N-末端序列互作，在 CaMV 病毒衣壳的表面形成一个双基

序，称为指状质，p3 复合物进而通过 p2 蛋白与昆虫前肠连接。LIYV 的连接由病毒衣壳蛋白上的决定簇介导，在那里，微小外壳蛋白（CPm）似是一个候补者，黏附在昆虫口针和前肠壁上［图 2-3 中口针或肠壁上的灰黑色物表示与病毒衣壳蛋白的结合点或病毒编码的附属蛋白（如 HC-Pro 和 p2）］。

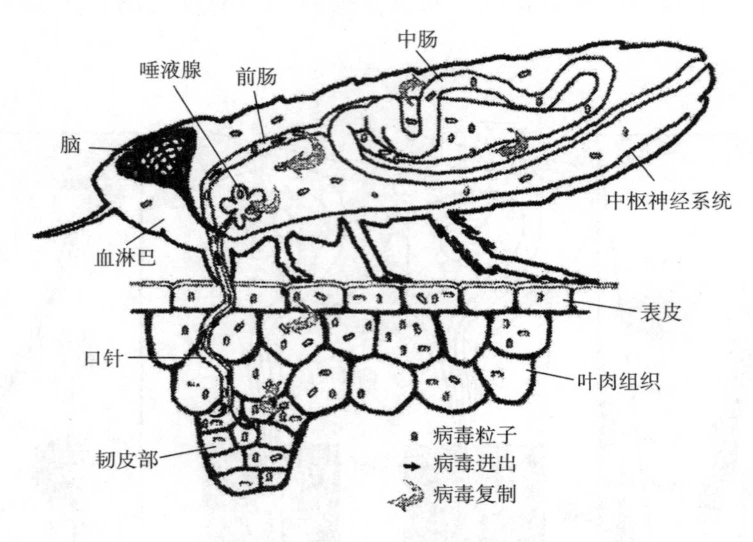

图 2-4　叶蝉持久增殖型传播病毒示意
（Ng et al.，2006）

昆虫持久循回型病毒不在虫体内增殖，通常从血淋巴进入唾液腺，在植物中复制常限于韧皮部组织。而大多持久增殖型病毒在几种植物组织中复制，在介体昆虫多种器官里复制（图 2-4 黑色箭头指向），并可从血淋巴和其他有关组织进入唾液腺，如神经系统或气管。相反，非持久型和半持久型病毒黏附在昆虫口针内层角质膜上，通过辅助成分蛋白酶（HC-pro）直接或间接地结合。

缨翅目的烟蓟马口器为短圆锥状喙结构，其后壁与三角形下唇相连，上颚和下唇的顶端具有钩刺，以便它抓破紧密的叶表皮。口器含有 4 条能抓刺的器官，包括一对刺针、中央针和左针。一对刺针是从下颚骨延伸而来，中央针是一个下咽针，左针是上颚顶端（图 2-5）。蓟马取食植物叶片时，用其上颚和下颚针紧扣叶表面，头部稍稍上下摆动。每当上摆时上颚突起，下摆时下颚后退。先将叶片角质层和细胞壁抓破，然后用较长而弱的下颚针从表皮和叶肉细胞间破开，随着应用口器锤摆动，像抽真空似的将细胞内的叶绿体吸进咽部。通常烟蓟马抓破一个细胞并吸取内容物后就撤离到下一个细胞上去取食，故它吸食过的叶片表面出现一道道黄白色伤痕。

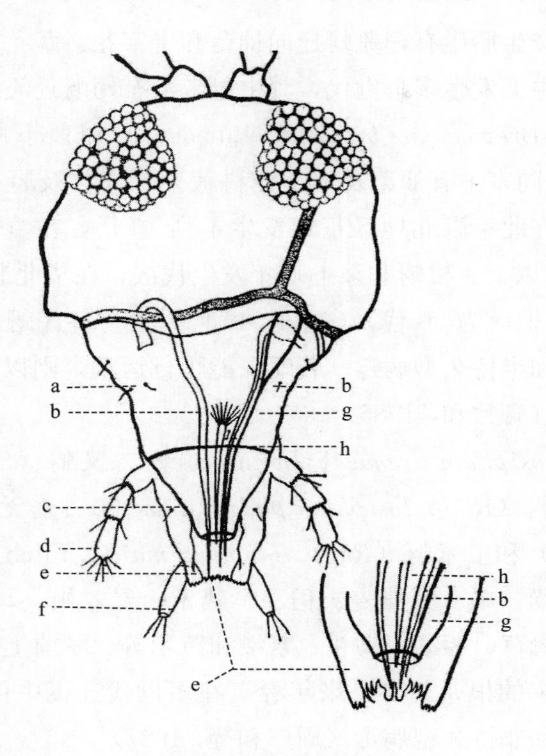

图 2-5　烟蓟马不对称口器
a. 唇基　b. 下颚　c. 上唇　d. 下颚须　e. 下唇　f. 下唇须　g. 上颚　h. 下咽针
（Leach，1940）

二、昆虫寄主范围及发生世代

在自然界以取食植物汁液为生的介体昆虫通常一年必须有两种以上不同季节的寄主植物才能维持其世代繁衍，并且至少有一种也是其所传播植物病毒的寄主植物。一般介体昆虫的寄主植物越多，世代发生也越多，相应地其传播的植物病毒也越多，对农作物的危害性也越大。如棉蚜的寄主植物有 74 科 280 种，其越冬寄主（第一寄主）有鼠李、木槿、花椒、黄荆、石榴、木芙蓉等木本植物和夏枯草、菊花、蜀葵、苦菜、益母草等草本植物。侨居寄主（第二寄主）有棉花、黄麻、木棉、洋麻、大豆、马铃薯、甘薯、油菜及十字花科蔬菜等，并在这些寄主上传播马铃薯 Y 病毒属、黄瓜花叶病毒属和花椰菜花叶病毒属等属的病毒。

棉蚜的发生世代与气温有关，在我国辽河流域每年发生 10～20 代，黄河和长江流域每年发生 20～30 代。除华南外每年深秋卵在木槿和石榴等第一寄主植物上越冬。春天气温上升到 6℃时卵孵化为干母，达 12℃以上时发生胎生无翅干雌，然后在越冬寄主上胎生若干代后产生胎生有翅雌蚜迁向棉苗和十字花科蔬菜等作物及野草（第二寄主）上。在第二寄主上发生多个世代，其中以带毒有翅蚜迁飞到上述寄主上传播病毒。桃蚜、甘蓝蚜（*Brevicoryne brassicae* Linnaeus）和萝卜蚜（*Lipaphis-pseudo brassicae* Davis）的共同寄主有油菜及十字花科蔬菜等作物及野草，它们在这些寄主上世代重叠。甘蓝蚜在北京以北地区每年发生不到 10 代，在黄河、长江流域及其以南地区发生 10～20 代以上。桃蚜和萝卜蚜年发生代次，在华北北部为 10～20 代，河南为 25 代左右，南京地区为 30 代，广东达 40 代以上。各代蚜虫的带毒成虫在迁飞中传播多种非持久型和半持久型病毒；若蚜只能爬行运动，则以病株为中心向四周健康植株扩展传播病毒（管致和，1985）。

麦长管蚜（*Macrosiphum avenae* Fabricius）、麦二叉蚜（*Schizaphis graminum* Rondani）、禾谷缢管蚜（*Rhopalosiphum padi* Linnaeus）、麦无网蚜（*Metopolophium dirhodum* Walker）和玉米蚜（*Rhopalosiphum maidis* Fitch）的寄主除大麦、小麦和玉米外，还有高粱、粟、野燕麦、稻、早熟禾、看麦娘、马唐、双穗雀稗、稗、牛筋草、狗尾草、鹅冠草、荠菜、马兰、繁缕和芦苇等。冬前上述蚜虫生产的卵在冬作麦类作物和野草寄主的根基越冬，来年春夏在多世代迁飞中传播 BYDV 等持久型病毒及其他半持久型和非持久型病毒（周广和等，1987）。

粉虱属粉虱科（Aleyrodidae），已知有 120 个属 1 300 余种，其中能传播病毒的只有 3 种，最重要的是烟粉虱，至今已确定有 24 个种群，通常认为烟粉虱是 1 个复合种，现已分化有 10 个以上的生物型，其中每一生物型随其寄主作物材料的运输而扩展到全球热带、亚热带及其相邻地区的许多种单、双子叶农作物和杂草上直接危害及传播菜豆金色花叶病毒属病毒。

烟粉虱的寄主植物分布范围很广，有 72 科 400 种以上，喜食茄科、锦葵科、豆科、葫芦科和大戟科等作物。不能在木薯上建立种群，但非洲的木薯是从巴西引进的，在巴西的木薯上烟粉虱很易建立种群，然而其食性很窄，主要取食木薯，并传播 ACMV。而在印度红薯上的烟粉虱不能在木薯上饲养成活，也不能传播木薯花叶病毒。烟粉虱主要分布在热带、亚热带及其周边的温带地区，成虫营孤雌生殖，即其受精卵为二倍体，发育成雌虫，未受精卵为单倍体，发育成雄虫。通常情况下正常交配受精的雌虫产下雌性和雄性后代，而未交配或未成功交配的雌虫产下雄性后代。烟粉虱在适宜条件下每年繁殖 11～15 代，以成虫迁飞和其寄生的种质材料异地交流传播和扩散病毒（刘树生等，2005）。

黑尾叶蝉属叶蝉科（Cicadellidae），在亚洲分布有 3 个种传播水稻病毒，即黑尾叶蝉（*Nephotettix cincticeps*）、二点黑尾叶蝉（*Nephotettix virescens*）、二条黑尾叶蝉（*Nephotettix nigropictus*），马来西亚黑尾叶蝉（*N. malayanus* Ishihara&kawase）

和小黑尾叶蝉（*N. parvus* Ishihara&kawase）主要栖息在旱地禾草上，数量稀少且其获毒和传毒效率低下，在病毒流行中并不重要。黑尾叶蝉（图版 1、图版 2）分布于东北亚稻区，主要寄主植物有水稻、野生稻、看麦娘、稗和旱稗等禾本科作物以及野草。在我国长江流域每年发生 5～6 代，在福建和江西南部以及广东北部每年 7 代，云贵高海拔稻区 4 代。在冬季以高龄若虫在看麦娘等适生寄主上越冬，翌年春天气温上升至 10℃以上时羽化为成虫，15℃以上时迁飞到早稻上取食和产卵繁殖，其中带毒虫成为当地 RDV、RYSV 和水稻瘤矮病毒（*Rice gall dwarf virus*，RGDV）（图版 11）等水稻病毒病发生的初侵染源（阮义理，1985）。电光叶蝉（*Recilia dorsalis*）（图版 1）也能传播 RDV，但其在稻田发生数量很少，在 RDV 流行中作用不大。

二点黑尾叶蝉和二条黑尾叶蝉分布在亚洲热带及相邻的亚热带地区，每年发生 8～12代。在热带地区世代重叠，无休眠期，以成虫迁飞在稻苗上传播水稻东格鲁病毒、RGDV。其寄主植物主要有水稻和野生稻以及田边禾本科野草（浙江省农业科学院植物保护研究所病毒组，1985）。

分布在我国西北麦区传播小麦红矮病毒（*Wheat red dwarf virus*，WRDV）和小麦蓝矮病毒（*Wheat blue dwarf virus*，WBDV）的有稻叶蝉（*Deltocephalus oryzae* Matsumura）和条沙叶蝉（*Psammotettix striatus* Linnaeus），每年发生 3～4 代，主要寄主为小麦、大麦、黑麦、雀麦、燕麦、玉米、高粱、黍、水稻、稗、马唐、狗尾草、画眉草、虎尾草、鹅冠草等（周广和等，1987）。

灰飞虱（图版 1）属飞虱科（Delphacidae），是 RBSDV、RSV、小麦丛矮病毒（*Wheat rosette stunt virus*，WRSV）和北方禾谷花叶病毒（*Northern cereal mosaic virus*，NCMV）等病毒的介体，广布于欧亚大陆温带地区及相邻亚热带高海拔地区，寄主植物有稻、麦、稗、看麦娘、早熟禾、莔草、牛筋草、千金子、马唐、画眉草、双穗雀稗、李氏禾、狗尾草、狗牙根等；还有玉米、高粱、小米、苏丹草、雀稗、白茅、荆三棱、水蜈蚣、灯芯草等暂时取食和栖息寄主（图版 30 至图版 37、图版 41）。灰飞虱每年发生代次，在我国内蒙古呼伦贝尔地区为 3 代，辽宁盘锦为 4 代，32°N～40°N 地区及云南高海拔地区为 5 代，28°N～32°N 地区（长江流域）为 6 代，25°N～27°N 地区为 7 代，25°N 以南（福建南部）为 8 代以上。每年秋末末代虫迁入麦苗及禾草寄主上越冬，其中带毒虫将水稻上的病毒传播到小麦及冬季禾草寄主上，翌年春天又随越冬成虫迁飞，其中带毒虫又将病毒转到水稻和田间禾草上（阮义理，1985）。

褐飞虱的寄主植物主要为水稻和野生稻，饲养在稻属及其他禾草上的褐飞虱（图版 1）不能正常产卵繁殖（阮义理，1985）。褐飞虱广布于南亚、东南亚、太平洋诸岛屿以及日本、朝鲜和澳大利亚北部；在我国冬春季节仅限于大陆南缘、海南岛及台湾地区越冬或发生，夏秋季节可远距离迁飞到东北南部、甘肃兰州和四川西部等广阔地带，黄河以南稻区为多发地区。在我国褐飞虱每年发生世代随纬度降低和气温升高而逐渐增加，海南岛五指山分界岭以南为 12 代，海南岛中北部及雷州半岛每年 10～11 代，广东、广西南部及福建南部沿海、云南南部和台湾中南部每年 8～9 代，广东和广西北部、湖南、江西和贵州南部每年 6～7 代，湖南、江西、福建和贵州中北部及浙江南部每年 5 代，长江以南地区每年 4～5 代，长江以北至淮河流域每年 3 代，淮河以北地区每年 1～2 代。褐飞虱卵期长，田间实际发生世代重叠（顾正远，1995b）。长翅型成虫在迁飞时远距离传播病毒。目前已知褐飞虱所传播的植物病毒有 RRSV 和 RGSV 等。

白背飞虱在我国的越冬地区和生存温度以及生物学指标和迁飞性能与褐飞虱类似，但其耐寒性比较强，可抗 0℃左右的低温，在再生稻和落谷苗（自生稻）上越冬，因而这些越冬寄主可存活的地方均是白背飞虱的越冬地区，通常在 26°N 以南。因此我国大陆每年年初的发生虫源均由外地从南向北迁入。白背飞虱每年迁飞时间比褐飞虱要早，春季 3 月可随西南风或偏南气流从南亚迁入珠江流域和云南红河地区的早稻上，4 月迁至广东、广西北部和湘赣南部及贵州、福建中部，到达 29°N 地区，5 月下旬随南方早稻成熟迁至长江流域稻区，6 月中、下旬到达江淮流域，7 月初到达 35°N 地区，6 月下旬至 7 月上旬随着长江流域早稻成熟，成虫迁到华北和东北南部稻区，8 月下旬随北方稻区气温下降，开始由北往南迁飞（顾正远，1995a）。已知白背飞虱在我国传播马唐矮化病毒和 SRBSDV。

三、介体昆虫行为

介体昆虫行为通常是种群聚集活动，活动的趋向是寻找寄主取食和繁衍后代并度过不适应的生态环境（越冬或越夏）。蚜虫是传播植物病毒最多的一类介体昆虫，因此对它的行为和活动研究最多。早前发现 84％的长管蚜和 73％的桃蚜在 24h 内交换位置，在相邻的叶片间爬来爬去，特别是桃蚜，通常是活动着的，尤其在温度较高时。蚜虫的飞行时间是在温暖无风和多云天的傍晚以及清晨两个时间段。蚜虫的迁飞活动有 3 个特征：第一，卵产在少数几种初生（第一）寄主植物上，只有胎生雌蚜才发生在次生（第二）寄主植物上；第二，初生寄主植物的分类科目都比次生寄主植物的科目存在时间久远；第三，雌性蚜虫仅产生在次生寄主植物上，仅有卵生雌蚜才产生在初生寄主植物上。

桃蚜的初生寄主植物均为其传播病毒的寄主，并随地理气候不同而异，如美国缅因州的野生李是桃蚜的初生寄主，并在其上产卵和越冬；而在荷兰的冬季，蚜虫以卵在温室窖藏的甜菜种质材料上越冬。

关于有翅蚜的形成机理，在 20 世纪 50 年代以前人们大多认为是受温度、光照、昆虫种群拥挤和饥饿或寄主植物凋萎等因子影响。在热带地区，如非洲终年温度差别不大，雨量才是影响其种群发生、有翅蚜迁移的重要因素。在非洲蚜虫发生种群大量迁移时期是在每年的 10～11 月（旱季），此期的种群外迁移量通常为全年其他月份总和的 5～6 倍，在病区也是蚜虫传播植物病毒的高峰时期。蚜虫在迁移活动中寻找寄主植物的行为对其传播病毒有较大的影响。桃蚜、甘蓝蚜和豆蚜（*A. fabae*）在寻找寄主植物的活动行为中，着落、刺探和取食合适或不合适寄主植物的行为大致相同，这有利于它们传播非持久型病毒。有翅蚜飞越大片寄主植物上空时，着落到边行植株的比中央的多，但着落到小片寄主植物时，则分布在田边的和中央的蚜虫数量差不多。

后来在研究蚜虫行为中发现，原来蚜虫在飞行中不能有效地辨别其飞行下方的植物是否适合作为它取食和产卵繁殖的寄主植物，当蚜虫着落到植物叶面时只在叶面进行浅表性刺探 1min 左右，刺探局限于植物表层细胞，进而确认是否为合适取食和产卵繁殖的寄主植物（Carter，1962）。

近年在研究半翅目昆虫特别是蚜虫确定其寄主植物时观测到有以下 5 个步骤：第一，着落到寄主植物之前的行为；第二，接近寄主植物时调整着陆表面曲线；第三，刺探植物表面组织；第四，在植物表面组织插入口针；第五，吸取植物组织汁液并分泌唾液。

蚜虫在飞行前的行为包括对不同来源的视觉信号起光敏反应。蚜虫复眼上有一个光感受器接收紫外线（200～400 nm）、可见光（400～700 nm）和远红外光（700～800 nm）的电磁光谱。决定桃蚜有翅蚜迁移的光感受器有 3 个类型：第一类对绿色光带（530 nm）敏感；第二类对蓝绿光带（490 nm）敏感；第三类对近紫外光带（330～340 nm）敏感。紫外光波影响昆虫定向、导航和寻找合适寄主植物。蚜虫在飞行中受视觉信号强烈的刺激，以土壤为背景，绿色植物为对照来定位寄主植物。蚜虫这种视觉信号似乎有不同寄主专化性。

半翅目昆虫的触觉和嗅觉信号对于其着落后对寄主的识别非常重要。如胡萝卜蚜（*Camarilla aesopolii*）在含有植物气味诱饵的水盘中被捕捉到的数量比不含诱饵的多；胡萝卜蚜飞行趋向离气味源上风向的 1m 处。然而，一般认为，寄主植物的气味不影响蚜虫对寄主植物的反应，植物的气味在远距离范围内对蚜虫的导向是有限的，蚜虫只有在吸食植物的汁液之后才能判断它着落的寄主是否是适合的寄主。蚜虫着落到田间寄主植物之后，依据蚜虫对寄主植物的定殖潜能和危害方式可分为 4 个类型：第一，暂时非介体，蚜虫着落和刺探，但它不定殖在植物上，也可传播病毒；第二，暂时介体，在着落寄主植物上刺探，但尚未定殖，也不传毒；第三，定殖的非介体，在着落的寄主植物上定殖并繁殖但不传毒；第四，定殖的介体，在着落的寄主植物上定殖和繁殖并能传毒。

依据蚜虫介体大多数为非持久型传毒方式，暂时的非介体（第一类）往往是主要传毒介体。定殖介体（第四类）需要将口针刺穿到植物维管束内吸取较长时间，如一些蚜虫传播的半持久型病毒（如花椰菜花叶病毒属病毒）和持久型病毒（BYDV）。

蚜虫着落到寄主植物后对寄主植物的确认行为是由触觉和嗅觉两者介导的。蚜虫着落到寄主植物上就用触角感受器官检测嗅觉信号，在刺吸前先在植株上小心地行走，并左右摇摆触角，用触角上各个感觉器官探测气味，分析植物的分泌物和蜡质等基质。蚜虫的跗节、上唇和下唇可作为化学和机械感受器分析检测化学和物理刺激，如在光滑的叶表面上易于引起蚜虫口针刺探，而在粗糙的表面蚜虫就没有刺探行为。如果将蚜虫放到任何一个光滑的固体表面就会条件反射似的做出刺探反应，并由唾液腺分泌出似马铃薯Y病毒属病毒样的粒子。

蚜虫着落到植物上时的初次刺探发生在植物叶片的远轴端或远轴部分，刺探时间一般少于1min。大部分半翅目昆虫在着落到植物上后都喜欢行走在叶片的远轴的一边，如传播斐济病毒属（*Fijivirus*）病毒的叶蝉开始刺探远轴端叶面的气孔细胞，在大麦上则在其叶片的前缘部位。烟粉虱大多（80%～100%）爬行到叶片远轴端部分定殖，仅少数（0～20%）在近轴端部分。桃蚜大多定殖在叶片背面，仅少数在正面。

黑尾叶蝉成虫迁飞行为对于其选择寄主植物，扩大繁殖场所有重要作用，同时引起其携带的病毒的传播和扩散。黑尾叶蝉的迁移特点是整个种群的个体集团迁移，迁移趋向是附近的黄绿色的、茂盛的寄主植物。在我国长江流域黑尾叶蝉越冬代迁飞的起始温度是15℃，18℃以上时大量迁飞，飞行时间以傍晚日落前后的16：00～18：00最盛，黎明时有少量迁飞。迁飞的光照度为0.1～20lx，以1～2lx为正常。飞行的风速小于12 km/h，飞行的距离一般数米至数十米，飞行高度接近田间植物顶层，但也可随气流飞行到高空和海面上。成虫有强烈的趋光性，以可见光460 nm的引诱力为最强。通常在闷热无风的黑夜里，诱虫灯下捕到的成虫最多。成虫迁飞有趋鲜黄绿色寄主的习性，在田间同等位置下迁入嫩绿色的稻苗上的成虫比黄瘦的稻苗上的多。黑尾叶蝉若虫发育有休眠的习性，影响休眠的原因主要是日照长短，每天光照时间少于12h就会引起若虫滞育；其次是温度，在日平均温度小于15℃时就会造成若虫发育迟缓。黑尾叶蝉有群集取食习性，不论成虫或若虫通常都聚集在稻株下部叶鞘和叶片上取食。在取食时先是口针刺入植物表皮组织，深达维管束，随着唾液分泌，凝固成口针鞘，作为其取食植物汁液的通道。其取食行为可分为试探和吸汁两个步骤。其过程分别由植物组织中的刺探刺激物质和吸汁刺激物质控制，这两种物质在植物中并不同时存在。如果植物表皮性状合适，且含有适当的刺探刺激物质，能引起黑尾叶蝉不断的刺探行为，但并不引起它的吸汁行为。如果植物组织同时含有良好的刺探刺激物质和吸汁刺激物质，又能充足地供给其吸取的营养物质，则黑尾叶蝉就能大量地在植物组织中吸汁。若缺乏吸汁刺激物质，则黑尾叶蝉就在这种植物组织上频繁地进行刺探，但不能引起进一步的吸汁行为，这样就有利于其带毒个体传播病毒。如果植物表皮组织的物理性状不适合黑尾叶蝉刺探或缺乏刺探刺激物质，则黑尾叶蝉在这种植物上的刺探行为很弱。黑尾叶蝉选择寄主植物主要受其味觉器官的影响，但植物中哪些化学成分能吸引黑尾叶蝉取食选择，而黑尾叶蝉味觉器官又如何接收这些味觉信号还不清楚。黑尾叶蝉刺探植物表皮组织的频次因黑尾叶蝉的虫态、性别、寄主植物种类和气候情况不同而异。在水稻植株上每头叶蝉于 24h 内的平均刺探频次为若虫 16.9 次，雄虫 153.6 次，雌虫 175.7 次；在看麦娘上分别为若虫 22.5 次，雄虫 30.4 次，雌虫 37.5 次；在稗草上分别为若虫 56.92 次，雄虫 92.4 次，雌虫 73.4 次；在牛筋草上分别为若虫 17.5 次、雄虫 11.9 次，雌虫 7.9 次。气温低或阴雨天气则黑尾叶蝉刺吸次数减少，通常随气温的升高刺吸次数增加，在 30℃为最高。刺吸次数与气压呈负相关，在一天内上午刺吸次数较少，虫子大多以口针插入稻株表皮组织而静止不动，下午则吸汁活动开始增强，以 18：00～21：00 为最盛，22：00 后又较弱，其刺吸次数大致与成虫活动一致。口针刺吸次数与黑尾叶蝉传播病毒有密切关系，刺吸次数多则传毒频率高。在双季晚稻大田初期，如遇阴雨天气则一般发病较轻，高温干旱天气发病较重。其原因除迁入稻苗上的虫量不同外，还与每头带毒虫的传毒频次有关，因为天气高温干旱促使成虫频繁而又持久地吸取植物汁液，从而增加了每头带毒虫传播的病苗数，因此发病率就增加了（阮义理，1985）。

灰飞虱的取食和活动行为与黑尾叶蝉有些类似，但它比黑尾叶蝉的耐寒性和耐饥力强。特别是越冬若虫，在室温 8.3℃和 9.6℃时的耐饥天数分别达 42.7d 和 54.8d；在 12.2～12.4℃时为 15.3～17.3d。成虫耐饥力较弱，初羽化成虫又比开始产卵的弱；雄虫耐饥天数短于雌虫。一年中末代成虫的耐寒力较强，在 0～4℃经 12h 无死亡个体；经 20h 的死亡率为 22.3%。越冬若虫耐寒力更强，在 0～4℃下经 20h 无死亡个体；在－5℃经 24h 的死亡率为 7.5%；－9℃下经 24h 的死亡率为 15%。在长江流域稻区，冬季温暖晴朗的天气中午常可见到有高龄若虫在看麦娘上活动。灰飞虱成虫的迁飞能力比黑尾叶蝉成虫强，飞行高度在离地面 4m 空间各高度捕捉到的成虫数量相近；在 7m 左右高度捕捉到灰飞虱成虫数量较多；也可在高山、高空和海面上捕捉到它。每天飞行时间，晴天在7：00 左右和 15：00～17：00，以后者捕捉到的虫数较多。日落后飞行活动很弱，飞行的日周期同蚜虫差不多（阮义理，1985）。灰飞虱自主迁飞有趋近和趋嫩绿色寄主的习性，在田间距虫源田近而色泽嫩绿的稻苗和生长高大的玉米植株易吸引成虫迁入活动。在成虫盛发期用鲜黄色黏胶板或黄色水皿容易捕捉到大量成虫。

褐飞虱的取食能力和迁飞活动性能都比黑尾叶蝉和灰飞虱强，属热带迁飞型害虫，其中携带病毒的成虫个体随季节性迁飞在热带、亚热带和温带广泛传播多种植物病毒。褐飞虱口针刺入植物表皮组织的深度可达100～400μm，刺入植物组织的口针可弯曲改变方向直达维管束部位吸取植物汁液，同时口针分泌的唾液在口针通道上凝结形成口针鞘，经染色显示树枝状分支，因此它可大量吸取植物汁液，并可在持续吸汁期排泄蜜露。据试验得知，褐飞虱每天取食植物汁液量，三至四龄若虫为9～11mg，在40～60d的感虫水稻品种上每天可吸汁13～31mg。五龄若虫的吸汁量比雌虫多1倍以上，雌虫又多于雄虫。长翅型成虫的飞行能力很强，短距离迁飞方向不定。飞行高度多在离地面8m以下，在离地面1m处空间较多，在4m和8m处较少。长距离迁飞长达数百至上千千米，高达数千千米。飞行时间，在夏秋日平均温度25℃以上时有清晨（5：00～6：00）和傍晚（18：00～20：00）两个飞行高峰，以后者虫量为多。飞行的光照度在14～100lx，以20～30lx为多。晚秋气温下降时，飞行出现3种情况：一是气温高于22℃时起飞，光照度在50～100lx，表现为每天早晚双峰型；二是当早晨气温下降到13℃时，仅在傍晚气温为18℃和光照度50～400lx时呈单峰型迁飞；三是当早晨气温在12～13℃时，仅在中午12：00左右表现单峰型迁飞。飞行最低温度在17℃左右，风速大于11km/h时停止飞行。褐飞虱迁飞盛期与水稻黄热期相伴。在我国褐飞虱春夏从南向北迁移，秋季则由北往南迁飞。通常褐飞虱在夏秋交替季节迁飞过程中携带病毒个体传播病毒，在秋季迁移过程中则不能传播。又由于褐飞虱属热带型昆虫，在我国仅海南岛南部（19°N以南）是终年繁殖区，在19°N～25°N地区冬季仅能少量越冬，在25°N以北地区则不能越冬，每年发生在水稻上的虫源全由南方迁入（顾正远，1995b）。因此该虫传播的曾在热带地区广泛流行过的多种水稻病毒［RRSV、RGSV和水稻萎蔫矮缩病毒（*Rice wilted stunt virus*，RWSV）］在我国大陆可随其迁飞虫入侵而分散发生，一般不会造成大的流行危害。

四、昆虫传毒特性

昆虫传播病毒特性包括昆虫传毒类型、个体获毒和传毒性能、病毒在昆虫体内的生存位置及滞留时间等，都直接影响介体昆虫的传毒效能。

(一) 传毒类型及数目

半翅目昆虫传播植物病毒的类型归纳为4种（表2-1)。①非持久型，均为昆虫口针带毒，无循回期。昆虫口针获毒后就能传毒，病毒在口针内仅能存活数分钟，若虫蜕皮或羽化后就不能传毒。昆虫口针里的病毒不能进入血淋巴，也不能将病毒注射到昆虫血淋巴传毒。病毒在昆虫体内不能增殖。②半持久型，昆虫获毒和传毒时间比非持久型的稍长，通常为数分钟到数小时，无循回期。病毒在昆虫口针或前肠能存活数小时，若虫蜕皮或羽化后即失毒。③持久循回型，昆虫获毒和传毒均需数小时或数天时间，循回期（昆虫从获毒到能够传毒所经历时间）为数小时到数天，病毒能在昆虫体内存活数天到数周，若虫在蜕皮和羽化后不失毒。病毒能生存在昆虫血淋巴中，但不增殖也不能经卵传毒。④持久增殖型，昆虫获毒和传毒期为数小时至数周。昆虫一旦获毒能终身带毒和传毒，能经卵传毒。

表2-1　半翅目昆虫的传毒特性

(Hogenhout et al.，2008)

生物学特性	非持久型	半持久型[b]	持久循回型	持久增殖型[d]
AAP和IAP[a]	数秒或数分钟[c]	数分钟到数小时	数小时或数天	数小时或数周
潜伏期（循回期）	无	无	数小时或数天	数天或数周
病毒在昆虫内保持期	无	数小时，昆虫蜕皮后失毒	数天或数周	终身传毒
病毒存在于血淋巴	否	否	是	是
病毒在昆虫内增殖	否	否	否	是
病毒经卵传播	否	否	否	是

a　AAP——昆虫获毒时间，IAP——昆虫传毒时间；

b　近来发现昆虫半持久传播花椰菜花叶病毒（CaMV）为口针带毒；

c　昆虫从植物表皮细胞获毒和接种到表皮细胞时间；

d　昆虫从韧皮部取食获毒和在韧皮部接种传毒时间。

Hogenhout et al.（2008）报道，半翅目昆虫传播植物病毒的种类以蚜虫为最多，约占昆虫传植物病毒种类的一半，且其传毒类型齐全，以非持久型传毒为主（占81.73%），持久循回型和持久增殖型传毒分别为6.09%和2.54%；其次是烟粉虱，其传播的植物病毒种类占32.3%，其中89.1%的病毒种类都以持久循回型方式传播，未查到持久增殖型传毒的；叶蝉和飞虱中尚未发现非持久型传毒的病毒种类。在16种由蓟马（缨翅目）传播的植物病毒中没有半持久和持久循回型传毒的（表2-2)。

表 2-2 半翅目昆虫传播植物病毒的方式及数目

(Hogenhout et al., 2008)

介体分类	介体种类	传播方式及数目				总数
		NPV[a]	SPV[b]	PCV[c]	PPV[d]	
半翅目	蚜虫	161[e]	19	12	5	197
	粉虱	5	9	115[f]	—	129
	叶蝉	—	4	13	10	27
	飞虱	—	—	—	18	18
	其他	2	9	1	—	12
缨翅目	蓟马	2	—	—	14	16
总数		170	41	141	47	399
百分比(%)		42.6	10.3	35.3	11.8	

a NPV—非持久型传毒;

b SPV—半持久型传毒;

c PCV—持久循回型传毒;

d PPV—持久增殖型传毒;

e 包括 110 种马铃薯病毒科马铃薯病毒属病毒;

f 双生病毒科菜豆金色花叶病毒属病毒。

(二)病毒在半翅目昆虫体内滞留位点

半翅目昆虫传播植物病毒时,病毒在其体内的位点大致可分为非持久型和持久循回型两类。非持久型为角质膜带毒,病毒滞留在前肠的食窦泵或口针端(食管和唾液腺道公共出口处);持久循回型为唾液腺带毒,病毒滞留在副唾液腺中(图 2-6)。

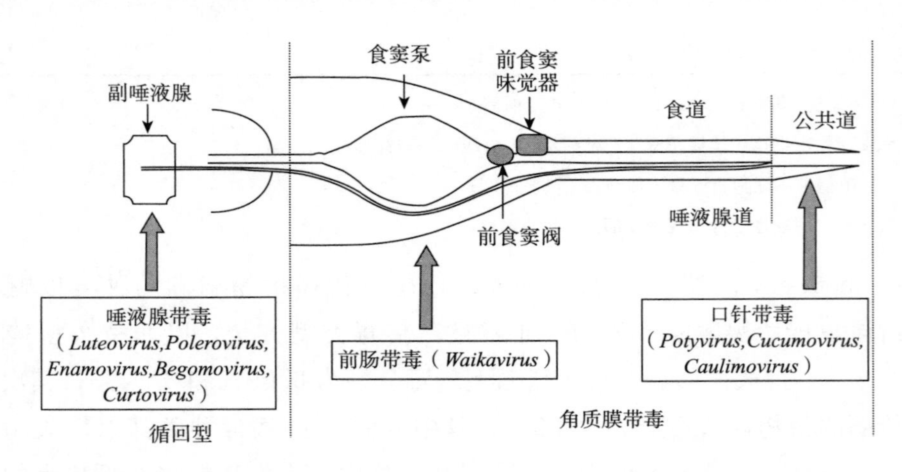

图 2-6 半翅目昆虫所传病毒(主要病毒属)在昆虫口针、前肠和唾液腺中滞留位点(箭头指向)

(Fereres et al., 2009)

（三）获毒和传毒能力

昆虫获得病毒和传播病毒的能力随昆虫种类及分布地区、个体发育阶段和其活动行为不同而异。如蚜虫是半翅目昆虫中获毒和传毒效率最高的一类介体昆虫，特别是桃蚜，几乎一天 24h 都在寄主植物上爬来爬去，或在寄主植物群体中飞来飞去地活动着，因此它传播非持久型病毒的效率特别高；褐飞虱和白背飞虱能远距离迁飞，故其携带的持久型病毒可随其远距离迁飞，在亚洲热带和亚热带以及相邻的温带水稻上广泛传播；黑尾叶蝉生活于东北亚地区，其传播的 RDV 和 RYSV 主要分布在亚洲温带和亚热带地区；由于灰飞虱广布于欧亚温带地区及亚热带和热带高海拔地区，因此其传播的多种稻麦病毒分布范围较黑尾叶蝉传播的广泛；白脊飞虱（*Unkanodes sapporonus* Matsumura）、白带飞虱（*U. albifascia* Matsumura）和背条飞虱（*Terthron albovittatus* Matsumura）均能传播 RBSDV，但由于这 3 种飞虱的种群数量小，且一般栖息在旱地禾草上，传播病毒能力差，故在该病毒流行中可忽略不计，仅在病毒的生存和发展中起作用。不同灰飞虱种群传播 RBSDV 的能力没有明显差别，但在传播 RSV 能力方面有显著差异。传毒率高的大于 20%，低的仅有 5%左右。但经室内人工饲养选择 15～16 代后，可从低传毒率的种群中选择到吸汁获毒的传毒率高达 50%～60%的虫系，高传毒率的虫系其经卵传毒率也高，但逐代下降。烟粉虱作为菜豆金色花叶病毒属病毒的主要传播者在 20 世纪 80 年代以前并不引人注目，但自 90 年代后由于其新生物型的不断产生，特别是 B 生物型具有对各种环境的适应能力和对多种病毒的传播能力，到 21 世纪初已成为全球热带和亚热带及其相邻地区许多主要农作物上的重要害虫和许多种植物病毒的传播者。

半翅目昆虫的吸汁获毒率和传毒率高低还与其个体发育阶段有关。对持久型传播病毒，一般低龄若虫比高龄的吸汁获毒率高，若虫比初始羽化成虫的高，成虫吸汁获毒后往往来不及通过循回期就衰老死亡。缨翅目的蓟马传播植物病毒，通常都是若虫期获毒后到成虫才能传毒，这可能是其所传播的病毒的循回期较长之故。也许昆虫低龄若虫的活动性比高龄若虫和成虫弱，许多持久型传播病毒必须由若虫在病株植物上刺吸较长时间才能获毒和传毒，然而对非持久型传播病毒则反之。

（四）昆虫种群自然带毒率和个体传毒潜能

在昆虫传植物病毒流行中，一般都会联想到虫多病重的推理，在田间实际调查中也很容易找到许多虫多病重的田块，但随着调查田间地区的扩大、取样田块的增加，就不难发现有的田块虫多反而病轻，另有一些虫少而发病较重的例子。早在 20 世纪 50 年代英国在调查蚜虫传播的马铃薯卷叶病毒（*Potato leaf roll virus*，PLRV）时就发现，田间 PLRV 的发病率并不都与马铃薯叶面上的桃蚜数量呈正相关，有时叶面蚜虫量少于 20 头/叶其发病率也很高。后来美国在观测 BYV 和甜菜西方黄化病毒（*Beet western yellowing virus*，BWYV）的发病率与蚜虫关系时也发现有虫量与发病率不相关的例子（Carter，1962）。我国自 20 世纪 60 年代以来在许多叶蝉和飞虱传播的稻麦病毒调查中报道过许多田间发病率与虫量呈正相关的实例，也有一些不相关的例子。从中通过对比分析，并人工饲毒虫做定性和定量病毒感染试验，结果表明，决定田间作物发病率的是带毒虫量，也就是总虫量与带毒虫率的乘积，过去虫量与发病率呈正相关的结论只有在同等带毒虫率的种群中才能成立（陈声祥等，1981）。通常昆虫传植物病毒流行年份各地区的介体昆虫的自然带毒率均较高，非流行年份低。对于昆虫传持久型病毒，昆虫自然带毒率不同年间的波动在一定程度上反映该病毒在该地区的发生趋势，当昆虫自然带毒率逐年上升 3～5 年后，且逢该介体昆虫大发生年，则该病毒就会在当地大片感病毒（及介体昆虫）的寄主作物上造成流行危害。然而一旦造成大面积危害后，其昆虫自然带毒率就会下降，这样再过 3～5 年后一度流行的病毒就会在当地寄主作物上渐渐失去影踪，在老病区会有相当长的时期难以找到该病毒危害田间作物的病株。如我国长江流域稻区于 20 世纪 70～80 年代流行过的以黑尾叶蝉为主要介体传播的 RDV 和 RYSV 就是如此。浙江省东阳病虫观测站 20 世纪 50～80年代所调查的有关 RDV 和 RYSV 的田间发病率与黑尾叶蝉虫量和自然带毒虫率关系的宝贵历史资料为我国当时研究 RDV 和 RYSV 的发生和流行提供了科学依据，也为今后研究该类昆虫传植物病毒的发生与流行提供了宝贵经验（农牧渔业部农作物病虫测报站，1983；陈声祥等，1985；陈声祥等，2005）。

昆虫带毒个体的传毒潜能指的是一个持久型病毒介体昆虫，从传播病毒开始（通过循回期）一直到死亡前最多能传播多少株植物（株/虫），也可指到大田带毒虫侵入处于感病生育期寄主作物时期能传播的病株数，可为预测带毒虫量与寄主发病率关系提供科学依据。1962 年，新海昭最早报道的是 82 头黑尾叶蝉经卵带毒虫在 6 代传毒试验中（每天用稻苗接种 1 次，直至该虫死亡为止）共计传毒 1 200 株稻苗，每头带毒个体平均传播病苗数为 14.63 株。后来又报道用 16 头传播 RDV 的黑尾叶蝉经卵带毒虫每天换苗接种测定结果为 19.9 株/虫，用 14 头饲毒虫测试，在通过循回期后每虫平均传毒 11.25 株（阮义理，1985）。20 世纪 70 年代初期至 80 年代中期，笔者根据田间试验调查结果，初期迁入双季晚稻大田的黑尾叶蝉带毒成虫在平均 8d 的生命活动中，每虫传病的稻苗数为（10.81±3.14）株，人工接种模拟试验平均为（9.8±1.56）株/虫（3m×2m×2m 大纱笼人工接种），并应用于田间对 RDV 和 RYSV 的分别和合计株发病率进行预测预报和验证，结果应用每头带毒黑尾叶蝉的平均传毒潜能（也叫传毒频次或传毒系数）为 10 株/虫的 34 年次预测田间发病率与实际发病率的符合率达94.7%（陈声祥等，1985）。20世纪90年代将每头带毒虫的传毒潜能（传毒频次）的概念又成功应用于由灰飞虱传播的RBSDV的田间发病率的预测预报（汪恩国等，2000）。其中灰飞虱对RBSDV的传毒潜能低于黑尾叶蝉传播的RDV和RYSV，平均为4.5株/虫，且在田间传播杂交晚稻的株发病率比常规水稻的高（陈声祥等，2005）。可见不同介体昆虫传播不同持久型病毒的传毒潜能是有差别的。

蚜虫传播非持久型病毒的潜能未见有详细报道，通常在毒源量恒定情况下，取决于介体蚜虫的活动性和在寄主植物个体间的刺吸频度以及蚜虫的寿命。

（五）昆虫复合传毒

昆虫复合传毒指的是一只介体昆虫可先后或同时获得和传播两种以上病毒或病菌的现象。这种现象在桃蚜和棉蚜等传播的非持久型病毒中早有报道，但很久未见有详细叙述。后来在研究蚜虫传马铃薯Y病毒和叶蝉传水稻东格鲁等病毒中发现，原来造成这些寄主作物发病的病毒包含着助病毒和依赖病毒两者，其中助病毒在病株体内能由介体昆虫吸汁获毒和传毒，但其病株病状较轻微，而且依赖病毒不能单独由介体昆虫吸汁和传毒，必须在助病毒协同下才能传播，且两者复合感染的寄主作物发病较严重。由蚜虫、飞虱和叶蝉复合传播的助病毒和依赖病毒的例子如表2-3所示。笔者实验室曾经于1971年在浙江省RDV和RYSV以及RYD并发流行区测定黑尾叶蝉越冬代虫自然带毒率中观测到复合传毒现象（表2-4）。当时从重病区（当时的浙江省上虞县皂湖公社）采集到的25只携带RYSV的虫子中发现有5只还能传播水稻黄萎病。这5只带毒虫在每天用健康稻苗接种中都是先传播RYSV，后传播水稻黄萎病。其中2只在接种到稻苗上后，稻苗同时显示RYSV和水稻黄萎病的并发症状，如表2-4中虫号69在第5天接种的稻苗上先表现RYSV症状，后出现水稻黄萎病症状，虫号71在第9天接种的稻苗上先出现RYSV症状，后出现水稻黄萎病症状。后用无毒黑尾叶蝉一至二龄虫以3种不同病原（RDV、RYSV和水稻黄萎病病原）分别组合进行复合饲毒和传毒测定，其结果如表2-5所示：①先行饲毒的病原基本上优先获毒；②用3种病原以不同顺序对黑尾叶蝉无毒若虫进行饲毒，一般只能成功获毒1种病原，在共计35只获毒叶蝉中仅有3只虫能复合传毒，只占总获毒虫数的8.57%；③无毒虫获得两种以上病原后传毒时先传循回期短的病原，后传循回期长的病原，如表2-5中的Ⅲ组合里有两只虫各显示SD和RS复合传毒现象（图版3、图版23、图版24），在Ⅳ饲毒组合里有1只虫显示SD传毒现象，其中R（RDV）的循回期比S（RYSV）的短，S（RYSV）的循回期又比D（水稻黄萎病）的短（陈声祥等，1979；陈声祥等，1990）。

表 2-3　助病毒与依赖病毒复合侵染实例

寄主	助病毒（属）	依赖病毒（属）	传播类型
马铃薯	马铃薯 Y 病毒（属）	马铃薯奥古巴花叶病毒（马铃薯 Y 病毒属）	非持久
欧防风	峨参黄化病毒（矮化病毒属）	欧防风黄点病毒（马铃薯 Y 病毒属）	非持久
水稻	水稻东格鲁球状病毒	水稻东格鲁杆状病毒	半持久
莴苣	甜菜西方黄化病毒	莴苣条纹斑驳病毒	持久
胡萝卜	胡萝卜红叶病毒	胡萝卜斑驳病毒	持久
烟草	烟草黄脉辅助病毒	烟草黄脉病毒	持久
豌豆	豌豆耳状花叶病毒 RNA-1	豌豆耳状花叶病毒 RNA-2	持久
花生	花生丛簇助病毒	花生丛簇病毒	持久

表 2-4　黑尾叶蝉自然带毒虫的复合传毒

虫号	各虫各日传播的病原种类														
	1	2	3	4	5	6	7	8	9	10	11	12	13	14	15
4					S		S		D	D	D	D	D		
69	S		S		SD	D	D	D	D	D	D	D	D	D	D
71		S	S	S	S	S	S	S	SD		D	D	D	D	
90	S	S		S	S		S	D	D	D	D	D	D		
115	S						S					D	D		

注：S 为黄矮病，D 为黄萎病，SD 为先传黄矮病后传黄萎病，空格为无病。

表 2-5　黑尾叶蝉复合饲毒与传毒

组合编号	饲毒组合	饲毒虫只数	获毒虫只数	传毒病原种类及虫数				
				R	S	D	S→D	R→S
Ⅰ	R→S→D	40	3	3	0	0	0	0
Ⅱ	R→D→S	26	7	5	0	2	0	0
Ⅲ	S→D→R	33	9	1	4	2	1	1
Ⅳ	D→R→S	40	9	0	1	7	1	0
Ⅴ	D→S→R	40	7	0	0	7	0	0

注：R 为矮缩病，S 为黄矮病，D 为黄萎病，→为饲毒或传毒次序。

第三节 寄主植物

在昆虫传植物病毒生存中，寄主植物种类、数量和质量以及时空布局等都直接影响着其上寄生（或共生）的病毒和介体昆虫的兴衰，同时，农作物生产方式的改变也起着重要的调控作用。

一、寄主植物种类

寄主植物对病毒的敏感性是受其遗传基因控制的，人们在农作物生产中已广泛应用抗病毒的品种对付各种病毒病的危害，如我国20世纪60年代以来已培育多种抗病毒的甘蓝型油菜品种替代以前感病毒的白菜型品种，较好地解决了油菜病毒（TuMV为主）的危害问题（陈鸿逵等，1963；俞碧霞，2001）；菲律宾1974年后由于推广高抗病毒的水稻品种，例如将抗RGSV基因从野生稻转化到栽培稻中，迅速地控制了RGSV的流行（林克治，1980）；同时由于东南亚各国广泛推广不抗病毒及介体昆虫的高产水稻品种，引起了由黑尾叶蝉传播的水稻东格鲁病毒，以及由褐飞虱传播的RGSV和RRSV等病毒的流行危害，后来改用抗病毒及其介体昆虫的水稻品种，到20世纪80年代后，这几种水稻病毒的发生就普遍减轻了（Khush et al.，1991）。我国20世纪60年代至80年代初由于大面积推广感病毒及其介体昆虫的高产水稻品种（早稻矮脚南特和广陆矮4号，晚稻农垦58），普遍发生由黑尾叶蝉传播的RDV和RYSV的流行危害（陈声祥等，1984；阮义理，1985）。根据当时浙江省宁波地区农科所用不同早稻品种饲养黑尾叶蝉结果，在高感昆虫品种（矮脚南特和广陆矮4号）上饲养的黑尾叶蝉成虫的繁殖量为抗性品种（温革和珍龙3号）上的29～37.2倍。抗虫品种不适合黑尾叶蝉繁殖，子代虫量仅为父母代的1/10左右（表2-6），因此大面积推广感虫品种，极有利于RDV和RYSV的介体昆虫（黑尾叶蝉）的大发生，以及其传播的两种水稻病毒的大流行。在我国由灰飞虱传播的RSV先后于20世纪80年代中期在浙东、苏南和鲁西南稻区，90年代中期在云南、浙北、苏南和京津稻区局部流行，2015年左右又在浙北、江苏、安徽、河北、河南和山东等地水稻上广泛流行成灾。追究其原因，其中一个就是大面积连年推广感病毒的粳稻品种。如2015年左右RSV发生流行面积最大的江苏省，高感RSV的粳稻品种（武育粳3号和武粳等）的种植面积占水稻栽培总面积的70%左右，有的重病区高达近80%（王才林，2006）。在浙江省RSV的发病流行（20世纪80年代中期在慈溪，90年代及2015

年左右在浙北）也都是发生在种植感病的粳稻区（王华弟等，2008）。同时在浙江中南部的籼稻区，RSV只在少量粳稻上发病，大面积栽培的籼稻和杂交水稻上发病轻微（汪恩国，2007）。

表2-6 黑尾叶蝉在不同品种水稻上的繁殖情况

品种	种植日期（月/日）	接成虫数（头）		检查日期（月/日）	历时（d）	繁殖虫数（头）	增减虫数（头）
		雌	雄				
矮脚南特	7/21	40	10	8/20	30	174	＋124
广陆矮4号	7/21	40	10	8/20	30	186	＋136
珍龙3号	7/21	40	10	8/20	30	5	－45
温革	7/21	40	10	8/20	30	6	－34

资料来源：浙江省宁波地区农业科学研究所，1977年。

一般昆虫传植物病毒的寄主植物也是其介体昆虫的寄主，但是这些寄主植物对病毒和介体昆虫的抗感性是有明显差别的。如玉米对RBSDV是最敏感的，在田间可作为RBSDV是否存在的指示植物，然而它不是RBSDV的介体昆虫灰飞虱的适生寄主，尽管它黄绿色而高大的株形容易吸引灰飞虱成虫到访取食，但灰飞虱在其上不能正常产卵繁殖。又如看麦娘是灰飞虱冬季的合适寄主，但在田间重病区自然感染而发病的RBSDV病株很少见，人工接种的发病率也很低。同样看麦娘是黑尾叶蝉最佳的越冬寄主，但在RYSV发病流行地未见有自然感染病株，人工接种也难以发病，是否会隐症带毒，至今还不清楚。

二、寄主生育期

寄主植物对昆虫传植物病毒的感病性通常随寄主生理年龄的增长而下降，无论抗性或感性品种都一样。禾谷类作物对病毒抗感性的分界点是在由营养生长转入生殖生长阶段，通常为寄主幼穗分化期（拔节期）。这在我国禾谷类病毒研究中有不少记录。最早报道的是小麦生育期与小麦红矮病的关系（表2-7）。该病原病毒（病毒性质尚不清楚）是由稻叶蝉为主要介体传播的。在冬小麦拔节前人工接种饲毒虫，冬小麦的发病率最高（>90%），拔节后接种发病率急剧下降，在孕穗期接种，发病率为0。

表 2-7　小麦生育期与小麦红矮病的关系

小麦生育期	发病率（%）	
	冬麦	春麦
出苗 10d	100.00	51.28
3 叶期	98.41	19.39
分蘖期	98.42	—
拔节期	93.40	0
拔节后	3.84	0
孕穗期	0	—

资料来源：甘肃省农业科学院植物保护研究所，1957 年。

在水稻病毒研究中也有类似发现。如用带 RBSDV 的灰飞虱定量接种不同生育期的水稻农垦 58 号（高感病毒品种），发现在水稻 3 叶期，1 分蘖（主茎 5 叶），2 分蘖（主茎 7 叶），3～4 分蘖（主茎分蘖末期），4～5 叶期（拔节期）稻苗接种后的发病率分别为 91.7%，45.0%，66.7%，31.0%和 0，表明水稻在分蘖期以前感病，拔节期以后感病率急剧下降；同样用带毒灰飞虱接种玉米（品种为浙杂 1 号），结果表现为玉米在 8 叶期以前的发病率均在 97.4%以上，潜伏期平均为 6～8d，在 11.7 叶期接种的发病率为 92.5%，潜伏期平均 10～11d，在 12.4 叶期接种的发病率为 36.10%，潜伏期平均 13～14d，19.1 叶期（抽雄蕊）接种的发病率为 2.5%，吐丝期（玉米果穗授粉）接种的发病率为 0，这也同样表明，对 RBSDV 最敏感的寄主植物（玉米）对病毒的感性也在拔节期（12.4 叶期）后急剧下降，发病潜伏期也随生理期的增长而延长，即抽雄蕊时人工接种的发病率很低，吐丝期接种就不会发病了。用带毒虫人工接种测定，水稻对 RDV 的感病性也是随着水稻苗龄的增长而逐渐降低，在水稻分蘖期以前最易感病，到水稻幼穗分化以后就难以发病。水稻对水稻黄矮病毒的感病性也主要是在拔节以前的苗期，在拔节以后接种发病率也急剧下降（图 2-7）。

水稻对 RSV 的危害期主要是在 1～6 叶期，分蘖末期以后人工接种的发病率显著下降，拔节以后接种的很少发病（王华弟等，2008）。双子叶植物油菜对蚜虫传播的非持久性病毒 TuMV 的感病期也主要是在 7 叶以前的幼苗期，在 7 叶期以后用饲毒蚜虫或用病叶粗提纯摩擦接种心叶的发病率就明显降低。

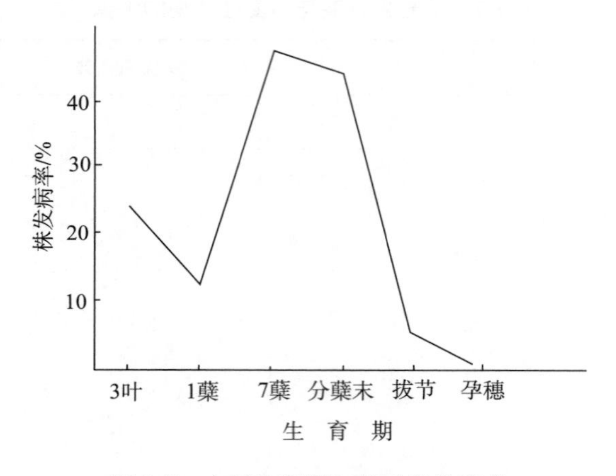

图 2-7　水稻生育期与黄矮病发病率

三、寄主植物个体数量和质量

昆虫传植物病毒的流行程度通常像其他侵染性病原（如真菌和细菌）一样是以寄主植物群体中的病株百分率和受害级别来表述的，在同等侵染源条件下，病毒的流行程度随寄主植物种群数量（密度）的增加而下降。早期曾统计过番茄斑萎病毒（TSWV）的发病率随其植物密度的增加而减少的简易数学公式为：$(1-q)$ 至 $(1-n\sqrt{q})$，式中 q 表示当地每英亩* 番茄的标准种植密度，n 表示每英亩番茄的实际种植密度。当然寄主植物的种植密度随作物品种、季节和各地的栽培方式不同而异，因此各地各种农作物上病毒病的发病率随寄主作物密度的增加而减少的比例是很难用一个数学公式来表达的。但在等量病毒源条件下寄主作物的发病率随寄主作物密度增加而下降的统计学原理是不变的，这在病毒流行程度调查中可作为分析发病轻重的原因之一。例如，在小麦-水稻栽培区，RSV 常在水稻上发生流行，而在其前作小麦上则发病很轻，其实小麦的病株和带毒虫是其后作水稻 RSV 发生的主要侵染源，其中小麦 RSV 发病率低的一个重要原因是其感病生育期的秧苗密度比水稻高约 10 倍。例如，根据笔者实验室于 1987 年在鲁西南 RSV 流行地（济宁市郊唐口镇）调查，当时当地水稻秧苗的播种密度与小麦差不多，约为 750 株/m^2，但水稻秧田面积仅为小麦田的 1/10 左右，且每平方米秧苗插秧到 10m^2 大田，而当时当地 RSV 的主要感病期在秧田期，即在寄主易感生育期内，水稻秧苗密度仅为小麦的 1/10，当时调查的小麦 RSV 的株发病率在

* 英亩为我国非法定计量单位，1 英亩＝4 046.856 422 4m^2。——编者注

0.5%以下，而后来水稻大田 RSV 发病率为 6.92%，为小麦 RSV 株发病率 10 倍以上，减产 6%左右。在华北小麦-玉米种植区，水稻黑条矮缩病（当时称玉米粗缩病）在小麦和玉米上的发病程度受作物播种密度的影响尤为明显，因为玉米苗每 666.67m^2 一般不到 0.5 万株，而麦苗每 666.67m^2 在 45 万株以上，即在感病生育期受到的侵染源量玉米约为小麦的 100 倍，因此只要小麦上 RBSDV 的发病率>1%，则玉米上 RBSDV 的发病率就可能会达到 100%而绝产。20 世纪 90 年代浙江省 RBSDV 再次流行期主要危害杂交水稻，当初曾以为是杂交水稻对 RBSDV 特别感病之故，因为当时田间调查结果总是杂交水稻 RBSDV 发病率高于常规水稻，后来用带毒灰飞虱定量接种测定，结果相反，杂交稻 RBSDV 发病率比常规稻低得多，后来按杂交水稻田间种植密度和常规稻普通播种密度同样用感病品种进行带毒虫接种测定，结果杂交水稻（协优 914）高于常规稻（绍糯 119）的 RBSDV 发病率的倍数接近于常规稻高于杂交稻播种密度的倍数（图 2-8），在图 2-8 中显示杂交水稻协优 914 的虫量与发病率的回归线的斜率等于 2，约为常规稻（绍糯 119）0.694 的 3 倍，几乎接近于常规稻与杂交稻播种密度的比值（109/31.36）。

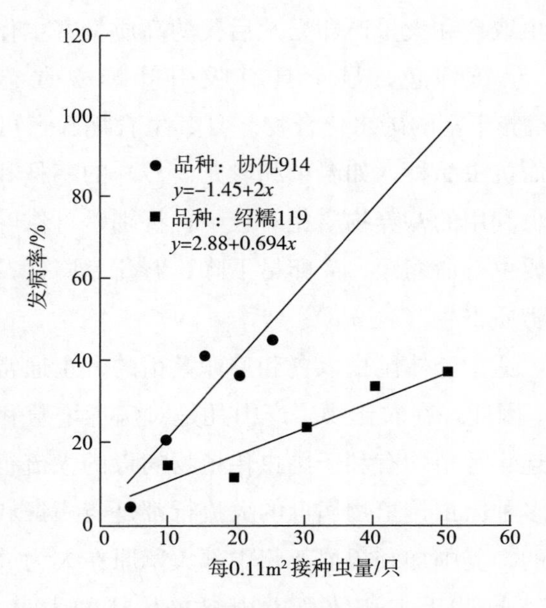

图 2-8　虫量与发病率的关系（2001，临海）

寄主植物质量（除由遗传性决定的抗病性外）在此主要是指其营养生长期的色泽和繁茂程度（细胞内含物质释放的化学气味）是否易吸引介体昆虫和适合它取食及产卵繁殖。这与本文前面论述的寄主品种与病毒及介体昆虫的关系是有差别的。因为昆虫传播植物病毒（除部分无性繁殖材料和接触传播外）必须依赖介体昆虫扩散传播，而介体昆虫自主扩散的动向是选择适合它营养生长和产卵繁殖下一代的寄主植物，而不顾这些寄主植物是否抗感病毒或介体昆虫。当然，通常感介体昆虫的寄主植物品种是适合它生长和繁殖下一代的高质量寄主，如前面提到的 20 世纪 60～70 年代我国长江流域以南稻区大面积连年推广感虫的水稻高产品种（早稻矮脚南特、广陆矮 4 号和晚稻农垦 58），是当时促进水稻矮缩病毒和水稻黄矮病毒的介体昆虫——黑尾叶蝉多个世代大量繁殖的高质量寄主植物（表 2-8）。

表 2-8　黑尾叶蝉成虫在不同水稻上的寿命和产卵量

品种	雌虫寿命（d）			雌虫产卵量（粒）		
	最长	最短	平均	最多	最少	平均
矮脚南特	25	6	17.2	148	0	79.8
珍龙 13 号	15	5	10.3	64	0	20.0
温革	10	5	7.8	32	0	10.8

这些适于介体昆虫取食和大量产卵繁殖后代的高质量寄主作物在形态上表现为茎秆粗壮、枝叶繁茂、呈黄绿色，显示具有吸引叶蝉视觉选择的鲜黄绿色光带（460nm），体内含有营养丰富的碳水化合物。且其生育期长，可很好地供叶蝉在其上繁衍第二、三代虫。而抗虫品种（如温革和珍龙 3 号）的茎秆和枝叶不及感虫品种的粗壮和繁茂，可供昆虫利用的营养物质相对较少，特别是可供叶蝉产卵的叶鞘和叶片中肋比较坚硬，致使成虫寿命缩短、产卵量下降、孵化率降低及若虫成活率不高，成为不宜其后代繁衍的劣质寄主（表 2-8）。

在现有农作物中，适于介体昆虫取食和产卵繁衍的寄主通常都是该介体昆虫所传播的病毒的优质寄主。因此，在农作物生产中凡是对病毒增殖和介体昆虫产卵繁衍有利的寄主作物大面积连年种植均有利于昆虫传植物病毒的大流行。如本文概论中提到的历史上曾发生过的多种昆虫传植物病毒的大流行都是与病毒和介体昆虫的优质寄主作物的大发展相关联的。美国加利福尼亚州中部大草原在人为放牧干预中优质禾本科牧草的兴盛，则提高了这些禾本科牧草上由蚜虫传播的大麦黄矮病毒流行的风险（Borer et al.，2009）。我国西北小麦产区从 20 世纪 80 年代以来改旱地麦为灌溉麦后，小麦生长良好，减轻了麦蚜有翅蚜的发生量，从而减轻了由麦蚜传播的大麦黄矮病毒的流行危害（周广和等，1987）。因而寄主植物的优劣对昆虫传病毒发生的影响并不都是单向的，还得分析病毒与寄主和介体昆虫三者的互作关系，这将在以后章节中再论述。

四、寄主植物的时空布局

寄主植物的时空布局在这里主要是指病毒生存环境里各种寄主植物在一年四季中的分布位置和面积。其上、下季寄主植物终年的交错连接有利于介体昆虫的多世代繁衍，不同季节各种寄主植物的互邻界面大且下一季寄主又处感病生育期，则有利于昆虫介体扩散传毒。寄主植物的时空布局在农耕区常受耕作栽培方式的影响。在病毒原生态环境里，寄主植物的时空布局相对简单。如本文前述非洲 RYMV 在 20 世纪 50 年代以前仅发生在江河湖岸的野生稻和少数稻属禾草上，其寄主植物的时空布局非常简单，每年雨季生长、旱季枯萎，病毒就残存在寄主枯草的根颈中度过不良环境，因此在这样的寄主时空布局里，RYMV 只能处于原始生存常态，没有足够的寄主植物和介体昆虫可供它流行危害。可是从 20 世纪 60 年代引进亚洲灌溉稻后，该病毒就随着推广亚洲灌溉稻的时空布局的推进而发生流行危害。又如我国甘肃省河西春麦区，在 1952—1980 年推广冬小麦时期曾发生由蚜虫传播的大麦黄矮病毒的多次流行，正是由于在寄主植物的时空布局中加入了冬小麦寄主，成为当年秋后来自杂粮上的病毒源过渡到翌年春小麦上的桥梁寄主之故。同样 20 世纪 60 年代浙江省全面推广麦-双季稻或麦-单双季稻耕作制度后，每年田间寄主植物形成麦和看麦娘等禾草-早稻-晚稻-麦和看麦娘等禾草的时空布局，造就灰飞虱最适寄主链，致使灰飞虱在 1963—1966 年的发生量比以前增加了 67～115 倍，从而有利其传播的 RBSDV 在当时大流行（陈声祥等，2000；陈声祥等，2005）。更有意思的是看麦娘这种禾草寄主在长江流域稻区的时空布局中的增减或缺失是促成黑尾叶蝉传播的 RYSV 和 RDV 的增减或消失的主要原因（详见本章第一节）。灰飞虱及其传播的多种病毒在我国长江流域以北地区有广泛分布，但它们都不能在冬季缺失寄主植物的农垦区的一季水稻或一季春小麦上大发生。显然，昆虫传植物病毒的寄主植物的时空布局构成了介体昆虫的食物链圈及其传播病毒的侵染循环。其中自然地或人为地变动寄主植物时空布局中的位置或数量都会直接影响介体昆虫的世代繁衍及其传播病毒的兴衰，特别是温带地区冬季的寄主植物的存亡、多少和优劣对其是至关重要的。

第四节　生存环境

影响昆虫传植物病毒的生存环境可分为生物环境和物理环境两个方面。生物环境最主要的就是病毒赖以生存的寄主植物和介体昆虫，其次是影响寄主植物的其他病虫害，以及影响介体昆虫的天敌、寄生虫和寄生菌。物理环境主要指地理和气候，都是先直接影响寄主植物和介体昆虫的兴衰，然后才作用于病毒的。

一、寄主植物和介体昆虫

本书前面章节已将寄主植物和介体昆虫作为影响昆虫传植物病毒的主要因子加以论述，而在本节中则作为昆虫传植物病毒的直接生存场所再次论述，表明寄主植物和介体昆虫作为昆虫传植物病毒流行的双重因子的重要性。寄主植物和介体昆虫的分布受地理和气候制约，但是它们的种类、数量和时空布局在农业生态体系中受耕作和栽培方式的影响。

二、寄主植物和介体昆虫的病虫害

寄主植物上的真菌和细菌性病害，如麦类赤霉病、锈病和黑穗病，水稻上的稻瘟病和纹枯病、白叶枯病和细菌性条斑病，十字花科蔬菜上的霜霉病和菌核病，马铃薯晚疫病等常见流行病对病毒源侵染的影响尚未见有明确的报道。然而，病虫害在寄主植物上的大发生对于病毒介体昆虫有明显的抑制作用。危害介体昆虫的捕食性天敌有黑肩绿盲蝽、螯蜂、瓢虫、步甲、隐翅虫和蜘蛛等，寄生蜂有缨小蜂、褐腰赤眼蜂等，寄生蝇有豆蝇，此外还有线虫。褐腰赤眼蜂对黑尾叶蝉卵的寄生率在单季晚稻上可高达100％（表2-9），豆蝇对田间黑尾叶蝉成虫的寄生率在第一代和第五代也可高达20％以上（表2-10）。在浙江省稻田黑尾叶蝉大暴发的1971年，据浙江省东阳病虫观测站记录，7月2～11日灯下诱集的成虫中的豆蝇卵寄生率高达57％～84.9％（农牧渔业部农作物病虫测报站，1983）。据1976年广东农林学院植保系昆虫教研组观测，黑肩绿盲蝽从一龄期到成虫都能捕食褐飞虱卵（表2-11）；螯蜂每天捕食褐飞虱可达20头；褐飞虱线虫的寄生率也有5.6％～34.4％（表2-12）。据1978年浙江省温州地区农科所调查，3种缨小蜂对两种飞虱的寄生情况为：拟稻虱缨小蜂对褐飞虱的寄生率高达73.1％，稻虱缨小蜂和长管缨小蜂对白背飞虱的寄生率分别为45.4％和50.6％（表2-13）。线虫自然控制褐飞虱繁殖的效能较高，据1979年江苏省镇江地区农科所调查，在8月下旬线虫对褐飞虱的自然控制效率高达49.25％～75.73％(表2-14)。

表 2-9　不同稻作类型下褐腰赤眼蜂对黑尾叶蝉卵寄生率

稻作类型	9月卵寄生率（%）		
	1975 年	1976 年	1977 年
单季晚稻	26.20	35.35	100.0
两熟制后季	18.60	24.60	84.0
早三熟后季	34.90	31.80	—
晚三熟后季	19.60	33.90	40.2

资料来源：江苏省吴江县病虫观测站，1977。

表 2-10　豆蝇对黑尾叶蝉田间成虫寄生率

代别	1971 年		1972 年	
	虫数	寄生率（%）	虫数	寄生率（%）
越冬代	1 116	7.2	143	0
一代	981	16.5	174	22.4
二代	1 229	10.3	356	2.8
三代	618	7.4	133	0.75
四代	159	5.7	210	15.7
五代	52	17.3	78	20.7
平均		10.7		10.4

资料来源：浙江省东阳县病虫观测站，1973。

表 2-11　黑肩绿盲蝽各虫态捕食褐飞虱卵量测定

虫态及龄期		各虫态食量（粒/头）					
		最多	最少	平均	日食卵量	日食卵量	
						♀	♂
若虫期	一龄	11	7	9	2.8		
	二龄	12	6	7.5	4.6		
	三龄	11	7	8.4	6.1		
	四龄	16	6	11.5	6.1	—	—
	五龄	30	13	18.3	11.2		
	六龄	2	17	19	9		
	小计			73.7			
成虫期		157	102	129	11.2	13.5	8.8
合计		230	175	203	—		

资料来源：广东农林学院植保系昆虫教研组，1977。

表 2-12　天敌在稻飞虱若虫期和成虫期对稻飞虱的控制作用

	螯蜂（雌）	瓢虫	步甲	隐翅虫	蜘蛛
最低食量（头/d）	20	8	6	5	2

资料来源：广东农林学院昆虫学教研组，1977。

注：①蜘蛛食性较杂，以微小蛛类最多，故以它的食量为代表；②线虫的寄生率颇高，为 5.6%～34.4%不等，被寄生的稻飞虱体内常有线虫 1～2 条，少数达 4 条以上，如遇天气干旱，则线虫进入休眠状态，卵亦不能孵化。

表 2-13　1978 年温州 3 种缨小蜂对两种飞虱的寄生情况

寄主	寄主卵采集地点和时间	羽化总蜂数（只）	3 种缨小蜂所占比例					
			稻虱缨小蜂		长管缨小蜂		拟稻虱缨小蜂	
			蜂数（只）	寄生率（%）	蜂数（只）	寄生率（%）	蜂数（只）	寄生率（%）
褐稻虱	9 月下旬田间	371	70	18.8	30	8.1	271	73.1
白背飞虱	9 月下旬田间	542	246	45.4	274	50.6	22	4.0

资料来源：浙江省温州地区农科院，1980。

表 2-14　线虫自然控制褐飞虱繁殖的效能

8 月下旬雌性成虫中线虫寄生率（%）	雌虫最高峰到下代若虫的繁殖系数	控制效率（%）
0	38.90	—
45.24	19.74	49.25
64.0	9.44	75.73

资料来源：江苏省镇江地区农科所，1980。

注：调查类型田为单季稻，线虫对褐飞虱有潜在的控制作用，特别是被线虫寄生后的褐飞虱雌虫，卵巢基本上不怀卵，寄生率高的田块，下代的繁殖系数显著降低。

显然，在介体昆虫大发生年份，各种捕食性和寄生性天敌对降低介体昆虫种群数量有明显作用，可是在自然环境下，介体昆虫的天敌发生往往延后，对介体昆虫的猖獗起不到及时的抑制作用，何况在农业栽培管理中还常常受到不合理施用农药的影响。因此，在昆虫传植物病毒流行学研究中，如何应用介体昆虫的天敌来抑制介体昆虫的种群数量急剧上升还是一个值得进一步深入研究的问题。

三、地理位置

昆虫传植物病毒的自然分布依赖其寄主植物和介体昆虫的区域分布，而后者的影响较大。如水稻从热带到北温带都有种植，但是各种水稻病毒的介体昆虫的区域分布有明显界限：如黑尾叶蝉的区系分布在东北亚，其传播的RDV也主要分布在东北亚，仅在与温带交界区的亚热带和热带的高原或高山区偶有发生；而二点黑尾叶蝉分布在南亚热带地区，其传播的水稻东格鲁病毒也分布在那里，另有一种介体二条黑尾叶蝉在我国东南部稻区也有分布，因此水稻东格鲁病毒可随其带毒虫不自主远距离迁飞到我国南方稻区少量传毒；迁飞性介体昆虫褐飞虱和白背飞虱，其传播的病毒（RGSV、RRSV和RWSV等）主要分布在其原发生地热带亚洲稻区，只随其远距离向北迁移过程中将少量病毒传入我国局部地区水稻上；美洲稻飞虱（*Sogatodes oryzicola*）和古巴飞虱（*S. cubanus*）分布于中美洲，其传播的RHBV仅分布在那里。而CMV由广泛分布于世界各地的桃蚜、棉蚜和豆蚜等数十种蚜虫传播，因此该病毒分布于世界各个农区的植物上；烟粉虱虽原产于热带，但由于其种的进化能力强，衍生的许多生物型能适应新地区的环境及其寄主植物，因此才能随其寄主种苗的国际交流而入侵到热带和亚热带及其相邻地区的农作物上传播菜豆金色花叶病毒属病毒，特别是随着果蔬和观赏植物设施栽培的发展，使烟粉虱及其传播的病毒能在温带地区扩展。这就表明农作物生产方式的演变也能在某种程度上打破昆虫区系分布及其传播病毒的分布界限，再创造出适于昆虫传植物病毒生存和发展的生态环境。

在农耕区自然环境中等量病毒源条件下，通常病毒寄主作物的位置距离毒源的位置越近、临界面越大，则其受病毒侵染的风险和发病受害的损失就越大。如非洲木薯大片种植，在非洲木薯花叶病毒（*African cassava mosaic virus*，ACMV）流行地病毒可借烟粉虱带毒虫传播到18 km处种植的木薯苗上，且距病毒源越近其上发生的烟粉虱密度越高，越远发生密度越低（图2-9）。相应地，离病毒源越近的木薯花叶病毒（ACMV）发病率越高，越远的发病率越低（图2-10）。在我国由飞虱和叶蝉传播的数

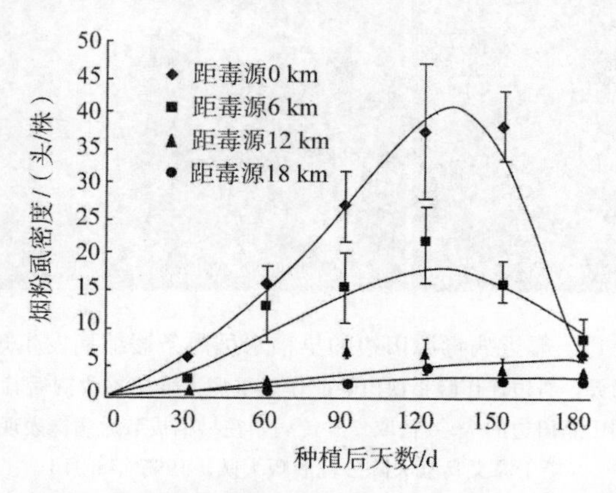

图2-9　离病毒源不同距离的木薯发生烟粉虱的密度

（Zhang et al.，2000b）

种水稻病毒的发生情况也与稻苗距病毒源的远近有关。通常由于飞虱和叶蝉近地面就近迁移寻找幼嫩寄主取食和产卵繁殖，因此靠近毒源地旁边的稻苗（离田边 7～8 行）上迁入的虫量较多，从而稻苗的发病率也高，在水稻拔节后，呈现毗邻毒源地的田边 7～8 行稻苗会全部因病而发生矮缩现象（图 2-11）。

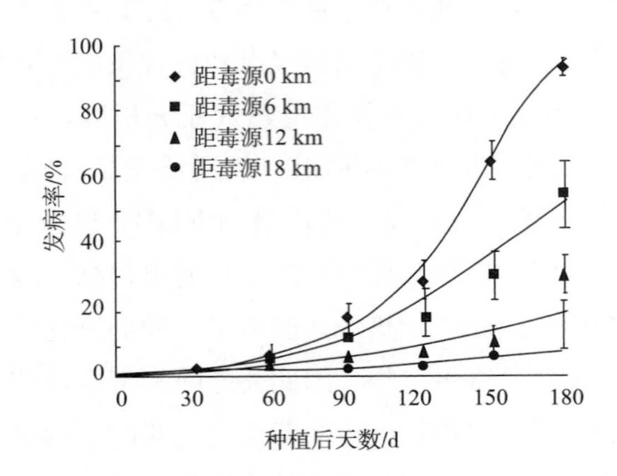

图 2-10　离病毒源不同距离的木薯 ACMV 的发病率

（Zhang et al.，2000a）

图 2-11　靠近病毒源田边的早稻水稻黑条矮缩病发生现场

以电线杆的田埂为界，右边连作晚稻秧田的前作是重病大麦田，收割后其上带毒灰飞虱大量就近迁移到左边早栽早稻田靠田边的 7～8 行取食并传病，在早稻拔节后病株表现严重矮缩不长现象。

（摄于原义乌县大陈公社后畈大队，1965 年 6 月）

飞虱和叶蝉类介体昆虫通常自主迁飞高度在 3m 以下，且就近选择嫩黄绿色的寄主，因此在丘陵河谷地带，病毒往往随介体昆虫从病源地往下坡方向，从河谷上游往下游方向迁移传播。如 20 世纪 90 年代浙江省黑条矮缩病毒再次流行期，该病毒主要借灰飞虱自主迁移，沿着浙中的兰江流域，浙中东部的瓯江流域和灵江流域扩展，并受流域间的山岭阻隔（祝增荣等，1998）。然而，在平原地区寄主植物连片种植情况下，从大片毒源地迁出的大量带毒虫就向四周大片幼嫩的寄主作物扩散传毒，从而造成大面积感病毒寄主作物上病毒病的发病率很高。如 2010—2015 年浙北平原和江淮平原以及华北平原部分稻区发生的水稻条纹病毒大流行就是如此情况（王华弟等，2008）。但是在寄主作物和非寄主作物间隔种植地区，病毒源就会受非寄主作物的阻挡而不易扩散传播；反之，若感病毒寄主作物苗床暴露在病毒源侵袭范围里，则其受病毒感染程度与侵入的带毒介体虫量呈正相关。

四、气候因子

气候因子在这里主要指温度、降水量、湿度、光照和风等要素。自然条件下这些因子不是单独存在的，实际上对植物的生长发育，特别是对介体昆虫的生长发育和迁移活动是具有协同作用的。但是由于这些要素都各有其特殊性，其中一个或几个要素随着时空变化就可能产生对介体昆虫和寄主植物有利或不利的影响。

（一）温度与湿度

温度对介体昆虫的作用，根据马世骏（1965）的描述大致可分为 5 种：第一，致死高温度，昆虫在此温度下因过热而致死；第二，不活动的高温度，在此温度下昆虫呈热眠状态，如遇合适温度有可能恢复活动；第三，适温度，在此温度下昆虫可进行正常发育活动，其最终又可分为高适温度、低适温度和最适温度（接近高适温度），高适温度上限称为高温临界，低适温度下限称为低温临界；第四，不活动低温度，在发育起点温度以下，在此温度内昆虫呈冷眠状态，若遇温暖环境仍能恢复活动；第五，致死低温度，昆虫在此温度内经若干时间后就因冷冻而死亡。上述 5 个温度是相对的，可随时因环境和昆虫种类及其发育状态不同而有所变化。通常昆虫的低温致死温度在－15℃以上。

在温带地区冬季温度波动影响介体昆虫的越冬基数以及来年作为病毒初侵染源的带毒虫量。如蚜虫在暖冬年份，发生在第二寄主上的最末代胎生母蚜可以顺利越冬，这样到来年就加代繁殖迅速地扩大了在第二寄主上迁移传毒的虫量；而寒冬年份，蚜虫只能由卵在第一寄主植物上越冬，翌年春天再从卵发育开始繁殖，因而翌年春季世代发育推迟，虫量发生减缓，迁移到第二寄主作物上传毒虫量减少。德国麦区在 2007

年，冬季气温偏高，1～2 月平均温度大于 5℃，在 2 月末气温超过 10℃，后因大量带毒蚜迁移传播 BYDV，造成当地冬小麦因病减产高达 20～30t/hm^2。

灰飞虱的耐寒力很强，越冬若虫和成虫在－16℃、24h 的死亡率也仅有 20%。携带 RBSDV 的带毒虫经－7～－5℃、15d 也不影响其在正常生活温度时的传毒率（阮义理，1985）。然而灰飞虱不耐 29℃以上的持续高温，因此其在长江中下游稻区于 8 月上、中旬发生的第四代死亡率很高。在华北稻区夏季的日平均温度低于 30℃，对灰飞虱的发生没有不利影响，有影响的是降水量。夏季降水量少，有利于灰飞虱雌虫的大量增加，引起盛发期虫量迅速增加（顾正远，1995b）。根据 20 世纪 90 年代 RBSDV 在浙江省再次流行期浙中兰溪和临海等 4 个病区（县、市）历年气象记录，近 10 年冬春的月平均气温均比前 30 年的平均值有明显上升，特别是影响灰飞虱越冬若虫发育到成虫期的 2 月平均气温，各县市在大流行年份分别提高 1.5～3.6℃（图 2-12），致使灰飞虱越冬若虫的存活率和羽化率提高，迁到稻麦上传病的虫量增加。如兰溪市 1997 年 2 月的平均气温比 1990 年前的 30 年平均值增加 1.5℃（图 2-12），病区小麦上的灰飞虱越冬虫量高达 73.2 万头/hm^2，是往年平均的 3～7 倍，从而使小麦上繁殖的灰飞虱第一代虫量高达 817.2 万头/hm^2，早稻后期虫量高达 1 026 万头/hm^2，造成早稻上本病的平均株发病率高达 25.7%，杂交晚稻不防治对照区的平均株发病率高达 85.58%（见第四章表 4-22）。

黑尾叶蝉的生活适温为 28℃，适宜湿度为 70%～90%。但夏季高温干旱能促进其在营养生长丰盛期的水稻上大量繁殖，并随早稻的黄熟和收割大量迁移取食和传播其携带的植物病毒。如表 2-15 所示，当地 1971 年夏季（6 月下旬至 7 月）近 40d 日平均气温达 28.6℃（平常 27℃以下），雨日为 7d，降水量为 80.3mm（特别稀少年份），造成早稻后期黑尾叶蝉大暴发，虫口密度比其第一代基数增加约 100 倍，而在 1974 年，同期气温只有 26.0℃，雨日 24d，降水量达 260.5mm，则抑制了黑尾叶蝉的繁殖，在早稻后期发生的虫量仅为第一代基数的 2.78 倍。

表 2-15　气温、降水量和黑尾叶蝉发生量的关系

年份	每 667m^{2}第一代虫口基数（万头）	6 下旬至 7 月（40d 平均）			每 667m^{2}早稻后期虫口（万头）	早稻后期虫口增长倍数
		温度（℃）	降水量（mm）	雨日（d）		
1971	—	28.6	80.3	7	大发生	约 100
1972	0.77	26.5	128.2	19	30.16	39.1
1973	1.13	26.9	318.8	22	26.26	23.2
1974	3.02	26.0	260.5	24	8.40	2.78
1975	1.24	27.0	196.4	22	49.01	39.52
1976	0.84	27.3	268.6	18	40.22	47.88
1977	1.25	27.6	276.1	19	22.24	17.79

资料来源：浙江省宁波地区农科所，1977。

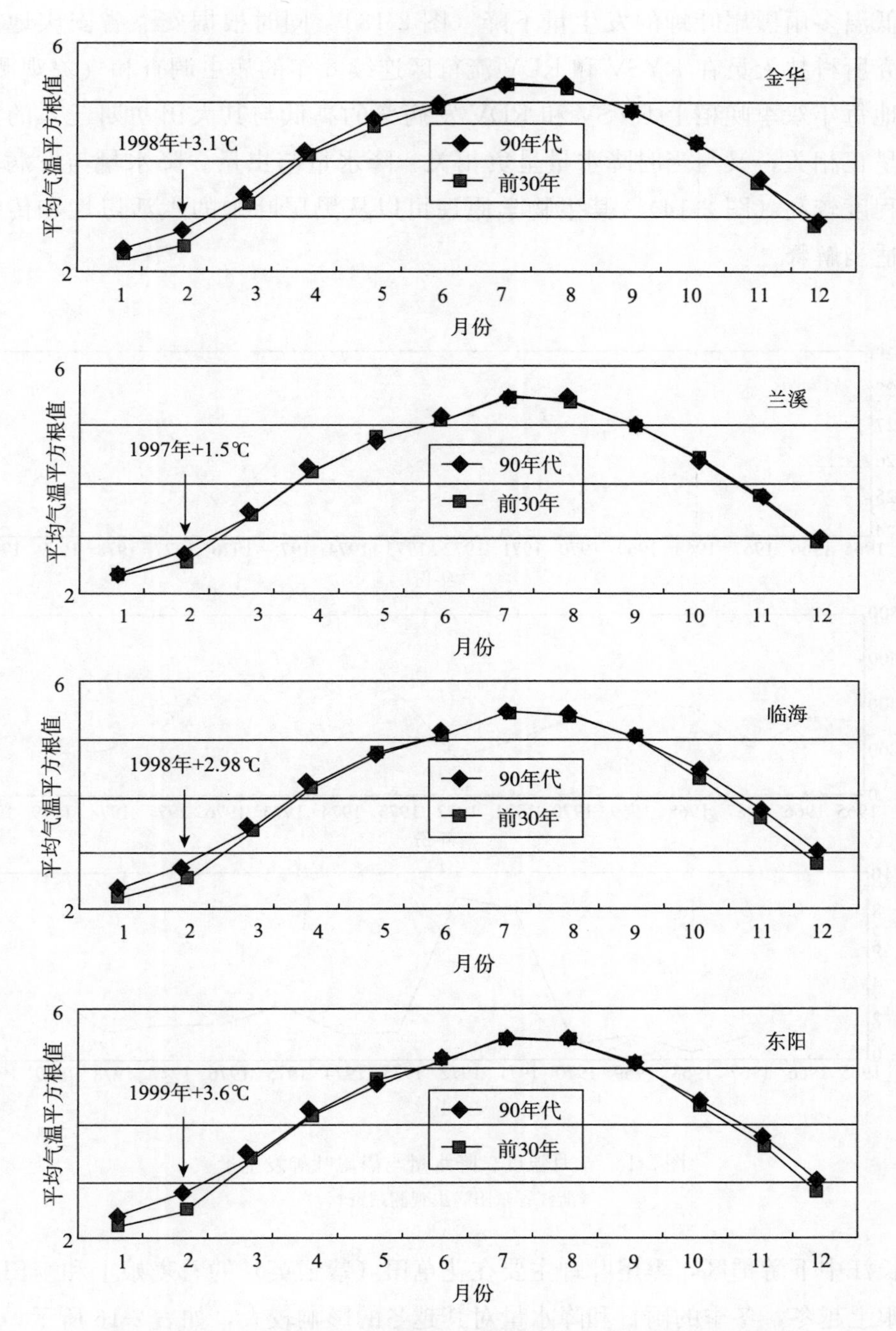

图 2-12　浙江 4 个病区 20 世纪 90 年代月平均气温与前 30 年的比较

如果说表 2-15 所示 1971 年由于高温少雨促进了黑尾叶蝉大发生的资料还不够确切，那么浙江省东阳县病虫观测站 1966—1980 年的系统观测有足够的数据证明，在 1971 年和 1972 年由于高温和少雨促进了早稻后期黑尾叶蝉的大发生，而在 1976

年由于低温多雨黑尾叶蝉的发生量下降（图 2-13）。同时根据安徽省安庆地区农业科学研究所科技人员在 RYSV 和 RDV 流行区连续 6 年的病虫调查和气象观测记录，显示当地每年双季晚稻上 RYSV 和 RDV 发病率的高低与其大田初期迁入的黑尾叶蝉虫量呈正相关，又与当时降水量呈负相关。降水量与虫量、降水量与发病率的二阶拟合程度较高（图 2-14）。其生物学原理可以从黑尾叶蝉的生活习性和传病特性中得到适当解释。

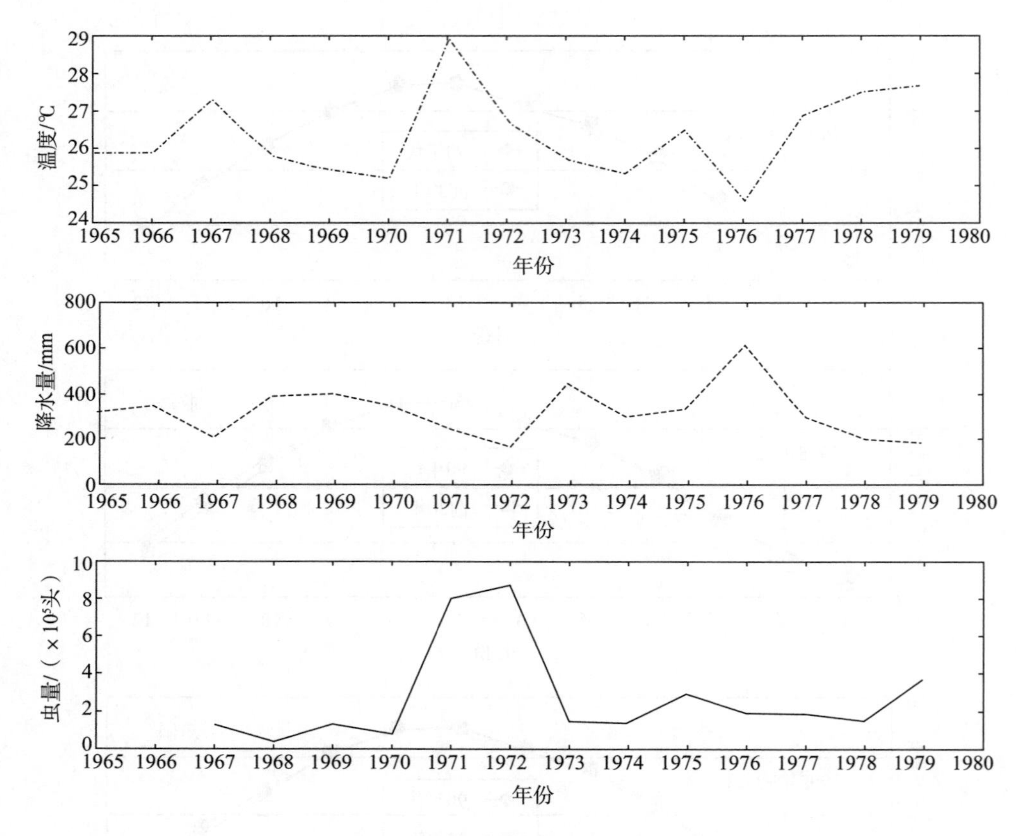

图 2-13　7 月温度、降水量与黑尾叶蝉发生量

（浙江省东阳病虫观测站资料）

在长江中下游稻区，黑尾叶蝉主要在花草田（紫云英）的看麦娘上和麦田的麦苗和看麦娘上越冬，冬季的雨日和降水量对其越冬的影响较大，如表 2-16 所示，当地在 1974 年和 1976 年花草田的黑尾叶蝉越冬死亡率低，这与当时冬季的降水量和雨日少相关，即平常年份在麦田越冬的黑尾叶蝉的死亡率能达 100％的情况下，由于在 1974 年同期的降水量和雨日太少而能够有 6.5％的存活率（表 2-16）。

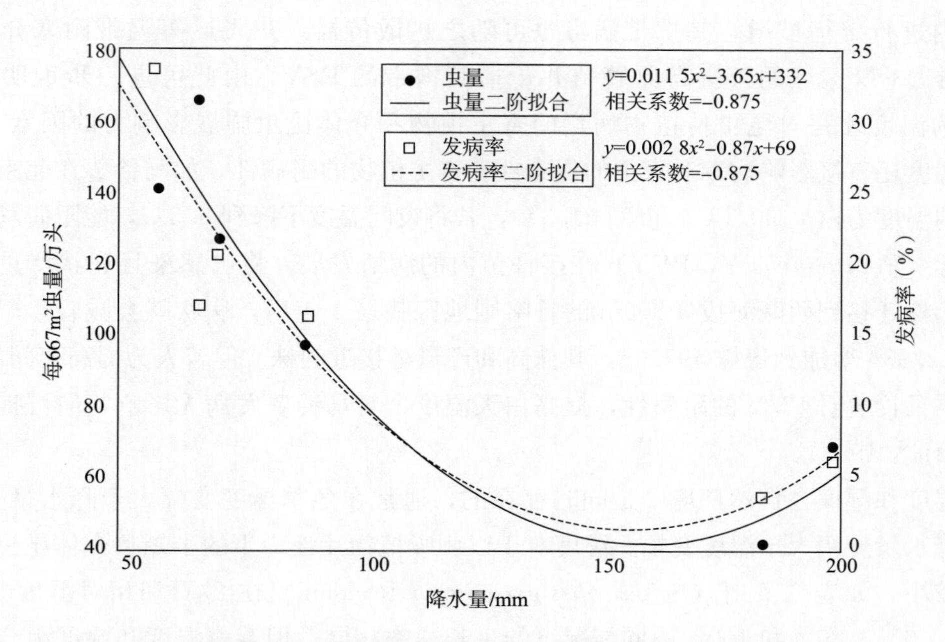

图 2-14　双季晚稻大田初期降水量与虫量的关系以及降水量与发病率关系
（安徽省安庆地区农科所资料，1974—1979 年）

表 2-16　冬季雨日、降水量与黑尾叶蝉的越冬死亡率

年份	冬季降水量情况（12 月 11 日至 3 月 21 日）		花草田			麦　田		
	降水量（mm）	雨日（d）	每 667m² 冬前虫量（万头）	每 667m² 冬后虫量（万头）	死亡率（%）	每 667m² 冬前虫量（万头）	每 667m² 冬后虫量（万头）	死亡率（%）
1972	34.9	10	2.89	0.41	85.6	—	—	—
1973	64.1	13	9.08	0.21	98.0	1.92	0	100
1974	0.9	8	1.18	1.00	15.3	1.54	0.1	93.5
1975	113.2	14	1.80	0.18	90.0	1.58	0	100
1976	57.6	6	1.245	0.82	10.2	0.12	0	100
1977	32.7	8	0.94*	0.84	33.7*	0.03	0	100

资料来源：江苏吴江县病虫测报站。

* 调查冬前虫量时已过冬季低温时间。

温度制约寄主植物和介体昆虫的区系分布。在温带，热带的寄主植物和热带的介体昆虫过不了冬，但在现代农作物设施栽培环境中热带寄主作物可终年培育，传播菜豆金色花叶病毒属病毒的介体昆虫烟粉虱也可随热带作物种苗输入在温室内进行繁衍扩增，其携带病毒也可随之扩散传播。灰飞虱等温带耐寒介体昆虫可在 23°N 区域的云贵高原繁殖并传播其携带的 RSV，由此可进一步说明生存环境的温度才是对昆虫传植物病毒的寄主植物和介体昆虫施展影响力的因素。

温度还直接影响病毒对寄主的侵染性和寄主植物的耐病性，如马铃薯在北京适宜生长的温度为白天 30.1℃、夜间 21.3℃，若将夜间温度下降到 9.3℃，能阻碍马铃薯 Y 病毒（*Potato virus Y*，PVY）在接种苗内的病情发展。将已感染且病状严重的马铃薯病株迁移到西藏海拔 3 800m 的日喀则地区栽培 1 年后，病状就会减轻，产量由每株 22.93g 增加到每株 495.6g，其株高和产量都接近健株。但若人为提高夜间温度，则削弱马铃薯对 PVY 的耐病性，提高白天温度，对马铃薯发病无影响，但可提高产量（田波，1985）。

温度和湿度在自然环境中是同时存在的，通常在冬季温度变幅大于降水量变幅，夏季降水量变幅大于温度变幅。湿度对于以刺吸植物汁液为生的半翅目介体昆虫来说影响较小。如麦二叉蚜（*Schizaphis graminum* Rondani）在 27℃和相对湿度 35%、50%、70%、80%和 100%不同情况下的生长速率相同。但若将温度和湿度组合成温湿度系数，并限定昆虫的最高温度和最高湿度界限，则可显示温湿度系数对昆虫发育的影响。如图 2-15 所示，将棉蚜生长最高温度界定在 25℃，最高湿度界定在 75%，并同时应用其最低温度和最低湿度时，方能以温湿度系数清楚地解释温湿度对棉蚜数量消长的影响（马世骏，1965）。

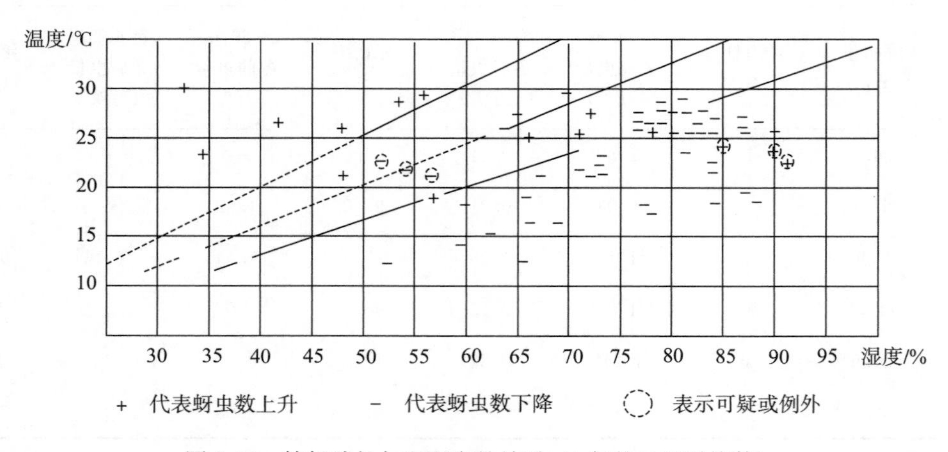

图 2-15　棉蚜消长与温湿度的关系（4 年的 5 日平均数）

（二）光的作用

植物都依赖光合作用进行新陈代谢和生长发育，传播植物病毒的介体昆虫也大多在白昼活动，光照时间长短对其发生和活动具有一定的影响，如蚜虫在光照时间连续增长条件下胎生无翅蚜，光照时间变短且光照角度变小时即生有翅蚜并发生迁移。桃蚜在一天中迁飞高峰的形成受光照的影响很大，在黑夜不起飞，但能羽化，这些夜间羽化的蚜虫一旦早晨光照度达到一定范围就都起飞了，于是形成了白天第一个迁移高峰。但在上午光照增强后其起飞就受到抑制，等到 16：00～17：00 光照度下降时再次出现一个迁移高峰。桃蚜在下午的羽化高峰出现在迁飞高峰之后，这说明羽化高峰不直接影响迁移高峰，迁移高峰受光照的直接影响。蚜虫能够辨别光线强弱和色泽变化，蚜虫有翅蚜起飞的方向有随阳光入射角方向变化而变化的趋势，如阳光从东面射来，则蚜虫向东起飞的个体占起飞总量的 49%，向南、西和北的各占 23.5%、9.5%和 18%；阳光由东南偏南入射时，向南起飞的占 23.5%，向东、西和北各为 22%、24.5%和 24.5%；由西入射时，向西起飞的占 52.5%，向东、南和北各向的分别为 12.5%、10.5%和 24.5%；由北入射时，向北起飞的占 38%，向东、南和西分别占 14.5%、10.5%和 37%。由此可见，光对蚜虫的起飞方向有一定的导向作用（管致和，1983）。现在研究明确蚜虫的光敏反应得益于它复眼上 3 个类型的光感受器：一是最敏感的绿色条带（530nm）；二是黄绿条带（490nm）；三是易感光带，其峰值在近紫外光带（330～340nm）。人眼看到的橙、黄、绿、蓝色连续光带的色彩（650～500nm）包括蚜虫最敏感的绿色光带（530nm），因此人们利用黄色水皿或黏胶板可成功诱杀蚜虫，另外利用紫外线诱杀蚜虫也有效果。光照对介体昆虫休眠的影响效果比较显著的是灰飞虱，当每天光照短于 12h 后就会出现若虫体色加深，发育迟缓，开始进入休眠状态。当秋季白天光照短于 12h 以后，田间灰飞虱就表现随着秋日的渐渐短缩而进入休眠状态。不过进入休眠状态的灰飞虱并非不食不动，仅仅是发育滞缓，但其抗寒性增强，在冬日晴天 5～6℃气温下还可见有褐色灰飞虱高龄若虫或雌虫在麦苗或看麦娘茎基上爬行，其外形似褐飞虱，但此时褐飞虱早就迁离或冻死了。

（三）风的影响

风是流动着的气流，其主要作用是影响介体昆虫的活动和时空分布，也影响介体昆虫体热和水分的平衡。通常介体昆虫都在微风或无风条件下自主飞行，风速大于 15km/h 时所有昆虫都停止飞行，如介体昆虫一节中提到的蚜虫、飞虱和叶蝉的迁飞高峰期都出现在微风和无风的早晨和傍晚时分。对流风可将自主迁飞的昆虫带到高山、大海和数千米的高空，特别是迁飞性昆虫褐飞虱和白背飞虱，每年春夏季亚洲中南半岛稻区发生的成虫随季风先后迁入我国华南、长江流域和华北稻区，秋季随着气温的下降又先后随冷气流迁至南方稻区，从而扩大了其自主活动的分布界限，因此也扩大了其传播的植物病毒的分布范围。

风或气流对寄主植物的影响主要是体内水分平衡及其生活环境的干湿度，间接地影响植物的生长发育。如秋后冷气流来得早且强，则损害农作物寄主结实成熟；夏日干热风盛行使农作物寄主易受旱；暴风（如台风）可使寄主作物倒伏受灾，进而影响寄主作物与介体昆虫和病毒的互作关系。

第五节　各流行因子的生态互作关系

在前述各种昆虫传植物病毒流行因子中，病毒作为主角只能依赖寄主植物和介体昆虫及其共同的生存环境而进行生命活动。尽管一些持久增殖型病毒能暂时绕过寄主植物途径通过介体昆虫经卵传毒繁殖后代，然而昆虫经卵传毒率是逐代下降的，并随其种群无毒个体数量的增加而逐渐被稀释，何况高带毒率介体昆虫个体的寿命和繁殖量通常是比无毒个体短和少的，因此还必须有新的对病毒亲和的个体从病株上吸汁获毒才能继续发展为新生代的带毒昆虫群体，以此不断地维持其生存和消长的动态生命过程。

目前已知的昆虫传植物病毒的上升流行过程几乎都发生在农耕区大面积连年栽培的单基因感病的农作物寄主上。而其病毒种类的起源可追溯到数百至数千年前的原生态自然生境中。伴随病毒的流行，病毒基因组发生重组变异和自身适应性变异。前面章节已分别论述了病毒源、介体昆虫、寄主植物和生存环境对病毒发生和流行的影响，本节将依据概论中提出的病毒生存常态、病毒扩展动态和病毒上升流行动态等时空模型（图 1-2 至图 1-4）对上述各流行因子之间的生态互作关系开展综合讨论。

一、生存常态互作关系

生存常态关系可分为原始生存常态和次生生存常态两种，前者存在于原生态自然植物带的病毒发源地，未经人类农垦干扰，生存环境相对封闭而稳定，其中病毒的寄主植物虽不丰富，但可供其上栖息的介体昆虫基本的生存和繁衍以及病毒的周年生存循环。在这样的生态环境中病毒与寄主植物和介体昆虫经长期适应性遗传变异和自然选择处于相对稳定的原始生存常态。其中虽然寄主植物种类和数量有限，但大多耐病毒侵染和介体昆虫取食而能正常繁衍。如由叶蝉传播的玉米线条病毒（*Maize streak virus*，MSV）早于公元 6 世纪前就被发现于非洲多个原生态地区的野生禾草上（Fragetle et al.，2006）。次生生存常态存在于农耕区，是病毒在较大面积单基因寄主作物上造成流行危害后处于长期的间歇生存状态，此时在寄主植物上难以见到感染病毒的病株，也不容易检测到介体昆虫种群中的带毒个体，表现在病毒生存常态模型的直角锥体 $ABCD$ 中（图 1-2），病毒（A）微量生存于病毒、介体昆虫和寄主植物构成的铁三角 ABC 关系的水平面上。不论其生存环境（D）是原生态的还是次生态的，均处于相对持久而稳定的动态平衡之中，因此称这种相对稳定而持久的生存状况为生存常态。如前述由灰飞虱传播的 RBSDV 在浙江省中部先后发生两次流行之间的间歇时期长达 30 年；又如 20 世纪 70～80 年代在长江中下游并发流行的 RYSV 和 RDV（均由同种黑尾叶蝉传播），从 80 年代到后期流行结束至今已经历了将近 30 年的间歇生存常态。若从 RDV 在长江流域最早于1939 年发现算起（朱健人，1941），它在发生首次流行前的次生间歇生存状态至少已经持续了近 30 年。而在日本稻区，从 1883 年首次发现到 20 世纪 70 年代发生流行之间的次生生存常态长达 80 年以上。再如自 20 世纪 90 年代以来由烟粉虱传播的菜豆金色花叶病毒属病毒在全球热带、亚热带及相邻地区的许多种大田农作物和花卉上的广泛流行危害情况，回顾它的首次流行记录是于 20 世纪 20 年代发生在约旦河谷的番茄上，以此推算它的次生间歇生存常态已长达 70 年之久。而前述由叶蝉传播的 MSV 在非洲的原始生存常态超过 1 300 年。

二、病毒扩展和上升流行动态关系

病毒的扩展动态是在病毒生存常态中，病毒、介体昆虫和寄主植物在生存环境中互作的动态平衡被打破后，病毒从原生存点向四周寄主植物随机扩散的现象。其扩散动力在原始生存常态环境中是自然暴发的风、雨和泥石流以及动物（包括介体昆虫）的活动，病毒随寄主植物和介体昆虫的位置从原始地扩展到其周边地区的寄主植物上，或者由介体昆虫远距离迁移活动传播到更远的地点。这在农耕区生境中除上述因素外，主要是受人类耕作和作物栽培活动的影响。这表现在病毒生存常态模型（图 1-2）中，病毒（A）以 AB 或 AC 为半径，以 A 为圆心顺时针或逆时针随机旋转 360°，即成为 D 生存环境中病毒（A）的扩散面（$AB^2\cdot\pi$），扩展最大距离为 $2AB$ 或 $2AC$，表现在图 1-3 中为由$\triangle ABC$ 扩展到$\triangle AB_1C_1$位置。关于昆虫传植物病毒的扩展距离，根据我国对 RDV 的研究报道，若假定其原发生地在四川省的西昌，则从 1939 年发现到 20 世纪 70 年代扩展至长江下游病毒流行地的时空距离约为每 30 年 2 000 km。根据近年来对非洲 RYMV 的研究报道，它在 200 年中扩展了 5 000 km（图2-16）。

通过对非洲 17 个国家 RYMV 分离物的全序列测定得出病害遗传学和系统发育分化谱系（图 2-16）。图中水平轴和垂直轴线分别代表空间范围和时间长度（不按比

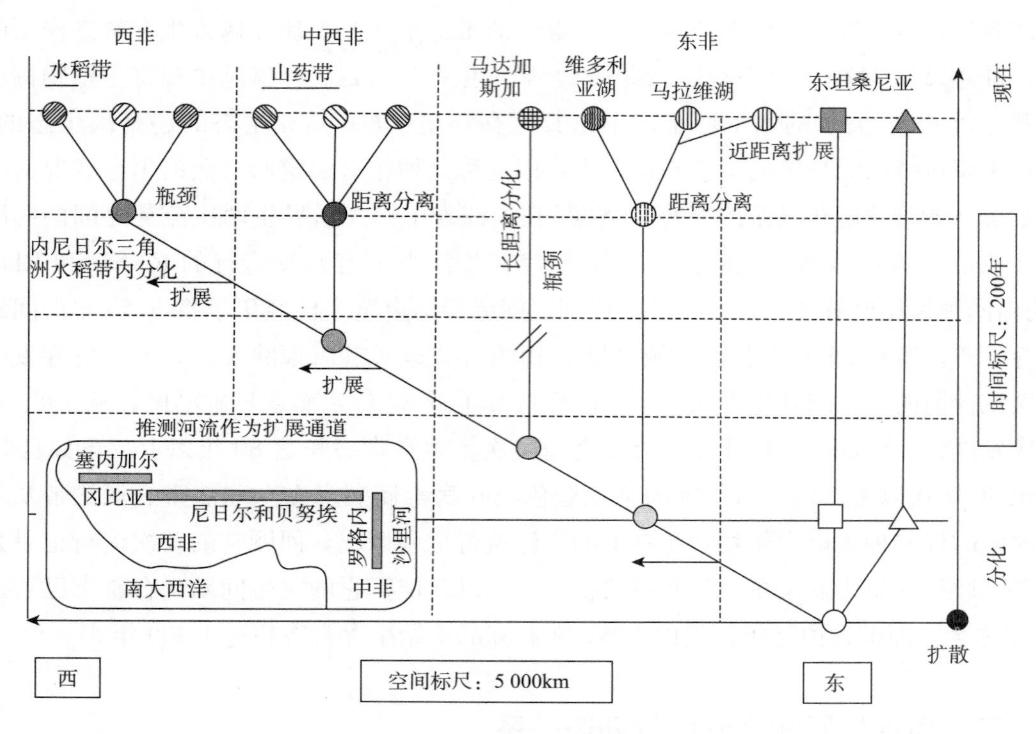

图 2-16 RYMV 谱系扩展

（Traore et al.，2009）

例）。①RYMV 首先从东非发生分化，在坦桑尼亚东部弧形山区为未分化和分化程度最大的 RYMV 株系，显示出病毒不同分离物间最大的遗传距离。②显示在东非有几个存在遗传距离的株系，特别是沿着维多利亚湖和马拉维湖的水稻生长区，有证据表明 RYMV 从马拉维湖逆向向东坦桑尼亚扩展，尽管这两个地区有山区阻隔（以点线表示）。③RYMV 由长距离扩展引入马达加斯加（>400km），在那里有一个强瓶颈作用。④RYMV 通过中非向中西非扩展，在这个水稻种植最为分散的地区（山药带）其株系分化距离是显性的。⑤RYMV 扩展到西非可能是沿着尼日尔河流洪泛区水稻带发生分化的，在那里有野生稻生存着且栽培稻也是普遍种植的，RYMV 在内尼日尔三角洲水稻带发生分化，然后扩展到另外的水稻区，特别是水稻种植带，在那里通过有遗传距离的分离物发生株系分化。底部插图表示水稻区域扩展为 RYMV 株系扩散提供了一个通道。

病毒的扩展和上升流行是其生命活动的两个不同的时空层面，其中，后者是以前者为基础，但并非为前者的必然发展结果。因为至今已报道的许多昆虫传植物病毒虽都有一定的寄主植物范围和介体昆虫种群，但并非所有都发生过流行危害，这是由于构成其上升流行的发生条件难得。如由灰飞虱传播的RBSDV和RSV广泛分布于我国长江下游以北至华北平原稻麦栽培区，两者同时于20世纪60年代前中期发生流行，其寄主植物也大致相同，然而RSV先后于20世纪60年代前中期、80年代中期、90年代中期和2015年左右分别在浙江东北部、苏南、江淮流域和华北平原的粳稻上不同程度地流行过4次，而RBSDV只在20世纪60年代中期和90年代中期流行过两次。又如广布于全球各个植物带的CMV，由于其寄主范围广、营非持久性传播的蚜虫种类太多，反而受到生物多样性（多基因）的制约，其侵染源被众多的寄主植物和介体昆虫庞大的种群数量稀释了，因而通常不易对某种寄主作物造成较大的流行危害。然而对于由营养体繁殖的种苗生产来说，如在郁金香（*Tulipa gesneriana*）和唐菖蒲（*Gladiolus hortulanus*）等花卉生产中，CMV和百合斑驳病毒（*Lily mottle virus*，LMOV）的传播和流行危害并非主要由蚜虫为介体传播所致，而是由球茎带毒在国际交流中传播，由种苗高带毒而造成流行危害。病毒上升流行是在病毒水平扩展过程中向上运动的一个时空过程。它表现在昆虫传植物病毒的上升流行模型（图1-4）中，呈现为病毒铁三角*ABC*以*AD*为轴心，以*AB*或*AC*为半径从水平向上运动，到90°高度时达半径截面的顶点，表示寄主作物受病毒感染所引起的株发病率达到100%的高峰，此后若没有新的寄主作物或杂草加以补充，则这个病毒的上升流行过程就会突然终止了。然而在现实中除重大天灾外，农业生产不会突然中止，只是随寄主植物季节性逐年起伏和演变。因此完全依赖寄主植物和介体昆虫生存活动的昆虫传植物病毒在农耕区寄主作物中上升流行到一定程度后就如图1-4所示达到半圆弧度的90°顶点，再继续向前运动就自然逆向下降了。

三、不平衡生态位互作的自然回归关系

自1883年在日本首次发现由黑尾叶蝉和电光叶蝉传播的RDV以来，至今全球已报道的昆虫传植物病毒有700余种，同时也报道了许多种昆虫传植物病毒在多种作物上发生过间歇流行危害。这种间歇流行过程反映了昆虫传植物病毒在一个地区的流行通常2～3年后就逐年下降到其流行前的病毒生存常态水平，不论其介体昆虫虫口密度高低，在田间寄主作物或杂草上都很难找到病株标本，用ELISA或PCR方法也难以检测到介体昆虫群体中的带毒个体。这种状态反映了处于流行动态过程中的昆虫传植物病毒与介体昆虫和寄主作物（杂草）三者之间的生态互作关系是很不稳定的。通常病毒上升流行速率越大，发病率越高，在其流行高峰期后发病率的下降速率也就越大。因为昆虫传植物病毒上升流行是完全依赖适生寄主作物和介体昆虫的丰度和

适度而逐季累年地增长起来的，一旦造成流行，就危害寄主作物（杂草）和介体昆虫（通常带毒虫的寿命和繁殖率比无毒个体短和低，虫口密度高招引天敌危害），并随对其赖以生存的个体损害的强烈程度、流行程度逆向下降（发病率下降）。表现在昆虫传植物病毒上升流行模型（图 1-4）中，病毒（*A*）随铁三角 *ABC* 平面以 *AD* 为轴心，以及以 *AB* 和 *AC* 为半径的力臂向上运动的轨迹到达 90°顶点高度，再继续向前运动，其轨迹就沿着弧度下降至 180°趋向近零界水平，从而恢复到上升流行前的生存常态。这个运动过程就叫做病毒（*A*）与介体昆虫（*C*）和寄主作物（*B*）的三角互作关系由上升流行的不稳定动态回归到处于自然动态平衡关系。这种动态过程在由飞虱和叶蝉传播的几种植物病毒的间歇流行过程的轨迹中可以得到很好地解释，这种病毒生存状态关系在本书第三章模型九辅助和依赖病毒复合侵染的数学模型中有量化指标表示。

第一个例证是由灰飞虱传播的 RBSDV 在浙江省中部水稻上的两次流行过程。其中第一次发生在 1960—1972 年（图 2-17），RBSDV 流行高峰年在 1966 年，株发病率为 13.5%，虽然当时没有实际记录 RBSDV 在 1960—1966 年的上升流行过程（因为当时对此病毒还不认识），但可从介体昆虫灰飞虱由 1960 年的少量发生（因为在此前由于灰飞虱虫量发生稀少而不作为害虫）到 1966 年种群数量急剧上升，以及随着 RBSDV 的突然流行到下降的年份可以看出其整个上升流行和下降过程的轨迹能用昆虫传植物病毒流行动态模型（图 1-4）中的圆弧来表现，即这次 RBSDV 发病的起始点（1960 年）、上升流行高峰期的点（1966 年）和下降回归到病程结束期的点（1972 年），可表达在以上述 3 个点为垂线的交点（*O*）为圆心，垂线为半径的圆弧上（图 2-17 中的弧线所示）。RBSDV 再次流行发生在 20 世纪 90 年代的兰溪市，RBSDV 从 1984 年在病虫观测中初见到 1993 年急剧上升，至 1996 年达到发病高峰（株发病率达 54.2%），后逐渐下降，至 2000 年初恢复到上升流行前的发病间歇生存常态（图 2-18）。图 2-18 所示各年度年株发病率的上升和下降过程的动态轨迹也正如以发病高峰点的垂线为半径所画出的一段圆弧，也即从病毒上升流行的不稳定动态又恢复到处于动态平衡的流行后间歇状态。第二个例证是由黑尾叶蝉传播的 RDV 和 RYSV 在浙江省中部的并发流行过程。病毒在 20 世纪 60 年代初在病虫观测中初见，到 1965 年至 1971 年随介体昆虫数量的急剧上升和暴发而造成流行，然后就随黑尾叶蝉带毒率的逐年下降而渐渐减轻，至 20 世纪 70 年代末期就不易在水稻上找到这两种病毒的病株标本了，即 RDV 和 RYSV 的并发流行期结束，又恢复到流行前的间歇生存常态，其病毒由上升流行到下降的时空运动轨迹也正如以发病高峰点的垂线作半径所画的弧线（图 2-19）。

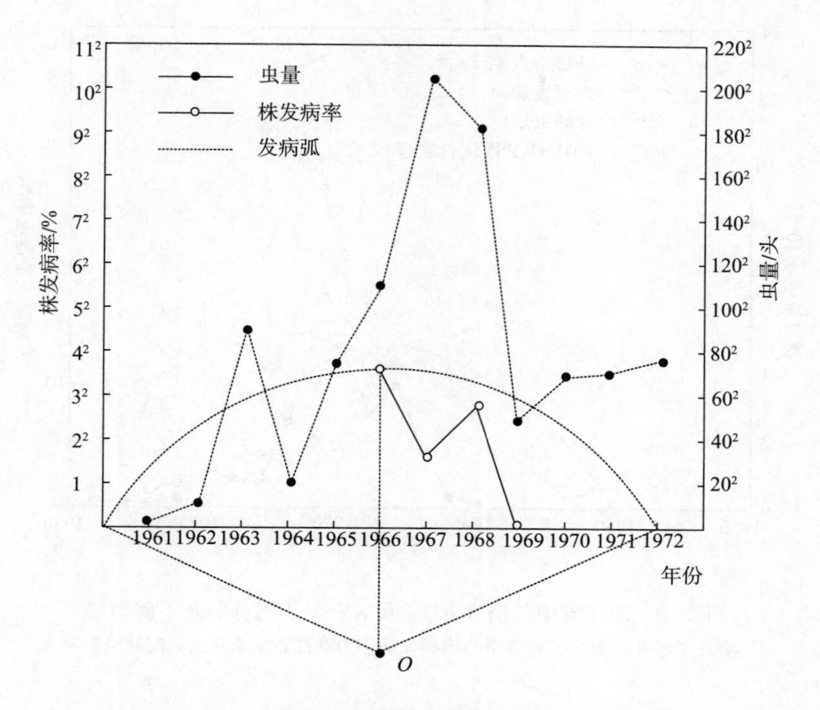

图 2-17　浙江省中部稻区 RBSDV 首次流行轨迹
（浙江省东阳病虫观测站，1973）
注：图中纵坐标数据为示意，参考原文献。

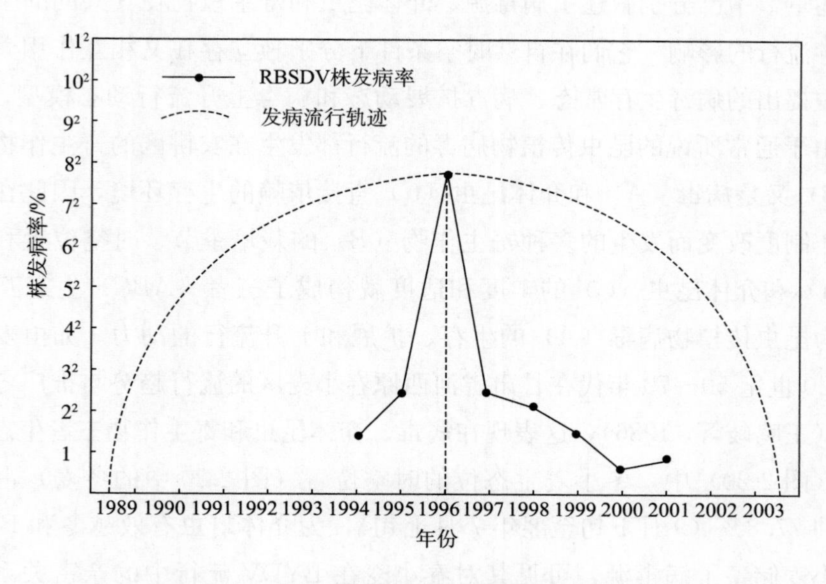

图 2-18　浙江省兰溪市稻区 RBSDV 再次流行轨迹
注：图中纵坐标数据为示意，参考原文献。

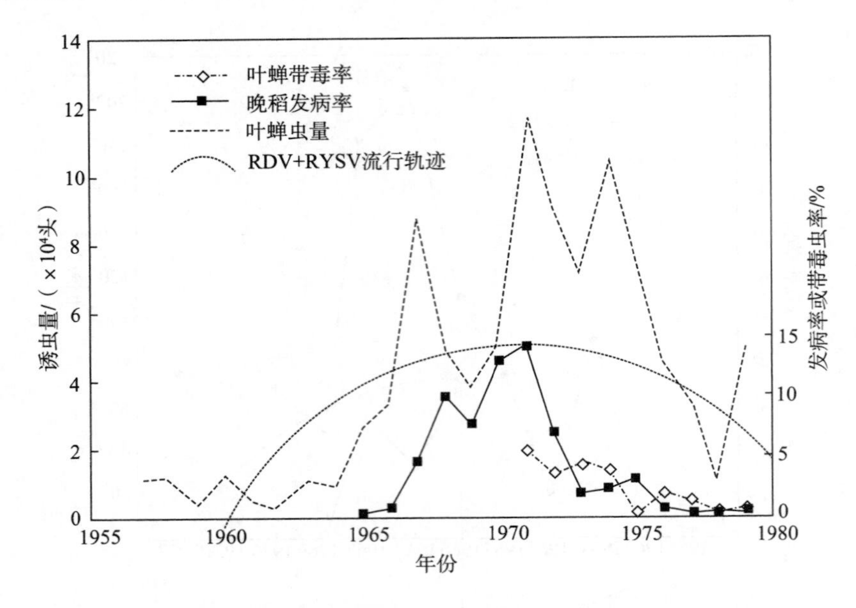

图 2-19　浙江省中部稻区 RDV 和 RYSV 上升流行和下降轨迹

（7 月黑尾叶蝉虫量、带毒率与晚稻发病率为浙江省东阳病虫观测站资料）

四、生态位亲疏关系

在前述章节中已分别叙述了病毒源、介体昆虫和寄主植物在其共同的生存环境中各自对病毒流行的影响。它们在自然时空条件下分别独立存在又相互作用着，构成第一章概论中提出的病毒生存常态、病毒扩展动态和病毒上升流行动态模型（图 1-2 至图 1-4）。由于通常所说的昆虫传植物病毒的流行都发生在农耕区的寄主作物中，而寄主作物（*B*）又是病毒（*A*）和介体昆虫（*C*）直接依赖的生存环境，因此在农业生态体系中耕作制度改变而发生的多种寄主作物（*B*）的栽培季节、时空位置和数量性状对病毒（*A*）和介体昆虫（*C*）的丰度和适度就构成了三者（*ABC*）生态互作的亲疏关系而成为昆虫传植物病毒（*A*）的生存、扩展和上升流行的动力。如由麦蚜传播的 BYDV 于 20 世纪 50～70 年代在甘肃省河西原春小麦区的流行趋势与推广冬小麦面积呈正相关（王鸣歧等，1986），这表现在病毒、介体昆虫和寄主作物三者生态位互作的亲疏关系（图 2-20）中，冬小麦生态位的时空位置（图 2-20 中的冬麦）占据 BYDV 侵染循环的 77.8%（9 月下旬至翌年 7 月上旬），为介体蚜虫有效越冬和 BYDV 在翌春侵染春小麦储备了病毒源，可见其对春小麦在 BYDV 流行中的亲密关系程度。反之，若这个生态位（冬小麦）减少或缺失，则当地春小麦上 BYDV 的发生就减少或回归到间歇生存状态。又如浙江省中部在 1952 年以前栽培一季稻时期介体昆虫灰飞虱

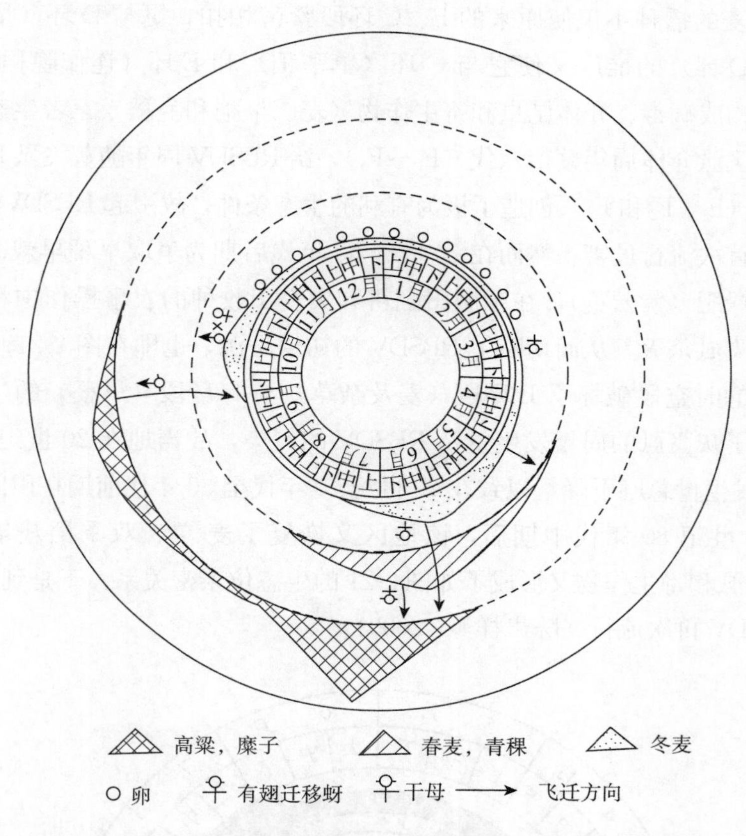

图 2-20　BYDV、麦二叉蚜和寄主作物周年生态位亲疏关系

发生少，没有发现 RBSDV 的存在，但随着 20 世纪 60 年代推广麦-双季稻栽培后就引起 RBSDV 首次流行。其原因也可以用病毒、介体昆虫和寄主作物三者周年生态位亲疏关系来解释（图 2-21）。当地在 20 世纪 50 年代栽培单季早中稻时期，病毒、灰飞虱和单季稻三者互作关系的生态位置只存在于图 2-21 中由 B、C 两个环段构成的并不亲密接合（断开的）的周年生态环位上。当时当地稻田秋收后只有部分稻田种植秋杂粮（多为豆类和非禾本科作物），大多水田在冬季翻耕晒田，春季凭雨水漫灌，田间看麦娘等禾本科寄主杂草难以生长繁茂，不利于灰飞虱介体和 RBSDV 越冬。翌年单季稻在 6 月播种，在杂草上繁殖的少量第一代灰飞虱（F_1）没有机会迁入水稻，只有少量第二代（F_2）虫才能侵入稻田少量繁殖第三、四、五代（F_3、F_4、F_5）虫。待秋季水稻收获后，为数不多的第五代（F_5）灰飞虱及微量带毒个体又在 B 生态位上找不到亲密的生态位生存和发展，故 RBSDV 在当时当地只能趋于近零价值的生存状态，不可能在一季稻上发病流行。但是在 20 世纪 50 年代后期推行双季稻耕作制度后，构成了如图 2-21 所示的病毒、介体昆虫和寄主作物的周年亲密连接的生态位相。其中

稻田大麦和小麦的播种不仅使原来的 B、C 环段紧密相扣，更与 D 环（早稻）紧密衔接；而早稻（D 环）的推广又使它与 C 环（单季稻）和 E 环（连作晚稻）紧密连接，在周年时空上构成病毒、介体昆虫和寄主作物（麦、早稻和晚稻）三者生态位的亲密互作关系，为灰飞虱介体周年繁衍六代（F_1～F_6），给 RBSDV 周年随灰飞虱 F_1～F_5 带毒虫发生 3 次侵染（F_1、F_2 和 F_3）创造了极为有利的生态条件，故引起 RBSDV 在 20 世纪 60 年代中期发生首次流行危害。然而在 20 世纪 60 年代后期为争取早稻早栽高产，改冬作小麦为大麦或绿肥（紫云英），在绿肥田翻耕和大麦田收种的农事操作中将正处于第一代若虫期的灰飞虱杀灭，从而切断了 RBSDV 的初侵染源，也即在图 2-21 中，于 4 月中旬至 5 月中旬的时空段破坏了 B 环段（麦及杂草）与 D 环段（早稻）的生态位连接关系，从而抑制了灰飞虱的周年发生量及 RBSDV 的侵染，故当地在 20 世纪 60 年代末期后 RBSDV 的发生量急剧下降，以致在 20 世纪 70 年代至 80 年代前期在田间难觅病株标本。然而从 20 世纪 80 年代中期后，该地区又恢复了麦-单、双季稻栽培制度，这样 RBSDV、灰飞虱和寄主作物又形成了如图 2-21 的生态位亲密关系，于是到 20 世纪 90 年代又造成 RBSDV 再次流行（陈声祥等，2000）。

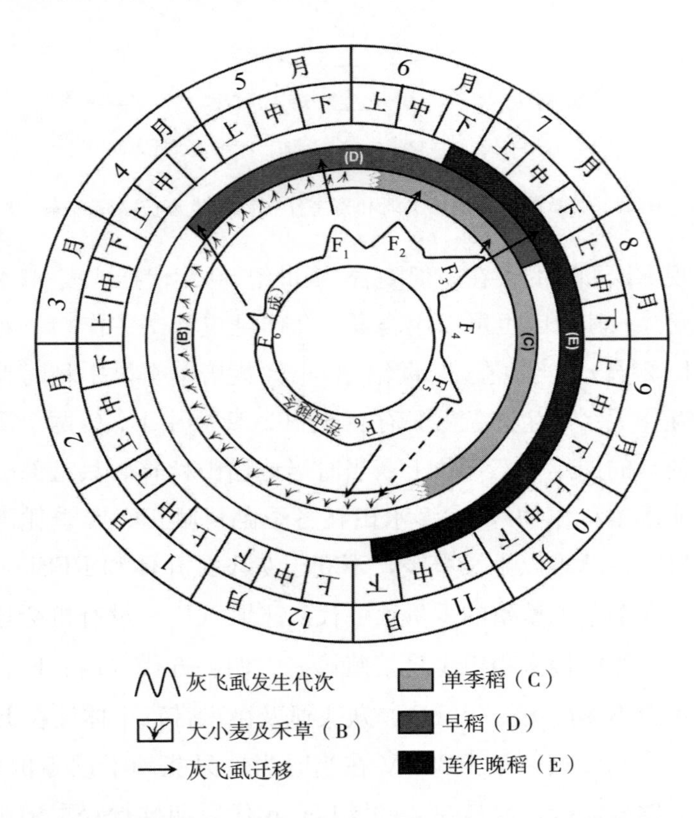

图 2-21　浙江省中部稻区 RBSDV、灰飞虱及寄主作物周年生态位亲疏关系

病毒流行学的量化研究

植物病毒病是现代农作物生产的一大制约因素，如本书概论中提到过的由多种叶蝉和飞虱传播的多种水稻病毒曾于20世纪60～80年代分别在日本、中国和东南亚各国以及中美洲国家广泛流行危害；由甲虫传播的水稻黄斑驳病毒于20世纪60年代至21世纪初期在非洲稻区扩展流行；由烟粉虱传播的双生病毒自1990年以来在全球热带、亚热带以及周边地区的粮食、棉花、果蔬和花卉等作物上广泛流行。

至今已知的植物病毒大多以昆虫为介体传播，其发生流行的时间地点以及危害程度均难以预料，一旦流行就造成农作物大幅度减产，造成重大经济损失。因此在现代农作物生产发展中必须探究各种重要昆虫传植物病毒的发生和发展动态，找出能预示病毒消长的量化指标，以便及时阻止病毒在农作物寄主内的上升流行，预防病毒病大面积发生的危害。

关于昆虫传播植物病毒病的数量研究，早期Van der Plank和Anderson（1944）曾联系烟草上发生的番茄斑萎病毒（*Tomato spotted wild virus*，TSWV）提出了其发病率随着每英亩植株数量的增加而减少的数学公式为（$1-q$）～（$1-n\sqrt{q}$），式中q表示每英亩标准种植密度，n表示实际每英亩种植密度。Watson和Healy（1953）在英格兰观测糖用甜菜上的甜菜黄化病毒（*Beet yellowing virus*，BYV）时提出一个计算发病率的数学公式，$k_1=k_0+100$（$1-k_0$）（$1-e^{NI}$），式中$I=P$［（$1-k_1)^t+k_0\ t-1$］/ k_0。该公式中，k_0为蚜虫起始进入田块时的发病率，蚜虫数量为N，过3～4周后再根据黏胶板上捕捉到的蚜虫数量来预测甜菜黄化病的发病率。他们曾假设单个蚜虫可能的传毒率为50%，单蚜传毒系数为$t=5$，但后来测定甜菜黄化病的发病率与虫量并不完全相关。

后来Van der Plank在著作*Plant disease Epidemic and Control*（1963）中列举了不少植物病毒的例子，对植物病毒流行学的量化研究作出开创性的贡献，但后来未见有这方面的深入研究报道。

20世纪70年代以后曾有专家依据介体昆虫种群数量和气候变化等相关因子，提出了一些多因子相关的函数公式并应用了计算机预测模型，但由于缺乏关键预测因子和实验数据，至今尚待完善。20 世纪 70～80 年代人们对由飞虱和叶蝉传播的植物病毒流行学的量化研究逐渐增多。20 世纪 90 年代以来也有引用动物和人类病毒流行学方法组建的昆虫传植物病毒流行学模型的研究，能更好地反映昆虫传植物病毒的流行特性，因而也具有进一步应用的前景。总之，至今对于昆虫传植物病毒流行学量化研究的进展，可概括如下。

首先，对昆虫传植物病毒的生存和消长（发展）以及其主要流行因子有如下认识。

①认为病毒流行是其生存和消长（发展）过程在寄主植物中表现的一个动态片段，其中包含着病毒与介体昆虫和寄主植物在它们共同生存环境中的许多互作关系，这些对病毒流行起重要作用的关系就是决定病毒流行与否的主要因子，可以进一步量化研究。

②创建的病毒流行学模型（公式）的相关因子或参数必须符合病毒发生和发展（消长）的生物学特性，如病毒与介体昆虫亲和性演化程度，病毒主要寄主植物和介体昆虫种类及其传病和发病特性，寄主植物，特别是农作物寄主的品种和栽培方式对介体昆虫的适度与丰度及气候变化对介体昆虫的发生和迁移动态的影响等。

③确证昆虫传植物病毒流行的关键是处于感病生育期的寄主植物与大量迁移的带毒介体昆虫的相遇程度，其中寄主植物的群体发病率在饱和接种水平以下与其遭遇的带毒虫量呈显著正相关，与寄主植物的种群密度呈负相关。

④寄主植物对病毒的易感阶段主要在幼嫩期，并随其生理年龄的增长而减弱，草本植物寄主通常在拔节和幼穗分化后就不易感染和发病。

⑤在农耕区，病毒、介体昆虫和寄主植物的生存发展受地理和气候环境的制约，其具体生存和发展空间又受各地农作物种类及其栽培制度直接影响，一般寄主作物对病毒和介体昆虫的丰度和适度是先后影响介体昆虫大发生及其传播的病毒大流行的决定因子。

其次，已提出了一些有应用前景的病毒流行学数学模型（公式）。

一、单季稻水稻矮缩病毒（RDV）预测模式

Kiritani 和 Sasaba 于 1978 年组建了单季稻水稻矮缩病毒（RDV）预测模式。

$$At=1-e^{(-a \cdot Na \cdot L \cdot P)}$$

式中：At 为单季水稻穴发病率；

a 为每头带毒虫每天传播的病稻穴数；

Na 为每穴稻上迁入的黑尾叶蝉成虫量；

L 为黑尾叶蝉成虫寿命；

P 为黑尾叶蝉带毒虫率。

在试验中假定 $P=0.05$，$a=1$，$L=10$，每穴稻上迁入的黑尾叶蝉成虫数量为 4 头左右时（即 $Na=4$），则单季稻 RDV 的穴发病率为 86%。这个穴发病率所造成的产量损失与 100 块稻田平均产量变异的 95%的置信区间为±3.5%相适应，以此发病率作为单季稻允许损失的经济阈值。

上述模型虽然有人认为是经验公式，具有地区局限性，但我们认为这个公式已适合该病毒（RDV）传播特性，公式所采用的 4 个参数（a、Na、L、P）可代表当地 RDV 流行的决定因子，若能进一步试验改进，将可能很好地推广应用。其欠缺的是：参数 P（带毒虫率）所采用的是黑尾叶蝉获毒率，与田间黑尾叶蝉自然带毒虫率含义不同；参数 a（每头带毒虫每天传播的病稻穴数）代表的数值是每头叶蝉每天到访的稻苗数，与每头带毒虫每天传播的病苗数有严格区别，虽然在其代表值等于 1 的情况下代入公式的计算值是相等的，但除此值之外就会相应地发生偏高或偏低之误。

二、单季稻水稻矮缩病毒（RDV）流行学系列公式（模型）

Nakasuji 等（1985）根据 Kiritani 和 Sasaba（1978）组建的单季稻水稻矮缩病毒（RDV）预测模式所用资料再进行人工模拟试验，提出了单季稻水稻矮缩病毒（RDV）流行学一系列不同模式，以将田间试验观测为主的单季稻水稻矮缩病毒发病率预测模型改进为由数据统计为主的通用型的一系列不同公式。他们先将单季稻和介体昆虫黑尾叶蝉分别分成 3 个不同类型。设单季稻总数量为 R，其中将健稻、处潜育期稻和感病稻分别用 X、Y、Z 来表示；设在单季稻中黑尾叶蝉总量为 N，其中将无毒虫、处于循回期虫和带毒虫分别以 U、V 和 W 来表示。然后假设与病毒流行学有关参数（由试验统计而得）组合成一系列不同的相关函数公式如下。

计算各类水稻随时量的函数公式：

健稻穴数

$$dX/dt = -\alpha WX \qquad 3\text{-}1$$

处于潜育期稻穴数

$$dY/dt = \alpha WX - \delta Y \qquad 3\text{-}2$$

病稻穴数

$$dZ/dt = \delta Y - \omega Z \qquad 3\text{-}3$$

上述 3 个公式中的参数值：

α（带毒虫传毒系数）=0.15；

δ（潜育期，取其平均值）$=6.7\times10^{-2}$；

ω（病稻死亡率）=0。

各类黑尾叶蝉量变化值的公式：

在无 RDV 情况下的总虫数

$$dN/dt = aN(1-bN)-cN \quad 3\text{-}4$$

无毒虫数

$$dU/dt = (U+V)\alpha(1-bN)+(1-r)Wa'(1-bN)-cU-\beta ZU \quad 3\text{-}5$$

处循回期虫数

$$dV/dt = \beta ZU-(c+\lambda)V \quad 3\text{-}6$$

带毒虫数

$$dW/dt = rWa'(1-bN)+\lambda V-cW \quad 3\text{-}7$$

上述公式 3-4 至公式 3-7 中的参数值由试验取得如下：

a（无毒虫出生率）=10%；

b（依赖种群密度下降的叶蝉死亡率）=2.0%；

c（叶蝉死亡率）=3.3%；

a'（带毒虫出生率）=7.0%；

λ（循回期的倒数）=0.079；

β（黑尾叶蝉获毒系数）=0.031；

r（带毒虫经卵传递率）=84%。

由于整个试验期间在一个恒定的单季稻群体中投放的带毒虫数是固定的，因此可将健稻数作为整个公式 3-1 中保持 W 值不变的函数，表达为公式 3-8。

$$X_t = X_0 e^{-\alpha Wt} \quad 3\text{-}8$$

其中的 X_t 是 t 时间的健稻数，而 $X_0=120$ 株（起始健稻数），将公式 3-8 两边用对数可转换为公式 3-9。

$$\ln(X_t/X_0) = -\alpha Wt \quad 3\text{-}9$$

将公式 3-9 作相关回归图，可以计算出传毒系数 $\alpha=0.15$ 穴/（虫・d），但这个回归系数值（$r^2=0.83$）并不高，分析原因可能是观测有误和试验缺少重复之故。

在试验中带毒虫恒定而没有补充的情况下，公式 3-5 可简化为公式 3-10。

$$dU/dt = -cU-\beta ZU \quad 3\text{-}10$$

由于黑尾叶蝉总数量 $N=U+V+W$，则其 t 时间的总虫量的公式为 3-11。

$$dN/dt = -cN \quad 3\text{-}11$$

将上述公式 3-10 和公式 3-11 合并，则可表达为一个 t 时间的无毒虫量公式为

$U_t=U_0\mathrm{e}^{-(c+\beta Z)t}$，若假定 Z 保持恒定，则上式转换为 $N_t=N_0\mathrm{e}^{-ct}$。上述两个公式中 U_t 和 N_t 是 U 和 N 在 t 时刻的值，而 U_0 和 N_0 是它们的起始值，$U_0=N_0$，因此在 t 时刻无毒虫的比例为 $U_t/N_t=U_0\mathrm{e}^{-(c+\beta Z)t}/N_0\mathrm{e}^{-ct}=\mathrm{e}^{-\beta Zt}$，两边取自然对数得公式 3-12。

$$\ln(U_t/N_t)=-\beta Zt \qquad 3\text{-}12$$

根据公式 3-12 可作相应回归线预测黑尾叶蝉的获毒系数 $\beta=3.1\times10^{-8}$，然而两者的相关系数不高（$r^2=0.65$），认为可能是由于观测误差和其生物学特性关系不适合用线性函数表达之故。

由于在 30d 试验中黑尾叶蝉的残存率为 96.7%，每天的死亡率为 3.3%，代入公式 3-4 可得到黑尾叶蝉总量的渐进值公式 3-13。

$$N^*=(a-c)/(ab)=(a-3.3\%)/(ab) \qquad 3\text{-}13$$

由于 1 代黑尾叶蝉带毒虫的繁殖率仅为无毒虫的 1/4，因此带毒虫的出生率（a'）可从公式 3-14 计算出，$a'=0.07$。

$$\mathrm{e}^{(a-c)T}/\mathrm{e}^{(a'-c)T}=4 \qquad 3\text{-}14$$

在单季稻 150 多天的生长期中，试验开始时，设三类介体昆虫 U、V、W 的起始值分别为 0.95、0、0.05，三类水稻 X、Y、Z 的起始值分别为 1.0×10^5、0、0。试验过程近 100d 内无毒虫（U）迅速增长（繁殖 2～3 代），后慢慢下降到趋向平稳，其中带毒虫的数量从 60d 起保持平稳上升趋势（图 3-1）。

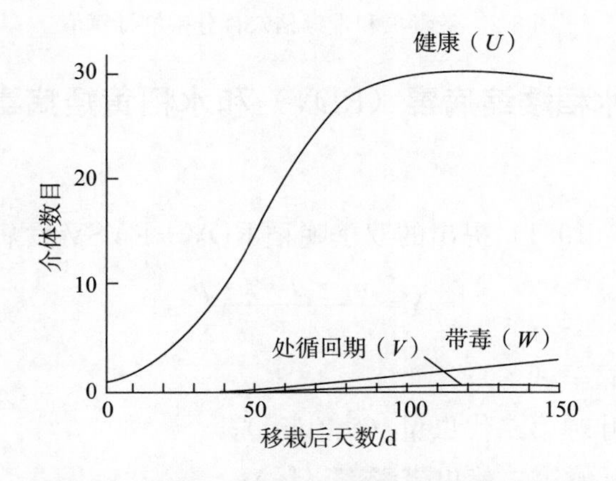

图 3-1　健稻数、处潜育期稻数和病稻数的计算值

而带毒虫的百分率（100W/N）在单季稻生长期的 150d 内先逐渐下降，后至第 150d 一直增长到 8%。病稻穴的百分率（100Z/R）随水稻生长一直增长，在水稻生长 100d 后增长至渐近线，约为 83%（图 3-2）。从公式计算得出这个达渐近线的最高发病率（83%）远远大于当时田间试验的实测发病率（5%～60%）。造成如此大的误差的原因，笔者认为是 Kiritani 和 Sasaba（1978）试验时对 α 值（带毒虫传毒系数）的

估计太高，同时试验稻苗种植的密度高于田间传统种植密度，有利于带毒虫在稻丛间转移传毒（深谷昌次等，1980；Nakasuji et al.，1985）。分析认为他们采用的α值（带毒虫传毒系数）的含义如在单季稻水稻矮缩病毒（RDV）发病率预测模型（模式一）中的一样，把黑尾叶蝉到访稻穴数错认为传毒系数了，因此通常在α大于1的情况下，黑尾叶蝉（不论带毒与否）到访的稻穴数远比带毒虫（在叶蝉群体中为少数）传毒的稻穴数多，代入公式计算得出的发病稻穴数就远比其中部分带毒虫所传播的病稻穴数多得多。

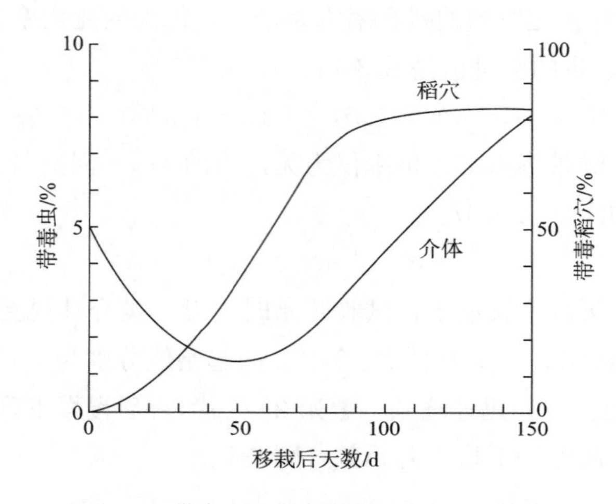

图 3-2　带毒虫和带毒稻穴百分率的计算值

三、双季晚稻水稻矮缩病毒（RDV）和水稻黄矮病毒（RYSV）发病率联合预测模式

根据陈声祥等人（1981）提出的双季晚稻RDV＋RYSV发病率预测模式改进为：

$$Y=\frac{n_1 \cdot d \cdot t \cdot p}{x}$$

式中：Y为株发病率（%）；

n_1为黑尾叶蝉第二代虫量（头/hm^2）；

d为黑尾叶蝉第二代虫带毒率（%）；

p为双季晚稻大田初迁入成虫量/黑尾叶蝉二代虫量（%）；

t为黑尾叶蝉第二代带毒虫的传毒系数（株/虫）；

x为双季晚稻大田初期移栽稻苗数（株/hm^2）。

（一）预测模式的设计原理

（1）20世纪70～80年代长江下游双季稻区由黑尾叶蝉传播的水稻矮缩病毒

（RDV）和水稻黄矮病毒（RYSV）并发流行，通常早稻发病轻，连作晚稻发病严重，因此必须针对双季晚稻上这两个病毒的发生实况进行联合测报。

（2）双季晚稻上这两个病毒的发生轻重与其大田初期（7 月下旬至 8 月上旬）迁入的带毒虫量呈显著正相关，与其秧田期秧苗的发病率高低关系不大。

（3）迁入双季晚稻大田初期的黑尾叶蝉成虫虽然基本都是来自成熟和收获期的早稻田中的第三代虫，但该代虫龄不整齐，同时距双季晚稻大田插秧时期又太近，而不适合用于测报；其第二代虫在早稻中后期发生，且数量稳定（虫龄较整齐而外迁较少），离双季晚稻插秧期（7 月下旬至 8 月 8 日左右）有一段时间，因而可以用于发病率预测预报，以及时指导双季晚稻大田初期的防病工作。

（4）黑尾叶蝉第二代虫发生期早稻上 RDV 和 RYSV 的发病率已经稳定，其带毒虫率与第三代虫的带毒虫率非常接近。

（5）当地黑尾叶蝉在双季晚稻上繁殖第四至六代虫，但第四代虫繁殖期正遇盛夏高温烈日，田间发生数量很少，且 RDV 自然带毒虫率又很低，因此对传播 RDV 和 RYSV 的作用极微；在双季晚稻上繁殖的第五、六代虫的繁殖量虽然增多，但其若虫吸汁获毒后再经循回期已赶不上双季晚稻的易感病生育期，而且此时田间 RDV 经卵带毒的数量极少，因而对传病的影响也可忽略不计。

（二）预测模式中有关参数（流行预测主要因子）值的取得方法

（1）n_1 值（黑尾叶蝉第二代虫量）于 7 月上旬在早稻上实测。

（2）d 值（黑尾叶蝉带毒率），在测取 n 值时取样 300 头以上在实验室用血清学方法（ELISA）或 PCR 方法测定，其中用 ELISA 或 PCR 方法时在事前将带毒虫带毒率和传毒率校对一致（调节至带毒率稍高于传毒率，尽可能降低假阳性）。

（3）p 值，由多年多次田间取样实测而得的一个可变数值范围，随各地区栽培和管理情况不同而异，其平均值为0.1～1.0。在应用公式进行测报时可根据当地历年记录选择一个通常的数值范围，但衡量预测公式准确程度则用双季晚稻大田初期实测最高虫量来校正。如双季晚稻早栽田迁入虫量最多，预报虫量范围可偏向中值（0.5）以上；迟栽田迁入虫量少或无（实测测不到），预测 p 值可偏中值以下，若在大片重病早稻田收获之前栽种的小面积双季晚稻田的 p 值可能大于 1。

（4）t 值（带毒叶蝉传毒系数），当时田间调查所得 125 个实测数据的平均值为（10.81±3.14）株/虫和人工模拟试验结果为（9.8±1.56）株/虫，迁入双季晚稻大田初期的黑尾叶蝉成虫寿命为 7～9d，取其中数值 8d，在应用中取每头带毒虫平均传播病苗数 10 株，即每天传毒 0.125 株。

(三)预测模式的验证和应用结果(陈声祥等,1981;陈声祥等,1988)

预测模式于1972—1985年在浙江和安徽两省9个双季晚稻区(地跨长江下游2.5个纬度)共计67年次验证和应用,对双季晚稻上水稻矮缩病和水稻黄矮病合计发病率的预测和预报的接近率达97%以上(详见本书第四章)。

双季晚稻RDV和RYSV预测模式($Y=\frac{n_1 \cdot d \cdot t \cdot p}{x}$)中所采用的4个预测因子($n_1$、$d$、$p$和$t$),除$x$外,与单季稻水稻矮缩病毒(RDV)预测模式中的4个参数(a、Na、L和P)的含义相近,但研究双方在发病因子的探索和预测模式的组建中互无交流。双方当时均在各自由黑尾叶蝉传播的RDV流行区田间实地调查研究和人工模拟试验中探究决定了RDV发病流行的主要因子,并量化成为参数,分别用简便的数学公式表达成为RDV发病率预测模型,并能在当地有效地验证和应用。虽然这两个病毒病预测模式被称为经验预测模式,通常被认为具有地区局限性,特别是双季晚稻RDV和RYSV发病率预测模型看起来十分简单,但它所含5个预测因子包括了黑尾叶蝉传播的RDV和RYSV的主要生物学特性以及其互作关系,并以参数形式组合在一个启发式的简单函数公式中表达出来,因此它能在长江下游地区跨2个半纬度(29°N~31.5°N)的9个病区得到有效验证和应用。Kiritani等人(1978)提出的单季稻水稻矮缩病毒(RDV)预测模式后来未见有进一步验证和应用的报道,这可能是由于当地在20世纪80年代之后RDV就不流行之故。

现在我们将模式三($Y=\frac{n_1 \cdot d \cdot t \cdot p}{x}$模型)与模式一[$At=1-e^{(-a \cdot Na \cdot L \cdot P)}$]模型中的相关参数进行定义和比较,其中$n_1 \cdot p \approx Na$(不过量化数量不同),$n \cdot p$的单位为头/hm^2,$Na$的单位为头/穴;$d \approx P$;$t \approx a \cdot L$,$t$在模式$Y=\frac{n_1 \cdot d \cdot t \cdot p}{x}$中作为一个实验常数,表示在长江下游双季晚稻大田初期气候环境中黑尾叶蝉成虫在迁入双季晚稻大田初期7~9d(平均为8d)的寿命中平均传毒频度数约为10株/虫。虽然在$At=1-e^{(-a \cdot Na \cdot L \cdot P)}$模式中的$a$含义与$Y=\frac{n_1 \cdot d \cdot t \cdot p}{x}$模式中的$t$相同,但前者试验过程中所测的实值是每头叶蝉到访稻株数,不是真的传病株数,因此当a等于1时,作为参数代入公式计算是正确的,但当a大于或小于1时,其代入公式的计算值与田间或试验的实际发病率就不同了。但单用参数值代入上述两个模式计算是可以互换通用的,例如,设参数n、d、p和t值分别为10、0.03、0.5和10,x取30,分别代入模式三得$Y=\frac{n_1 \cdot d \cdot t \cdot p}{x}=\frac{10 \times 0.03 \times 0.5 \times 10}{30}=\frac{1.5}{30}=0.05$,即测得株发病率为5%;代入模式一得$At=1-e^{(-a \cdot Na \cdot L \cdot P)}=1-e^{(-10 \times 0.03 \times 0.5 \times 10/30)}=0.049$,即株发病率

为4.9%。上述两个模型的答案0.05与0.049非常接近。

再设参数 Na、a、P 和 L 值分别为0.4、1、0.05和10，分别代入：模式一 $At = 1 - e^{(-a \cdot Na \cdot L \cdot P)} = 1 - e^{(-0.4 \times 0.05 \times 1 \times 10)} = 0.18$；模式三 $Y = \frac{n_1 \cdot d \cdot t \cdot p}{x} = \frac{0.4 \times 30 \times 0.05 \times 1 \times 10}{30} = \frac{12 \times 0.5}{30} = \frac{6}{30} = 0.20$。上述两个模式的计算值0.18与0.20也很接近。

四、普通理论模型

Jeger等（1998）主张病毒传播过程是介体昆虫种群与病毒流行学动态连接的关键，他们依据无毒虫从病株上吸汁获毒后再到健株上吸汁传毒，产生新病株，而后这些病株又被无毒虫吸汁获毒产生新的带毒虫个体等互作关系，综合分析前人报道的多个半翅目昆虫传植物病毒流行学模型，并引用反映病毒与介体昆虫和寄主植物互作关系的有关参数推导出一个在寄主植物群体中引入一个病株植物后而产生新病株个体数的基础再生量（R_0）的普通理论模型，用以鉴别昆虫传植物病毒的4种传播类型（非持久、半持久、持久循回和持久增殖型）中的有关公式参数，以及提出相关病毒病害的防治策略。其中参数的对偶设计能满足病毒流行的阈值标准（$R_0=1$），并以此值将持久增殖型与其他3种类型病毒区别开。若 $R_0<1$，病毒就不流行；$R_0=0$，则表示病毒在一个寄主植物群体中被清除；$R_0>1$，则病毒持续并有可能流行。

在一个普通理论模型中推导的具代表性的病毒流行动态中病株基础再生量公式：

$$R_0 = \frac{P}{K\lambda\varphi T} \times \frac{\eta}{\alpha+\eta} \times \frac{1}{\tau+\alpha(1-q)} \times k_1\varphi T \times \frac{k_2}{k_2+\beta} \times \frac{1}{k_3+\beta} > 1$$

式中：P/K（每株植物上的介体数）$=0\sim10$；

φT（每虫每天吸食时间）$=0\sim0.02$；

λ（传毒率）$=10^3$（非持久型），96（半持久和持久循回型），48（持久增殖型）；

η（循回期，取倒数）$=0.02$（非持久和半持久型），1（持久循回型），20（持久增殖型）；

α（介体转换率）$=0\sim0.25$；

τ（处循回期带毒虫，取倒数）$=0.25$（非持久型），4（半持久型），20（持久循回型），100（持久增殖型）；

q（子代部分带毒虫）$=0$（非持久、半持久和持久循回型），0.5（持久增殖型）；

k_1（获毒率）$=10^3$（非持久型），96（半持久型），48（持久循回型），12（持久增殖型）；

k_2（潜育期，取倒数）$=5$；

k_3（处潜育期寄主，取倒数）$=10\sim25$；

β（寄主死亡率）$=0.01$。

上述基础再生量公式可简介如下：假设将一只带毒虫引入一个处于平稳状态的介体昆虫群体，则介体昆虫群体将产生带毒个体的概率为 $\eta/(\alpha+\eta)$；每天被感染的寄主植物的平均数量是 $[\varphi T\eta/(a+\eta)]k_1$；每个带毒虫保持带毒状态的平均时间为 $1/[\tau+\alpha(1-q)]$；被感染的寄主植物总数量是 $\frac{k_1\varphi T\eta}{\alpha+\eta}\times\frac{1}{\tau+\alpha(1-q)}$；其中带毒病株总数量是 $\frac{\varphi T\eta}{\alpha+\eta}\times\frac{1}{\tau+\alpha(1-q)}\times k_1\times\frac{k_2}{k_2+\beta}$；无毒虫到访病株的总数目是 $\varphi TP/K$，因此无毒虫到访病株后变成有毒虫的数量为 $\frac{P}{K\varphi T}\times\frac{\eta}{\alpha+\eta}\times\frac{1}{\tau+\alpha(1-q)}\times k_1T\times\frac{k_2}{(k_2+\beta)\lambda T}$；由于病株的平均带毒期是 $1/(k_3+\beta)$，因此无毒虫在病株上吸汁获毒的总数量为 $\frac{P}{K\varphi T}\times\frac{\eta}{\alpha+\eta}\times\frac{1}{\tau+\alpha(1-q)}\times k_1\times\frac{k_2}{(k_2+\beta)\lambda}\times\frac{1}{k_3+\beta}$。

五、昆虫传毒机制对于植物病毒流行影响的理论分析模型（Madden et al.，2000）

（一）模型Ⅰ

根据 Jeger 等（1988）提出的昆虫传植物病毒传播特性和流行发展动态模型推导得出如下寄主植物和昆虫种群稳定状态值的公式。

（1）各类寄主植物规划量的代数公式，其中 h、l 和 s 分别代表健株率、处潜育期植株数量和病株率。x、y、z 分别表示无毒虫、潜育期和感染虫比例，其他参数含义与普通理论模型一致。

$\mathrm{d}h/\mathrm{d}t=\beta(1-h)-\varphi bzh$

$\mathrm{d}l/\mathrm{d}t=\varphi bzh-(k_2+\beta)l$

$\mathrm{d}s/\mathrm{d}t=k_2l-(k_3+\beta)s$

（2）各类介体公式。

$\mathrm{d}y/\mathrm{d}t=\varphi\alpha s(P/K-y-z)-\alpha y-\eta y$

$dz/dt = \eta y - \tau z - \alpha z + q\alpha z$

dx/dt 被省略了，因为 $x = P/K - y - z$。

当在 $\beta > 0$ 的情况下，稳定状态下的每株带毒虫值（z）可为如下公式：

$$z^* = \beta\{\alpha b\varphi^2 (P/K) k_2 - (\alpha+\eta)([\tau+\alpha(1-q)]/\eta)(k_2+\beta)(k_3+\beta)\} / b\varphi\{(\alpha+\eta)([\tau+\alpha(1-q)]/\eta)(k_2+\beta)(k_3+\beta) + \alpha\varphi k_2\beta([\tau+\alpha(1-q)]/\eta+1)\} \quad 3\text{-}15$$

z^* 表示平衡值。公式 3-15 也可改写为：

$$z^* = \beta(R_0-1) / b\varphi(1+C_1/C_2) \quad 3\text{-}16$$

其中：$C_1 = \alpha\varphi k_2\beta\{[\tau+\alpha(1-q)]/\eta+1\}$

$C_2 = (\alpha+\eta)\{[\tau+\alpha(1-q)]/\eta\}(k_2+\beta)(k_3+\beta)$

公式 3-16 明确表示出在稳定状态下 R_0 的作用，即仅当 $R_0 > 1$ 才使 $z^* > 0$ 成立。d 的稳定状态值为：

$$d^* = 1 - \beta/(\beta + b\varphi z^*) \quad 3\text{-}17$$

在公式 3-17 中，z^* 是当 $\beta > 0$ 时由公式 3-15 给定的。由公式 3-15 和公式 3-17 可得 d^* 的简化公式为：

$$d^* = (R_0-1)/(R_0+C_1/C_2) \quad 3\text{-}18$$

当 β 值非常小时，$C_1/C_2 \approx 0$，$1-1/R_0$ 可作为 d^* 值的近似值，l^*、s^* 和 y^* 值可由 Jeger 等（1988）的公式决定，用 α 代替 λT，用 b 代替 $k_1 T$。

（二）模型Ⅱ

当明确介体有迁入和迁出时，公式对于介体昆虫种群稳态值变化较为复杂，当 $\beta > 0$ 时，稳定状态下的 z 值是一个一元二次方程式的根。

$$z^* = [-C_3 - \sqrt{C_3{}^2 + 4C_4C_5}] / (-2C_4) \quad 3\text{-}19$$

上述 $C_3 \sim C_5$ 是模型参数的函数，这些函数值为：

$C_3 = A_4\varphi b + A_1\alpha b\varphi^2 (P/K + A_3) - \beta A_2A_5 + A_2A_5\varphi b$

$C_4 = A_1\varphi^2\alpha b(A_2+1) + A_2A_5\varphi b$

$C_5 = A_4\beta + \beta A_3A_5$

$A_1 \sim A_5$ 的系数值为：

$A_1 = [k_2/(k_2+\beta)][\beta/(k_3+\beta)]$

$A_2 = [\tau + (\alpha + V/P)(1-q\psi)]/\eta$

$A_3 = [(1-\psi)(1-\theta_1-\theta_2)(V+\alpha P)]/(\eta K)$

$A_4 = [(1-\psi)\theta_2(V+\alpha P)]/K$

$A_5=\alpha+\eta+V/P$

其中，V 表示每天介体昆虫介入量（头/d），P 表示介体昆虫群体总量，ψ 表示田间迁出和死亡的虫量由其内部繁殖的虫量代替，θ_1 表示迁入的非带毒虫量，θ_2 表示迁入的处于潜伏期的介体虫量，K 表示供试的植株总量（常为 1 000 株）。

在稳定状态下的发病率 d^* 由公式 3-17 给定。其他方程由 Jeger 等（1988）给定。

通常在病毒流行早期由介体昆虫侵入的田间寄主植物群体内发病率 d 呈混合指数增长，当 $d\leqslant 0.05$ 时，发病率 d 随着带毒虫的迁入量呈线性增长。然而当迁入的都是无毒虫（$\theta=1$）时，R_0 的增长继续限于指数增长，经过一个过渡期后病害的发展可由多个公式来解。当 $\beta>0$ 时用模型Ⅰ相同参数预测 d^* 值，加上昆虫迁移率项目（$1-\psi$），丧失的介体昆虫部分由迁入的介体及其带毒状况来代替，d 值由公式 A_5 和 A_3 来决定，都低于 1，而用模型Ⅰ来计算则其值可小于或大于 1。因为在模型Ⅱ中 A_3 和 A_5 的性质较复杂，它涉及与传播有关的流行特性。对于模型Ⅱ的流行动态的多个解法，以及模型Ⅰ流行动态的过渡相更进一步拓宽了我们对病毒病害流行动态过程的了解。

六、普通流行学模型的改进模型

Van den Bosch 和 Jeger（2001）应用 Jeger 等（1998）提出的普通模型，针对非洲木薯花叶病毒（ACMV）发生特性进行了改进，将寄生作物群体分为健株、处潜伏期和发病 3 个类型，密度分别用 H、L、S 表示，由移栽增加健株密度，替代作物收获的和被拔除的病株缺失，总密度（$H+L+S=K$）保持恒定，健株密度由于病毒侵染而减少。设带毒介体昆虫的恒定密度为 Z，侵染率 λ，病株随病毒侵染而增加，并随作物收获而减少，其速率为 β_1，转化成被感染率为 r，拔除病株率为 β_2。模型用 Jeger et al.（1998）普通模型同样符号表示为：

$$dH/dt=\beta_1(1-H)+\beta_2 S-\lambda_1 ZH$$

$$dL/dt=\lambda_1 ZH-(\gamma+\beta_1)L$$

$$dS/dt=\gamma L-(\beta_1+\beta_2)S$$

介体昆虫分为无毒虫（X）、处循回期虫（Y）和带毒虫（Z）。每株植物上的介体总量为常数 K，$P/K=X+Y+Z$。假定介体获毒率与病株密度呈线性关系且获毒率为 λ_2，介体死亡率为 α，应用杀虫剂杀死率为 δ，介体平均循回期为 $1/n$，平均传毒期为 $1/\tau$，介体昆虫的数学模型为：

$$dY/dt=\lambda_2 S[P(\sigma)/K-Y-Z]-(\alpha+\sigma)Y-\eta Y$$

$$dZ/dt=\eta Y-\tau Z-(\alpha+\sigma)Z$$

上述公式中的介体量可由于应用杀虫剂而死亡和自然死亡引起介体密度的变化，

影响率以 $P(\sigma)$ 表达，介体种群动态模型为：

$$dP/dt = rP\ (1-P/\omega)\ -\alpha P-\sigma P$$

上式中的 P 是介体量，r 是介体群体的自然出生率，ω 是上述再生量等于零时的群体密度，在稳定状态下的介体群体密度公式为：

$$P/K = \omega/\ [r\ (r-\alpha-\delta)]$$

上述公式中的参数值的含义及估算值为：

β_1：$1/\beta_1$ 是作物生长期木薯的收获率，每天 0.3%（Holt 等人，1997）；

β_2：病株拔除率，每个月最大检测率，每天 3.3%；

α：介体昆虫自然死亡率，每天 12%（Holt 等人，1997）；

σ：杀虫剂引起的介体死亡率，可变；

λ_1：介体传毒率，每天 0.8%（Holt 等人，1997）；

λ_2：介体侵染率，每天 0.8%（Holt 等人，1997）；

η：$1/\eta$ 是介体循回期，6h（Dubern，1994）、8h 或更长（Fauquet 和 Fargette，1990）；

τ：$1/\tau$ 是介体带毒期，7～9d（Dubern，1994）；

P/K：每株作物上的介体量，平均约为 100 头/株，最大量为 250 头/株；

r：介体昆虫增加率，r=20%（Holt 等人，1997）；

ω：没有发生再生量时的介体密度，ω 值可据 $P/K=\omega/\ [r\ (r-\alpha-\delta)]$ 来估计；

γ：$1/\gamma$ 是处潜育期寄主作物量。

应用模型与相应的田间资料的测量结果：用模型与 ACMV 流行地田间观测值作为对照，进行预测，肯尼亚部分地区的木薯花叶病毒的发病率为 80%～100%，大部分地区为 20%～95%，而用模型测量为 80%；实测介体的带毒参数为 0.01%～4%，用模型测量为 2.75%。推测应用杀虫剂使当地介体昆虫数量从每 300 叶 280 头减少至每 300 叶 40 头时，其田间发病率减少至 0；而用公式计量，当介体昆虫密度减少为原来发病流行时的 10%～20%时，病毒被完全清除。这样看来，应用模型预测值与实际发病率似乎基本相符。

七、一个结合介体聚集的植物病毒侵染模型

Zhang 等（2000b）研究发现非洲木薯花叶病毒（ACMV）和介体烟粉虱之间有强烈互作关系，烟粉虱偏嗜 ACMV 病株，并且在其上繁殖力增强，因此产生不均匀的空间分布，在病株木薯上的虫口比健株的高，造成个体间干扰而加剧向寄主作物群体外迁移的现象，因此增加了 ACMV 的扩展和流行。从而根据介体空间不均匀的影

响的现象学模型设计了一个结合介体聚集的植物病毒侵染模型。这个模型将普通模型（Jeger et al.，1998）中以寄主作物和介体昆虫的分类数量改为接触率的形式来表达：

$$\left.\begin{aligned} dH/dt &= r\ (K-H)\ -k_1 ZH^{1-m_1} \\ dS/dt &= k_1\ ZH^{1-m_1} -\ (k_3+r)\ S \\ dZ/dt &= k_2 S\ (P-Z)^{1-m_1} - cZ \end{aligned}\right\} \qquad 3\text{-}20$$

式中的 H、S 和 R 分别为健康、处潜育期和发病的寄主作物数量，X 和 Z 分别代表无毒、处循回期中和带毒介体数量，m_1 表示寄主对介体的影响，其他参数与普通理论模型一致。如 Jeger 等（1998）的模型一样，假定寄主植物群体为 $H+S+R=K$（用拔病株补健株方法保持整个试验期间的寄主植物群体量恒定），介体群体量 $P=X+Z$ 也保持恒定。因此省略了 X 和 R 公式，并设公式3-20等于 0 而取得平衡。上式系统总存在平凡平衡解为：$H^*=K$，$X^*=P$，其他寄主植物和介体数量为 0。

系统的非平凡解（对应于病毒的持续）为公式 3-21：

$$\left.\begin{aligned} S^* &= r\ (K-H^*)\ /\ (k_3+r) \\ Z^* &= r\ (K-H^*)\ /\ [\ k_1 H^{*(1-m_1)}] \end{aligned}\right\} \qquad 3\text{-}21$$

式中 H^* 值由下列公式确定：

$$H^{*(1-m_1)}[P - rK/k_1 H^{*(m_1-1)} + r/k_1 H^{*(m_1-1)}]^{1-m_2} = [c(k_3+r)]/(k_1 k_2) \qquad 3\text{-}22$$

公式 3-22 的解析解很难求得，但当 $m_1=m_2=0$ 时（常规模型）就易得其解为：

$$H = [c(k_3+r) + rk_2 K]\ /(rk_2 + k_1 k_2 P)$$

在普通模型（Jeger et al.，1998）中基础再生量（R_0）的定义为在一个感病寄主植物群体中引入一个病株植物后引起新发生的病株量，而在结合聚集参数模型中改变为常规模型（其中 $m_1=m_2=0$ 时），可得 R_0 为：

$$R_0 = (KPk_1k_2)/(k_3+r)c$$

依据保持病害持续发生所需的介体昆虫最小密度阈值，若公式 3-22 中 $H^*<K$，病害必定发生；$H=K$，病害发生就终止了。在这种特殊情况下，平常和不平常的动态平衡包含在一个公式中，达到完全平衡。在系统中保持病害从零增长到发生流行的最小介体昆虫密度为：

$$P > P_{\min}(m_1,m_2) = (A/K^{1-m_1})^{1/(1-m_2)} \qquad 3\text{-}23$$

当 $m_1=m_2=0$ 时，公式 3-23 通常是用来判断病害是否持续流行的标准，$R_0>1$，即为公式 3-24：

$$P > P^0_{\min} = A/K = c(k_3+r)/(k_1k_2K) \qquad 3\text{-}24$$

因此 $P_{min}(m_1, m_2) \geqslant P^0$，并且 $P_{min}(m_1, m_2)$ 是聚集参数 m_1 和 m_2 的递增函数。所以介体聚集降低了病毒在寄主植物群体中的侵染概率，而支撑了病毒流行的最小介体昆虫密度（P_{min}）随介体昆虫聚集程度的增加而提高。这样就导致被侵染的寄主植物群体内，介体昆虫的聚集降低了介体昆虫与寄主植物的有效接触率，因而预测病毒的发生率低于应用双线形接触率公式计算的发病率。但是介体聚集增加了病株上众多的带毒个体向寄主群体外的迁移率，从而也促进了病毒向寄主群体四周寄主植物上的扩展和流行。这在非洲木薯花叶病毒研究中已得到证实（Zhang et al.，2000a）。

八、介体昆虫偏好对昆虫传植物病毒病发生动态影响的模型分析

介体昆虫偏好对昆虫传植物病毒病发生动态影响的模型分析（McElhany et al.，1995）试验以蚜虫传播的大麦黄矮病毒（BYDV）为例进行。一个简单模型如下：

时间 t	时间 $t+1$	
	健	病
健	$M/(\alpha N+M)$	$\alpha N/(\alpha N+M)$
病	$M/(\alpha N+M)$	$\alpha N/(\alpha N+M)$

以上模型中 M 为健株数量，N 为病株数量，α 为蚜虫偏好系数。

传播概率基于寄主群体中病株和健株出现的次数来计算，假定寄主群体较大，则 $\alpha N+M-1 \cong \alpha N+M-\alpha \cong \alpha N+M$，频次是由靠近健株周围的群体来决定的，如病株呈簇状靠近在一起，而介体在健株上，则其临近的植株就是健株。依据相关群体发生在病株上的传播概率可按照极限概率计算为 π_D，极限概率 π_D 是一个饲养在模拟群体中的蚜虫在极限时间内到达一个病株上的概率。极限概率是用标准的各态历经的马尔可夫链（Ergodic Markov Chains，Ross，1989）计算的，其公式为：

$$\pi_D = P_{HD}/(1+P_{HD}-P_{DD})$$

式中 H 和 D 分别为相应的健株和病株，P_{ij} 是表示介体昆虫从植株类型 i 活动到植物类型 j 的概率，这个概率的计算是假定将一只蚜虫饲养在病害流行和病株空间分布同等条件下的一定时间测定，而 π_D 是可以对照病株概率进行合理计算的，蚜虫到访一个病株植物的概率通常也是由在一个病株上的介体昆虫给定的，简单地说就是来自母式的 P_{DH}。因此病害扩展概率为：

$$P_{(病害扩展)} = P_{HD}P_{DH}/(1+P_{HD}-P_{DD})$$

这个扩展概率是依据在一个模拟的寄主植物群体中有一个恒定的病害流行状态和

所给定的选择参数的自相关量设计的，而同样的一个自相关量可以从一个以上的空间分布中产生。病害扩展概率是在含有类似自相关值难以分辨的寄主植物群体中估测的，这表明在恒定的 1 000 个实验寄主植物群体中对每个类似空间分布中发生任何特殊的自相关分析是有限的。

若流行保持恒定，当所有参数性质的自相关增加时，病害的扩展下降，其下降率是随介体昆虫不同选择行为而异。因此当群体自相关为 0 且流行率为 0.25 时，介体昆虫选择病株的概率大于介体昆虫选择健株的概率的 3 倍；自相关为 0.8 时，介体昆虫选择病株的概率大于介体昆虫选择健株的概率的 2 倍。介体昆虫选择行为显示最大扩展概率实际上可随自相关的变化而改变。

用模型分析表明，介体昆虫选择病株对于病害扩展概率的影响依赖于病株在植物群体中的频度，在具有高频度病株的环境中介体昆虫选择健株有利于病害扩展；而在低频度病株时，介体昆虫选择病株有利于病害扩展。对于持久性传播病毒，介体昆虫选择健株的病害的扩展率高于选择病株的。

应用马尔可夫链分析病害传播模型结果显示病株在空间呈块状分布，这是由于介体昆虫仅能在有限距离内活动而降低了对病害的扩展率，病株空间分布状态的影响依赖于介体昆虫选择行为。

九、辅助和依赖病毒复合侵染的数学模型

模型（Zhang et al.，2000a、2000b）以水稻东格鲁病（RTD）和花生丛簇病（GRD）为例，RTD 由东格鲁球状病毒和东格鲁杆状病毒复合感染引起，由几种黑尾叶蝉半持久型传播，在水稻上引起严重症状。其中 RTSV 能由叶蝉单独传播，在水稻上显示轻微矮化症状，而 RTBV 必须要在 RTSV 的帮助下才能由叶蝉传播，两者复合侵染在水稻上引起叶片发黄和矮化等严重症状。GRD 是由 GRV、GRV 的卫星 RNA 和 GRAV 等 3 种病毒复合侵染引起的，其中 GRV 的卫星 RNA 在侵染早期依赖 GRV 复制，而 GRV 必须依赖卫星 RNA 才能由蚜虫传播，GRAV 单独侵染不发生明显症状，与 GRV 卫星 RNA 复合侵染才表现复合症状。

在模型中设寄主植物分为健康、由病毒 1 单独侵染、由病毒 2 单独侵染、由两种病毒一起侵染 4 种类型，每种类型分别以 X、Y、Z 和 U（每平方米）表达。假定寄主植物被病毒感染后不能恢复，则这 4 类寄主植物的感染症状可分为 8 个类型（表 3-1）。设寄主植物最大生长量为 K，新栽培的寄主作物的净增长量为 $r(K-P)$，其比例受作物最大生长量 K 的限制，其中 r 是种植率，P 是平常寄主作物的密度（$P=X+Y+Z+U$）。因此病毒侵染造成寄主作物生长量的下降，由参数 q_1Y、q_2Z 和 q_3U 给

定，其中 q_1、q_2 和 q_3 是分别由病毒 1、病毒 2 以及由两种病毒混合侵染引起的每天损失率。其模型为：

$$\frac{dX}{dt}=r(K-P)-p_1XU-p_2XU-p_3XU-p_6XY$$

$$\frac{dY}{dt}=p_2XU+p_6XY-p_4YU-p_8YZ-q_1Y$$

$$\frac{dZ}{dt}=p_3XU-p_5ZU-p_7YZ-q_2Z$$

$$\frac{dU}{dt}=p_1XU+p_5ZU+p_4YU+p_7ZY+p_8YZ-q_3U$$

表 3-1　寄主植物可能被感染类型

寄主转换	带毒介体传播	传播率	接触率
$X\to U$	U	p_1	p_1XU
$X\to Y$	U	p_2	p_2XU
$X\to Z$	U	p_3	p_3XU
$Y\to U$	U	p_4	p_4YU
$Z\to U$	U	p_5	p_5ZU
$X\to Y$	Y	p_6	p_6XY
$Z\to U$	Y	p_7	p_7ZY
$Y\to U$	Z	p_8	p_8YZ

依赖病毒的传播可能有两个途径：①受体寄主已被辅助病毒侵染；②受体寄主被辅助病毒和依赖病毒同时侵染。对于非持久型和半持久型病毒，①和②两种情况都可能发生，而所有 8 种传播过程（表 3-1）也能发生；对于持久型传病毒只有 $X\to Y$ 能发生，且传播过程 $Z\to U$ 和 $Y\to U$ 不能发生。

上述公式中的参数估计如下，所有参数（$p_1\to p_8$）都是在试验过程中可测定的传播率。在田间的传播率是由许多因素决定的，这包括介体昆虫数量和生命周期，作物品种及生育期，作物栽培强度和环境条件等，因此这些参数都是取的近似值。介体昆虫传播率是在假设一个恒定的状态下与病害进展曲线比较模拟观测的，为近似参数 p_1。用于模拟病害过程的模型设定为：

$$\frac{dU}{dt}=p_1U(K-U)$$

式中 K＝寄主植物最大密度［K（水稻）＝25 株/m^2，K（花生）＝14 株/m^2］，

传播率的单位为株/d，RTD所应用资料来自 Holt 和 Chancellor（1996），GRD资料来自 Olorunju 等人（1992），RTD传播率 p_1 =0.004 4 株/d，GRD传播率=0.009 0 株/d，RTD有关8个传播率资料来自 Holt 和 Chancellor（1996），p 和其他参数值估计为表3-2所示。

表 3-2　RTD 和 GRD 的估计参数值

参数	RTD		GRD		单位
	标准值	范围	标准值	范围	
$p_1(b)$	0.004 4	0.002～0.008	0.009 0	0.004 5～0.02	株/d
p_2	0.001 1	0.005～0.002	0.005 8	0.002 8～0.012	株/d
$p_3(d)$	0.002 2	0.001～0.004	0.006 1	0.003～0.013	株/d
$p_4(c)$	0.004 4	0.002～0.008	0.009 0	0.004～0.02	株/d
$p_5(e)$	0.004 4	0.002～0.008	0.009 0	0.004～0.02	株/d
$p_6(a)$	0.004 4	0.002～0.008	0.012 5	0.006～0.026	株/d
p_7	0.000 5	0.002～0.008	0.012 5	0.006～0.026	株/d
p_8	0.002 2	0.001～0.004	0.012 5	0.006～0.026	株/d
$q_1(m)$	0.01	0～0.02	0.006 7	0～0.014	每天
$q_2(l)$	0.03	0.02～0.06	0.05	0.02～0.1	每天
$q_3(n)$	0.06	0.04～0.12	0.05	0.02～0.1	每天
r	0.01	0.04～0.12	0.006 7	0.02～0.1	每天
K	25	0.04～0.12	14	0.02～0.1	株/m^2
m/a	2.27	0～10	0.74	0～2.3	每平方米
n/b	13.62	5～60	5.56	1～20	每平方米

显然，较大的传播参数 p_1 值在系统动态的相应传播过程中是比较重要的，对于RTD和GRD的所有传播过程不都是同等重要的，其有关传播过程的传播率见表3-2。

病株的损失率以含有注脚的 q 表示，它依赖作物品种的耐病性。病株的死亡或拔除率以 $1/q$ 表达。由于辅助病毒在寄主植物上很少显症，因此 $1/q$ 时间相当于作物的生长期。对于RTSV感染的水稻，其 $q_1(m)=1/100$（d）=0.01/d，而对于由GRAV单独感染的花生寄主，其 $q_1(m)=1/150$（d）=0.0067/d。依赖病毒单独感染引起寄主作物的发病和损失稍重于辅助病毒单独感染的，以参数 $q_2(l)$ 表示；辅助和依赖病毒复合感染引起寄主作物严重损害的，以参数 $q_3(n)$ 表示。对于RTD的 $n=21$，GRD的 $n=1$。

普通模型见图3-3至图3-6。

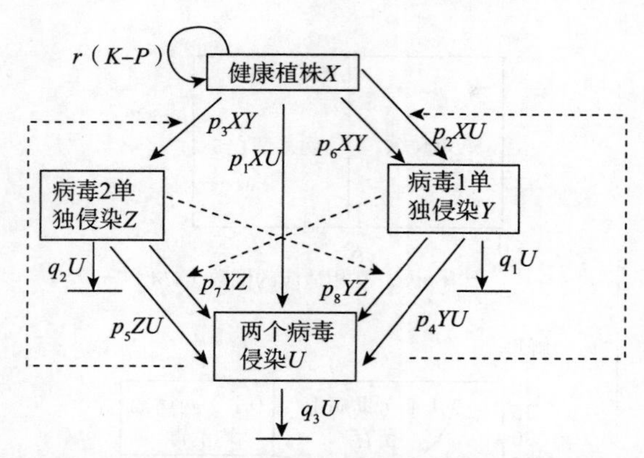

图 3-3　由依赖-辅助病毒复合侵染寄主的普通模型流程

（病毒 1 是辅助病毒，病毒 2 是依赖病毒；实线箭头表示传播过程，虚线箭头表示影像；其变化和参数见正文）

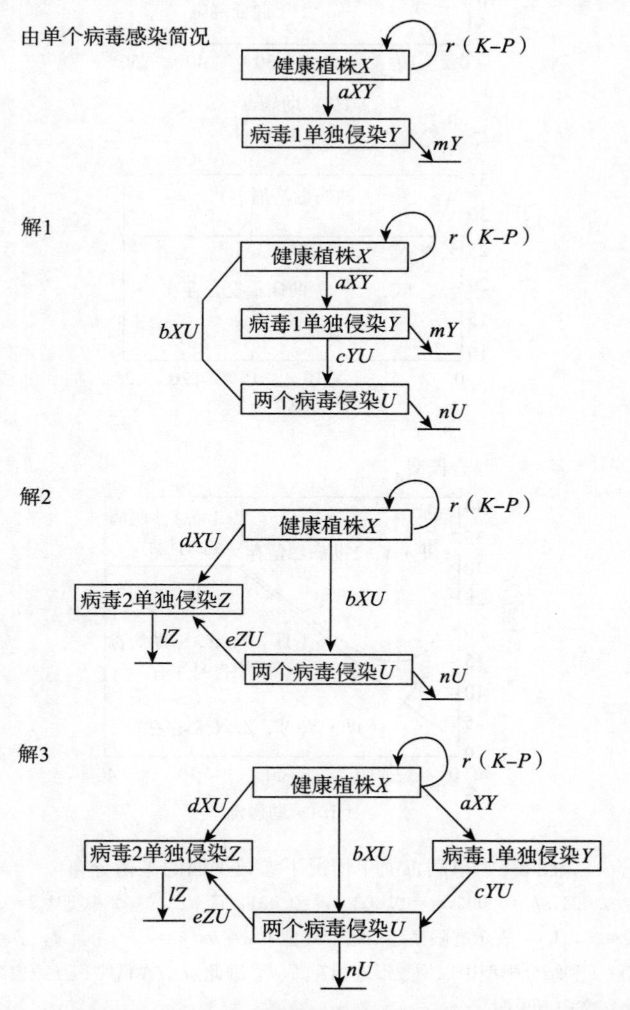

图 3-4　由单个病毒感染的简单流程图解 1 和解 2 及结合模型

（变化及参数已在文中解释）

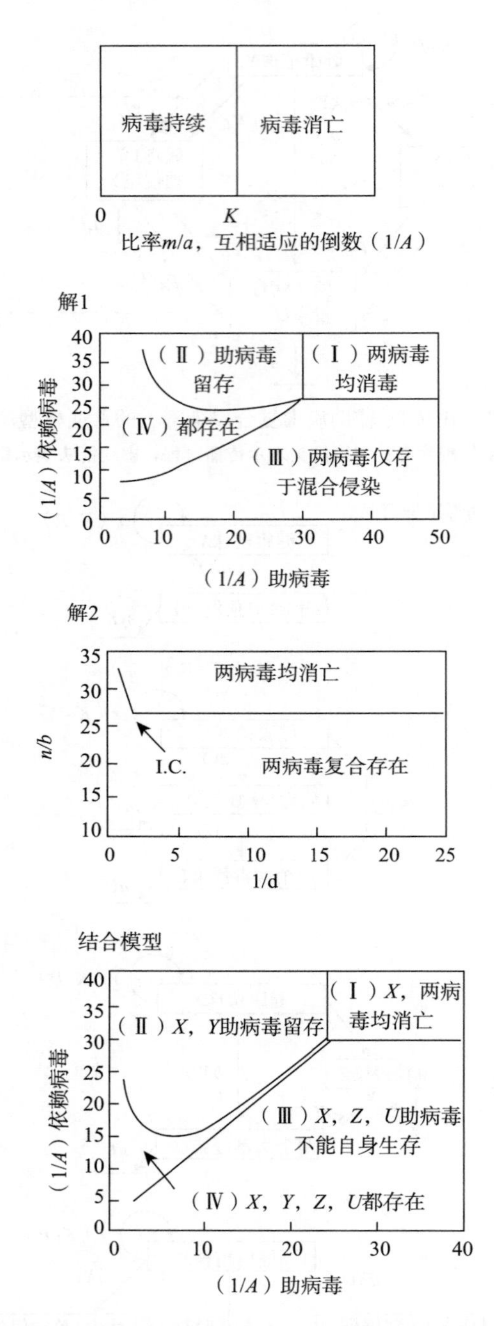

图 3-5　单病毒简单情况下参数平面的平衡分布

（解 1 模型中 a=0.004，b=0.006，c=0.003，r=0.001，K=25；解 2 模型中 l=0.05，n=0.08，e=0.025，r=0.01，K=25，I.C. 表示有限循环；结合模型中 $a=b=c=e$=0.004 4，d=0.002 2，r=0.01，K=25，$l=n/2$。在解 1 和结合模型中以倒数形式相互适应，因此当 1/A 低时相互适应高，而高时相互适应就低，参数及其变化在文中有说明）

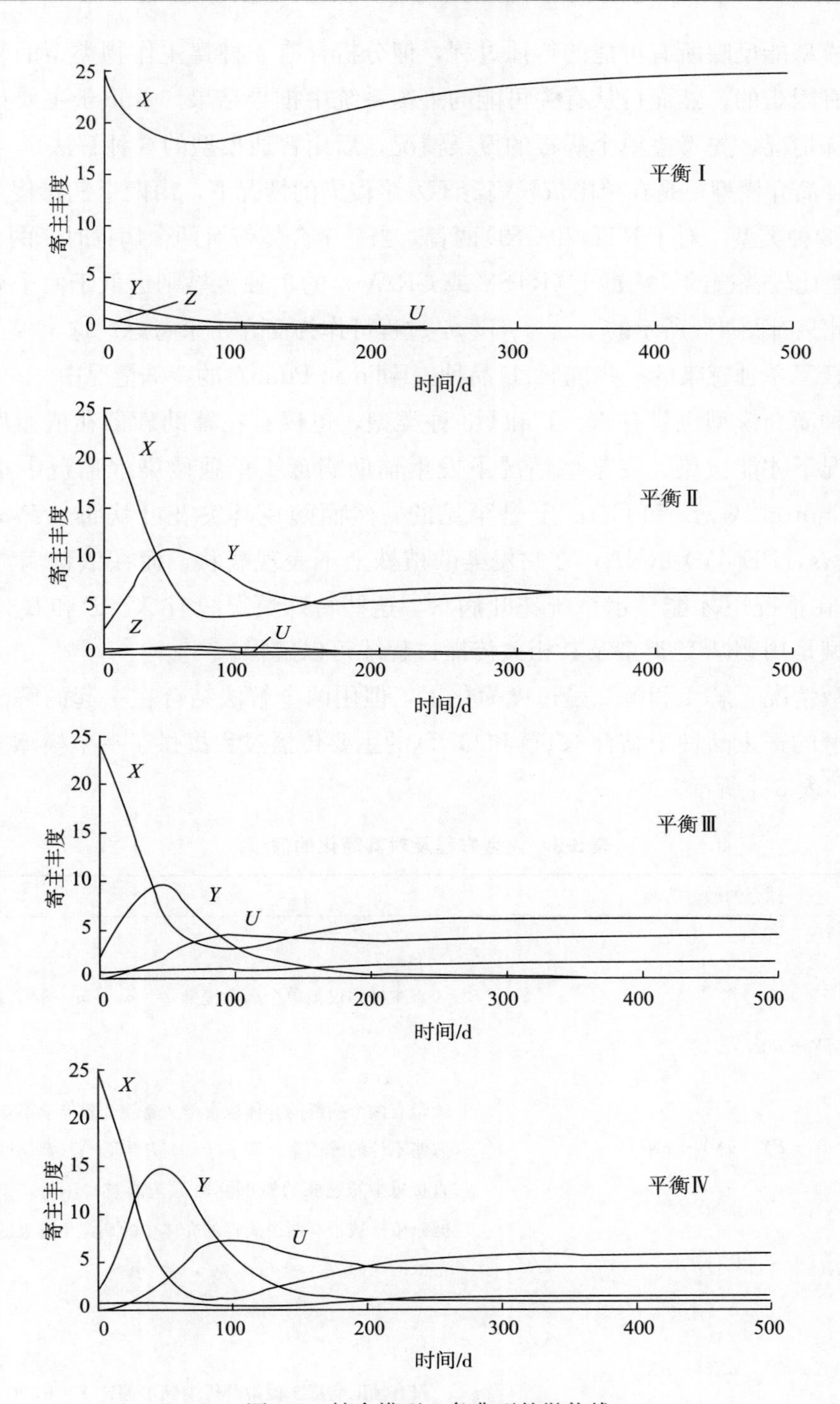

图 3-6　结合模型 4 条典型的抛物线

（起始条件设 $X_0=24.6$，$Y_0=2.5$，$Z_0=0.8$，$U_0=0.2$；参数 $a=b=c=e=0.0033$，$d=0.0016$，$r=0.01$，$K=25$，$l=n/2$。平衡Ⅰ，$m=0.083$，$n=0.085$；平衡Ⅱ，$m=0.020$，$n=0.050$；平衡Ⅲ，$m=0.020$，$n=0.025$；平衡Ⅳ，$m=0.006$，$n=0.025$。参数变化在文中有解释）

普通模型能反映所有可能的传播过程，但分析含有 4 种寄主作物类型的复杂的相互关系是有困难的，然而可从有关可能的平衡系统中推导结果，着重于主要传播过程的 3 种特殊情况，先考虑单个病毒的侵染情况，后用普通模型的 3 种解法。

第一种简介模型，是在单由依赖病毒不发生侵染的情况下，由两个病毒侵染仅发生 X、Y 和 U 3 种类型。对于 RTD 和 GRD 两者，当一个介体带有两个病毒时，两者一起传播的情况是比较普遍的，病毒 1（RTSV 或 GRAV）的单独传播则远低于两个病毒同时传播。据此只有图 3-3 所示的 p_6 、p_1 和 p_4 过程可作为简介 1 来考虑。这个模型是应用于仅在 RTBV 单独感染的一些抗 RTD 品种（Baliman Putih）的特殊情况中。

第二种简介模型也只有 X、Y 和 U 3 种类型，也仅有在辅助病毒和依赖病毒一起存在的情况下才能侵染，在某些情况下发生辅助病毒 1 单独侵染水稻台中本地 1 号（TN_1）、Choron Bawla 和 Geria 上是罕见的。然而豌豆耳突花叶病毒（*Pea enation mosaic virus*，PEMV）RNA，在它侵染的植株上不表现病状，而在依赖病毒 PEMV RNA-2 存在情况下才能显示系统花叶病状。这些特殊情况只有 X、Z 和 U 3 类寄主，而普通模型是用删减 Y 类型及其相关传播过程才可以解得。

在多数情况下解 1 和解 2 是过度简化了，但用两个解法结合在一起的解法模型为在一个典型的寄主品种中结合 RTD 和 GRD 的主要传播过程提供了一个模型。其说明如图 3-4 和表 3-3 所示。

表 3-3　模型方程及对其简化的假设

耦合的微分方程	假　设
单个病毒的简况	
$\frac{dX}{dt}=r(K-P)-aXY$ $\frac{dY}{dt}=aXY-mY$	寄主植物仅被单个病毒侵染 $a=p_6$，$m=q_1$，$P=X+Y$
简化 1	
$\frac{dX}{dt}=r(K-P)-aXY-bXU$ $\frac{dY}{dt}=aXY-cYU-mY$ $\frac{dU}{dt}=bXU+cYU-nU$	带有两个病毒的介体取食健康寄主而仅有病毒 2 有低到可忽略不计的感染率，即 $p_3=0$，$P=X+Y+U$；被两个病毒直接感染的健株的概率并非低至能忽略不计，即 $b=p_1$；健康植株被带有两个病毒的介体中的病毒 1 感染的概率是非常低的，即 $p_2=0$，$c=p_4$，$n=q_3$
简化 2	
$\frac{dX}{dt}=r(K-P)-bXU-dXU$ $\frac{dZ}{dt}=dXU-eZU-lZ$ $\frac{dU}{dt}=bXU+eZU-nU$	仅有辅助病毒 1 侵染是稀少到可假定 $Y=0$，$P=X+Z+U$，$l=q_2$，$d=p_3$，$e=p_5$

（续）

耦合的微分方程	假　设
合并模型	
$\frac{dX}{dt}=r(K-P)-aXY-bXU-dXU$	
$\frac{dY}{dt}=aXY-cYU-mY$	包括仅在简化 1 和简化 2 中的传播过程 $P=X+Y+Z+U$
$\frac{dZ}{dt}=dXU-eZU-lZ$	
$\frac{dU}{dt}=bXU+cYU+eZU-nU$	

结果分析：上述所有结果是基于连续栽培新寄主作物的模型下得出的，其中新栽培寄主作物的数量受最大寄主量 K 值的限制，这是模型解法的一个重要特性。这也不难理解，毕竟栽培面积通常是有一定限度的。在这些简化模型里用到了各种量化技术来分析模型的性质。不同寄主植物类型的群体平衡水平是在将每个公式设置为 0 的情况下，通过量化分析获得的。对于平衡对各参数变化的敏感性也进行了分析，并在参数范围内以图的形式检查了所有最终可能的分布。使用软件包 Modelmaker 3.0 版对一系列参数值和初始状态进行数值模拟（表 3-3）。对于简单的单个病毒试验，众多的试验结果证实了解 1 模型和结合模型的可靠性。在起始状态经过一些转变之后，系统将单一地或循环地演变成与初始条件无关但仅由参数确定的平衡。这些结果表达在图 3-5 和表 3-4 中。

表 3-4　模型的平衡点及条件

平　衡	条　件
单个病毒情况	
(Ⅰ) 病毒死亡 $X^*=K, Y^*=0$	(Ⅰ) $(1/A)_{助病毒}\geqslant K$；病毒太不适应而不能生存
(Ⅱ) 病毒存在 $X^*=m/a, Y^*=r(r+m)(K-m/a)$	(Ⅱ) $(1/A)_{助病毒}\leqslant K$；病毒与寄主能很好互相适应
简化 1	
(Ⅰ) 两病毒都死亡 $X^*=K, Y^*=U^*=0$	(Ⅰ) $(1/A)_{助病毒}\geqslant K$ 和 $(1/A)_{依赖病毒}\geqslant K$；两病毒太不适应而不能生存
(Ⅱ) 在混合侵染中死亡 $X^*=m/a, Y^*=r(r+m)(K-m/a), U^*=0$	(Ⅱ) $(1/A)_{助病毒}<K$ 和 $(1/A)_{依赖病毒}\geqslant(1/A)^{向上}_{依赖病毒}$；助病毒能很好适应而依赖病毒仍很不适应
(Ⅲ) 病毒 1 在单独侵染中死亡 $X^*=n/b, Y^*=0, U^*=r(r+n)(K-n/b)$	(Ⅲ) $(1/A)_{依赖病毒}<min[(1/A)^{低下}_{依赖病毒}, K]$；依赖病毒能与寄主很好适应

（续）

平　衡	条　件
（Ⅳ）所有类型都保留存在 $X^{*}=[rcK+r(m-n)]/[rc+a(r+n)-b(r+m)]$ $Y^{*}=(n-bX^{*})/c$ $U^{*}=(aX^{*}-m)/c$	（Ⅳ）$(1/A)_{助病毒}<K$ 和 $(1/A)^{低下}_{依赖病毒}<(1/A)^{向上}_{依赖病毒}$；助病毒能很好适应而依赖病毒适应性不好也不坏①,②
简化 2	
（Ⅰ）两病毒死亡 $X^{*}=K, Z^{*}=U^{*}=0$	（Ⅰ）$(1/A)_{依赖病毒}\geqslant(1/A)_{cr}$；依赖病毒太不适应
（Ⅱ）两病毒可共存 $Z^{*}=n/e-(b/e)X^{*}$ $U^{*}=\frac{[erK-(r+l)n]}{[e(r+n)]}+\{\frac{[(r+l)b-re]}{e(r+n)}\}X^{*}$③	（Ⅱ）$(1/A)_{依赖病毒}<(1/A)_{cr}$；而在环区之外，依赖病毒适应性好；$(1/A)_{cr}$ 是划分两个平衡的临界线，但只能用多种算法取得
合并模型 （Ⅰ）两病毒均死亡 $X^{*}=K, Y^{*}=Z^{*}=U^{*}=0$	（Ⅰ）$(1/A)_{助病毒}\geqslant K$ 和 $(1/A)_{依赖病毒}\geqslant K$；两病毒太不适应而不能生存
（Ⅱ）仅助病毒存在 $X^{*}=m/a, Y^{*}=[r(r+m)][K-(\frac{m}{a})]$, $U^{*}=Z^{*}=0$	（Ⅱ）$(1/A)_{助病毒}<K$ 和 $(1/A)_{依赖病毒}\geqslant(1/A)^{向上}_{依赖病毒}$；助病毒适应性好而依赖病毒仍不大适应
（Ⅲ）病毒 1 在单独侵染中死亡④ $Y^{*}=0$	（Ⅲ）$(1/A)_{依赖病毒}<min[(1/A)^{低下}_{依赖病毒}, K]$；依赖病毒与寄主能很好适应
（Ⅳ）所有 4 个类型都存在⑤	（Ⅳ）$(1/A)_{助病毒}<K$ 和 $(1/A)^{低下}_{依赖病毒}<(1/A)_{依赖病毒}<(1/A)^{向上}_{依赖病毒}$；助病毒适应性好，而依赖病毒适应性不好也不坏；$(1/A)^{向上}_{依赖病毒}$ 和 $(1/A)^{低下}_{依赖病毒}$ 只能用多种方法计算

注：

① $(1/A)^{向上}_{依赖病毒}$ 由下式给定：

$$(1/A)^{向上}_{依赖病毒}=(\frac{n}{b})^{向上}(\frac{m}{a})=(\frac{m}{a})+(\frac{rc}{b})[K-(\frac{m}{a})]/[r+a(\frac{m}{a})]$$

② $(1/A)^{低下}_{依赖病毒}$ 由下式给定：

$$(1/A)^{低下}_{依赖病毒}=(\frac{n}{b})_{低下}(\frac{m}{a})=$$

$$\frac{1}{2}\frac{m}{a}-[\frac{r}{2b}](1+\frac{c}{a})+\sqrt{\{\frac{1}{2}\frac{m}{a}-[\frac{r}{2b}](1+\frac{c}{a})\}^{2}+[(\frac{r}{b})(\frac{m}{a})]+[\frac{rc}{ab}]K}$$

③ X^{*} 由下式决定：

$$[(r+l)b-re]X^{*2}+\{[erK-(r+l)n]+[\frac{rk}{(d+b)}](ne-nb+bl)\}X^{*}+[\frac{rK}{(d+b)}][erK+n^{2}-nl-e(r+n)]=0$$

④ X^{*}、Z^{*} 和 U^{*} 由下式决定：

$$r(K-X^{*}-Z^{*}-U^{*})-bX^{*}U^{*}-dX^{*}U^{*}=0; dX^{*}U^{*}-eZ^{*}U^{*}-lZ^{*}=0$$

⑤相关值由下式决定：

$$r(K-X^{*}-Y^{*}-Z^{*}-U^{*})-aX^{*}Y^{*}-bX^{*}U^{*}-dX^{*}U^{*}=0; aX^{*}-cU^{*}-m=0; dX^{*}U^{*}-eZ^{*}U^{*}-lZ^{*}=0; bX^{*}+cY^{*}+eZ^{*}-n=0$$

在单个病毒的简单情况下（$Z\equiv0$，$U\equiv0$），寄主作物的毁坏率和侵染率的比例具有明显的流行学意义。当宿主和病毒之间存在紧密的相互适应时，m / a 的比值低，即宿主的感染容易发生，但病毒对宿主几乎没有损害。该比值在平衡的表达中独立出现，并且其值决定了病毒的长期存活能力。只有当 m / a 比值低于最大宿主极限丰度 K 时，病毒才能存活。最大植物丰度 K 对于该比值至关重要。比值的倒值可以解释为病毒和宿主之间相互适应的量度，我们指定 $A= a / m$；A 很高意味着宿主和病毒很好地适应了彼此。在单个病毒情况下，A 与基础发生量（R_0）之间有明显关系。因为（m/K）/a［1/（AK）］是与 R_0 相等价的，关于病害持续性阈值的结论已在先前单一病毒因子引起的流行病理论研究中描述过（Jeger et al.，1998）。

单个病毒在特定相互作用中存活的能力可以通过降低 K 或增加 m 来减少。在单病毒病例中，病毒的持续存在与新的种植率 r 无关，尽管病株的丰度依赖于 r。模型有一个无病状态下的平衡，$P^* = K$ 。在文中 P 不依赖于病株的致死量而 K 迫近于 K 之下。

在解 1 模型中，依赖性病毒仅作为辅助病毒的混合感染存在，有 4 个类型的平衡。如在单个病毒情况下 m/a 的倒数可以被认为是辅助病毒和宿主 $A_{助病毒}$ 的相互适应性。由于 Z 和 U 之间的强连接（后来变得清楚），n / b 比值的倒数可以被视为依赖病毒和宿主 $A_{依赖病毒}$ 的相互适应。4 个类型平衡的分布展示在表 3-4 中以及图 3-5 的解 1 中的参数平面 $(1/A)_{助病毒}$ 和对应的 $(1/A)_{依赖病毒}$ 里。在那里有 4 条关键曲线：$(1/A)^{低下}_{依赖病毒}$ ，区别平衡Ⅳ和Ⅲ；$(1/A)^{向上}_{依赖病毒}$ ，区别平衡Ⅱ和Ⅳ；$(1/A)_{依赖病毒} =K$，区别平衡Ⅰ和Ⅲ；而 $(1/A)_{助病毒} =K$，区分平衡Ⅱ和Ⅰ。在平衡Ⅲ中，辅助病毒在依赖病毒与寄主植物关系高度适应时（$1/A^{低下}_{依赖病毒}$）能生存，甚至在助病毒与寄主植物互作关系差时［$(1/A)_{依赖病毒} >K$］也能生存。在图 3-5 中与单个病毒相比较，辅助病毒在混合侵染的整个大参数平面里的生存能力强于其单独存在时。而其敏感性得益于它与依赖病毒的混合侵染。

实际上，解 2 中只存在病毒消亡和两病毒复合存在两种平衡，显示出 Z 和 U 之间有紧密关系：如果混合侵染不发生，单个病毒和依赖病毒的侵染都没有机会发生；如果混合侵染发生了，单个病毒和依赖病毒的侵染经常能够持续下去。解 2 模型中的参数平面里有一个范围，在那里动态系统会进入一个有限的循环，而不是固定在一个点上，即不存在一个稳定的平衡。稳定的有限循环显示非线性特征，这在另外的植物病害模型中发现过。然而有限循环好像不在自然界中发生，因为它所处的参数平面不适用于混合侵染。但当它作为单个病毒存在时能很好地适应依赖病毒的侵染，也即当依赖病毒与辅助病毒一起侵染对寄主植物的损害必然大于两者各自单独侵染。或者依赖病毒本身的侵染率大于两个病毒一起的侵染率，但这种极端情况不曾发现过，不过当辅助病毒与寄主植物的相互适应性弱于依赖病毒单独时有可能发生。

结合模型所述的一个平衡分布类似于解 1 中所见到的，在参数平面 $(1/A)_{助病毒}$ 对应 $(1/A)_{依赖病毒}$ 中存在 4 种类型的平衡（图 3-5，结合模型）。显然，类型 Z 和 U 紧密相关：类型 Z 依赖于类型 U 而生存，如解 2。因此结合模型综合了前述两个模型的重要特性，并能够确认两个模型的重要结果，因此认为结合模型反映了辅助病毒和依赖病毒的初始特性。随着时间的推移，结合模型的 4 个轨迹显示了 4 个平衡随系统演变的动力学。在由辅助病毒、依赖性病毒复合体引起的流行病进展期间，最初有更多的植物单独感染辅助病毒，接下来混合感染增加，并且最终混合感染占优势，但单一感染持续存在（平衡Ⅳ）。该理论结果与 1995 年 Chancellor 的试验现场数据一致。

病毒预防

在农作物生产中，由病原病毒引起的植物病毒病至今尚无有效药物可用，一旦发病流行，轻者减产，严重的可造成农作物绝产，不仅造成重大经济损失，还可引起局部粮荒和大宗工业原料短缺等重大事件。因此，目前在农业生产中对于昆虫传植物病毒病害必须采取以防为主的防治策略。

历史上，许多昆虫传植物病毒的流行危害，特别是昆虫持久性传播的病毒的流行危害，往往是间歇性发生的，有的流行间歇时期很长，甚至在曾流行过的病区寄主植物中找到病株标本都很难。如前述由灰飞虱传播的 RBSDV，在浙江省麦-单、双季稻混栽区先后两次流行的间歇期中（1970—1990 年）几乎销声匿迹；由黑尾叶蝉传播的 RYSV 和 RDV 曾于 20 世纪 70 年代至 80 年代中期先后在长江流域双季稻区自南而北并发流行，但是从 90 年代以来，除长江中下游平原边缘的少数丘谷地带仍有少量发病外，在过去曾大流行过的广大地区也难觅病株踪影，其大流行后的间歇期，至今已达 35 年之久；再如 1990 年以来，在热带、亚热带及其相邻地区广为流行的 TYLCV，其首次发生流行的记录是 1920 年在约旦河谷的番茄作物上，前后两次流行的间歇期已长约 70 年之久。可见以往昆虫传植物病毒在农作物上流行往往是在人们不知情的状况下突然暴发的，然后才认识到对其防治的重要性。然而这一类病毒的流行地区往往是波动的，发生在一个地点的流行期是短暂的，为 2～3 年。所以当病毒发生流行危害才去进行防治常常为时已晚，效果不佳或无效。因此，对昆虫传植物病毒预防的最佳时期必须是在其上升流行之前，最迟也应在上升流行到高峰期前后阶段，不必在其下降到间歇期之后。这就要求防病工作者在对这一类病毒病开展预防前，必须了解有关病毒在当时当地的自然生存状态，以便对它的预防能达到有的放矢和经济有效的目的。

本书提出的昆虫传植物病毒的“生存状态”概念是对以往论述的“病毒发生规律”概念的深入和具体化解读，需在病害预防工作中，不断加深认识并依据其流行学原理，确定当时当地有待预防的病毒源、影响病毒流行的主要因子及其相关参数，建成发病率估测模型（公式），再回到病区实践检验和改进，最后付诸实践。

第一节　病毒检测

在昆虫传植物病毒病预防中，如果说确定病毒原种类是正确预防的前提，那么其中对病毒的检测就是其技术关键。关于对病毒的检测技术，至今已从基础的生物学方法发展到应用生物物理、生物化学和分子生物学等一系列较完善的技术方法。本文主要介绍生物学、血清学和分子生物学 3 种检测技术。

一、生物学检测

生物学检测法在病毒学科发展中虽然比较原始和简单，但至今仍是血清学和分子生物学检测技术的基础。特别对于有病毒流行学及其相关学科知识并具病毒病预防实践经验的工作者来说，是能随时用来确认当时当地的有关病毒源并及时采取防病措施的基本手段。关于病毒生物学检测法至今已有许多报道，本文依据病毒流行学原理和预防要求编录如下。

（一）病状识别

在植物病毒学中沿用植物病理学中病原物在罹病寄主植物上的“症状”来识别病毒种类的方法叫做“症状鉴别”。我国植物病毒学工作者在 20 世纪 80 年代前已对这种方法有系统报道（张成良等，1980；梁训生，1985）。然而由于普通植物病理学中提出的“症状”的含义包括“病症”和“病状”两个含义，前者指病原物本身，后者指发病植物的病态特征，而由病毒引起的植物病株仅表现其“病状”特征，且难以用肉眼观察到“病症”，所以在《水稻病毒病》一书（农业出版社 1975 年第 1 版，1985 年第 2 版）中就只沿用“病状”来识别病毒种类，在此我们也沿用不同植物病毒在寄主植物上的不同“病状”特征来识别病毒病原的方法。然而由病原病毒引起植物发生病毒病的“病状”往往易与寄主植物受农药、化肥等化学物质引起的寄主植物的形态、色泽和质地等的病变相混淆。例如，20 世纪 60 年代在浙江省首次 RBSDV 流行之初，不少农业科技人员都将当时田间零星发生的矮秆、多蘖和色泽浓绿的 RBSDV 病稻误认为是推广种植的水稻矮秆良种的变异株；后来在 1990 年，RBSDV 再次流行初期，又有人将杂交水稻新生分蘖的心叶上发生扭曲和半边叶缘生曲刻的病株认作由褐飞虱传播的 RRSV 病株（图版 10、图版 28、图版 38）；还有植保工作者将经过水淹的稻田中发生矮化多蘖而色泽稍黄的RBSDV病株（图版30上）当做“水稻黄化病”（真菌病）来防治，后来整个地区发病一年年加重，最后该地区植保负责人邀请有关病毒病防治研究人员到现场观察发病植株的“病状”特征认定为RBSDV，并及时采取防治措施后，才制止了当地晚稻上RBSDV的大流行。关于由灰飞虱传播的RBSDV的“病状”特征最早于20世纪50年代时已有报道（Hibino，1996），在我国最早于1965年初在上海召开的华东地区稻麦病毒性矮缩病讨论会上也有专题介绍，后来在《水稻病毒病》一书（农业出版社1975年第1版，1985年第2版）又有专题描述。然而随着时间的推移和不同种昆虫传植物病毒的间歇流行，后来除少数病毒病防治研究工作者以外，一般植保工作者还是会将由一种病毒引起的寄主作物“症状”（习惯名称）与另外一种病毒、真菌或细菌等病原引起的寄主植物“症状”相混淆，同时也很易与大田施用化肥、农药等化学物质不当引起的病变相混淆，因此作者在20世纪90年代浙江省RBSDV再次流行期曾对浙江省稻、麦和玉米等作物上流行过的数种昆虫传植物病毒引起的“病状”特征（包括几种病毒混合感染），特别是对易于混淆的RBSDV的“病状”特征进行了系统的试验观测。同时与田间施用化学农药引起的病变进行对比鉴别（图版2至图版51），从中提出了RBSDV在稻、麦、玉米等寄主作物及禾草上在成株期发病的病株的独特“症状”为穗头（包括整个穗头的谷粒及其着生的枝梗）短缩或半埋在剑叶叶鞘里；剑叶短宽而僵直，与主茎夹角增大（图版45、图版47）；在茎基维管束上生有先蜡白色后褐色的隆起条斑（图版48）；玉米病株自拔节后，其茎间节短缩，叶片僵直地向两侧伸展，形似生姜，在叶背叶脉上先呈现透明点条，后渐渐隆起为先蜡白色或后褐色的突起条斑，而除草剂药害的“病状”虽然也表现为整个植株节节矮缩，但其僵直的叶片是像正常玉米那样轮生的，其叶背叶脉上没有蜡白色或褐色隆起条斑（详见图版33、图版34、图版40）。还比较了由化肥和农药使用不当引起的水稻黄化“病状”，有时很像由RYSV、东格鲁病毒和水稻黄萎病毒（图版26、图版27）等病原引起的稻叶发黄现象（图版39），但RYSV和东格鲁病毒引起的病稻叶片发黄是由病株新叶基端部先出现褪绿条斑开始的，而其发黄叶片都是在始病叶叶位以上，其下部叶片都是正常的（图版15至图版17）；但由化肥和农药引起的稻叶发黄是全叶均匀的，发黄重的不久就枯死，轻者可随植株生长而恢复正常，但生育期延迟；由RYD引起的稻株病状是全株黄化丛生，整片叶均匀淡黄而柔软（图版26、图版27）。所以对于植保工作者来说，只要熟悉有关几种病毒病病株的病状特征，并具一定的实践观测经验，通常可凭病状特征鉴别曾流行过的几种病毒病。对于某些昆虫传植物病毒，如由多种蚜虫传播的多种十字花科作物病毒病，已知可用几种（一套）鉴别寄主植物的不同病状特征来区别。曾于20世纪70～80年代在华北地区大白菜上发生的病状各异的“孤丁病”，可用其病毒原汁液摩擦接种普通烟、心叶烟、曼陀罗、千日红、番茄等 5 种寄主植物后的不同病状反应来区分其中 TMV、CMV、TuMV 和 ToMV 等 4 种不同病毒存在与否（梁训生，1985）。

（二）病虫观测

病虫观测在我国通常是县市级病虫观测站的日常工作，记录的往往是当地农作物常发的病虫害或可能出现的新病虫害。对于昆虫传病毒的观测，也常常是在其发生流行过的地区，但在病毒流行期过后不久，就渐渐淡化了。当然，如果该病毒的介体昆虫在当地是常发性害虫，则可能持久观察记录。例如在我国长江下游的麦-单、双季稻混栽区以及长江下游以北至华北平原的小麦-玉米或单季稻栽培区对传播 RBSDV、RSV 和 WRSV 等多种病毒的灰飞虱存在不间断的观测记录。然而现在长江中下游“麦-单、双季稻”“瓜果、蔬菜-单季稻”“休闲田-单季稻”区，虽然曾于 20 世纪 70 年代至 80 年代中期发生过由黑尾叶蝉传播的 RYSV 和 RDV 暴发流行危害，但至今由于病毒处于较长时期的间歇期，且其介体昆虫黑尾叶蝉数量少见，故忽视了连续观察记录，但黑尾叶蝉及其传播的 RDV 还间歇性生存在长江中下游边缘的一些丘陵河谷地带，包括黄河流域南边少数丘谷地带的水稻上至今还有零星发生的报道。这是否意味着不久或很多年之后，黑尾叶蝉种群数量及其传播的 RDV 和 RYSV 还会再在这些地方或在首次发生流行过的稻区再次上升流行危害还未可知。因此还需要在过去曾受黑尾叶蝉传播的 RDV 和 RYSV 大流行地区选择几个有代表性的病虫观测站或测报站继续不断地观测黑尾叶蝉虫量并证实在当地单季或双季晚稻中是否存在 RDV 和 RYSV 病株。对于至今仍有黑尾叶蝉和其传播的 RDV 和 RYSV 少量发生的稻区宜继续观测它们的消长趋势。长江中下游稻区曾为黑尾叶蝉主要越冬寄主的看麦娘被除草剂清除，取而代之的是茵草，黑尾叶蝉种群数量能否适应新的寄主再次兴衰轮回，是直接关系其传播的 RYSV 和 RDV 在该地区的生存状态和能否生存发展的关键问题（见第二章寄主植物章节），值得进一步研究。

关于黑尾叶蝉的消长动态与其传播的 RDV 和 RYSV 的发生量变化的关系，本书在前述病毒的流行因子及其相互关系章节中曾列举浙江省东阳病虫观测站在 20 世纪 60～80 年代期间的宝贵记录数据，从中我们了解到当时当地 RDV 发病率随介体昆虫种群数量渐渐上升而上升，随后又随黑尾叶蝉种群数量突然减少而突然下降的生态现象。然而在 70 年代中后期，当地介体昆虫数量仍相当于 RDV 流行之初的水平，但 RDV 的发生量处于低谷。追究其原因，原来是黑尾叶蝉的带毒虫率（现称其为传毒率）从 1971 年的流行高峰后迅速下降。该资料欠缺之处是在 60 年代 RDV 上升之时，不知道黑尾叶蝉的传毒率。可见欲了解昆虫传植物病毒的生存状态，必须在该病毒曾大流行地区或现在正在零星发生地区进行较长时期连续的病虫观测才能监控它的上升流行和下降回归动态。

关于介体昆虫种群数量的调查研究方法，Cater（1962）曾在书中对蚜虫介体做了较多介绍，对双子叶植物上的蚜量用每百叶或每株（幼苗）来统计，对蚜虫、叶蝉等介体不同空间高度的捕捉使用黏胶网或用黄皿诱集蚜虫，分别统计数量。有关蚜虫、飞虱和叶蝉等介体昆虫种群数量的调查统计方法，我国昆虫研究工作者和植保科技人员已有许多专题报道。管致和（1984）在《蚜虫和植物病毒病》中总述了蚜虫种类、数量及与其传播的病毒的关系。有关飞虱、叶蝉种群数量和病毒病发生率的调查研究方法，我国于20世纪60～80年代在有关省、自治区、直辖市和全国水稻病毒病科研工作中已有大量报道，其中对飞虱和叶蝉介体传播的病毒病的调查研究方法在《水稻病毒病》（农业出版社1975年第1版，1985年第2版）中有较详细的记载，麦类病毒病及其蚜虫介体的调查研究方法在《麦类病毒病》一书（周广和等，1987）中也有综合论述。昆虫学和生态学工作者对多种昆虫（包括主要植物病毒病介体昆虫的种类和种群数量）调查是依据有关抽样理论来进行的。这在《昆虫数学生态学》（丁岩钦，1994）中有全面论述，在《水稻条纹叶枯病流行学及预警控制》（王华弟等，2008）一书中则有不少应用实例。

介体昆虫种群数量调查在昆虫传植物病毒预防中不仅要与病毒病调查结合进行，还必须了解其年发生世代。关于介体昆虫的发生世代本书在介体昆虫章节中已有叙述，在这里主要是强调其传播病毒的世代、发生量及其迁移动向，为有效控制介体传毒途径提供科学依据。

（三）介体昆虫自然传毒率的生物测定

介体昆虫自然传毒率（以往称带毒率）的生物测定，主要是结合寄主作物发病调查，测定几个主要传病世代昆虫的传毒率。如在苏北及华北平原小麦-玉米或小麦-单季稻栽培区，主要是在单季稻收获后测定越冬代灰飞虱的自然传毒率和小麦成熟期第一代灰飞虱的传毒率，前者可依据越冬代虫量及传毒率预计小麦苗期的感病率，后者则是预计其对单季稻或玉米作物的侵染率。

在我国有关昆虫传植物病毒发生过的县、市级病虫观测站都会进行介体昆虫自然传毒率的生物测定。但我们发觉在以往生物测定中还有几个不足之处尚待改进。一是介体昆虫的取样代表性，即捕捉昆虫的取样点要能与当时当地的寄主作物发病状况一致，发病地区广，受害寄主作物种类多，取样点就要多，捕捉的昆虫相应的也要多些，通常总数至少300头虫以上，按各样点比例分别捕虫，不能见到多虫的地方多捕一些，少虫的寄主上少捕一些；二是捕捉虫的龄期涵盖高龄若虫（不完全变态昆虫）至成虫，因为一般介体昆虫幼龄期吸汁获毒率高，成虫吸汁获毒率有限；三是测定虫数从 300 头以上捕回虫中任意取 100 头以上用来测定；四是用来生物接种的必须是感病毒的寄主植物幼苗，如对 RBSDV 测定所用水稻或玉米寄主苗宜在一至三龄期离土接种，接种时应用玻璃或塑料套管（高 12cm 左右，口径 2.5cm 左右，中部宜有昆虫无法逃逸的通气孔），接种时应用两个幼苗 1 头虫保持 48h，后每隔 2d 换苗 1 次，连续 3 次，将每次换出的两株幼苗按每头昆虫编号移栽在预先准备好的防虫条件下令其健壮生长，这样昆虫传毒时间长达 6d，通常可避过昆虫传毒间歇期，同时每头被接种的高龄若虫或成虫在经接种期 6d 后可充分通过其循回期；五是被昆虫对号接种过的 6 株幼苗在其接种移栽后必须及时用高效低毒杀虫剂喷洒，宜每隔 3～5d 1 次，连续 3 次，以杀灭在幼苗接虫时由雌虫产下的虫卵孵化后再传毒（经卵传毒虫）和防虫网侵入的介体昆虫；六是连续观察被接种幼苗在成活后的病情，直至被接种苗生长到抽穗期为止，可避免漏掉对最长潜育期病株的统计。这样的生物接种得到的介体昆虫传毒率与用血清学和分子生物学技术高灵敏度测定的昆虫带毒率相当接近。经我们在 20 世纪 80 年代至 21 世纪初的多次比较试验，生物接种传毒和不传毒虫量与血清学和分子检测值的阴性虫和阳性虫量的符合率达 90%以上（详见于后述血清学和分子生物学技术检测）。

二、血清学检测

血清学检测技术在昆虫传植物病毒学中的应用研究自 20 世纪 80 年代以来在国内外有关杂志和书刊上已有很多报道。本部分着重于针对昆虫传植物病毒流行学及其预防中如何及时、正确、快速地检测病区现场介体昆虫的带毒率及有关可疑病株植物体内的病毒原问题展开讨论。前述由生物检测法得到的介体昆虫传毒率虽然能真实反映当时当地病毒发生和流行区寄主植物上栖息着的介体昆虫种群中病毒的总体量。但是由于生物学测定法的周期太长（90d 左右），当获得传毒率时已时过境迁，不能及时用于对处于感病生育期寄主作物的病毒源侵入量进行预测和预报。只能用于对现场病区病毒的发生和流行趋向作历史分析。而血清学技术可以做到在现场立即检测介体昆虫的传毒率以及可疑病株中的相关病毒种类。其测定的昆虫带毒率可立即用于对现场未来病毒的发生和流行趋势作预测预报，还可以广泛地用来普查昆虫传植物病毒的种类及其分布范围和寄主植物种类，为有关国家和地方的寄主作物的防病提供科学依据。如在西亚和北非许多国家自 20 世纪 90 年代以来，为使在秋冬季栽培的食用豆类（蚕豆、扁豆和豌豆）和麦类（大麦、小麦和燕麦）作物免遭由蚜虫传播的多种病毒的流行危害，应用抗血清技术对病毒种类进行普查检测，先将与广谱特殊的单克隆抗体 5G4 起阳性反应的归属为黄症病毒科黄症病毒属病毒，再用单抗鉴别得知其中的病毒种类有菜豆卷叶病毒（*Bean leafroll virus*，BLRV）、BWYV 和大豆矮缩病毒（*Soybean dwarf virus*，SbDV）。应用这种方法就迅速地查明了那里栽培的食用豆科作物和麦类作物上的病毒种类（表 4-1）。

表 4-1　在西亚和北非国家秋冬季栽培的豆科、麦类作物上由蚜虫传播的病毒种类

国家	秋冬季食用豆科作物病毒						麦类作物病毒		
	FBNYV	BLRV	SbDV	BWYV	CpCSV	PWMV-1	BYDV-PAV	BYDV-MAV	BYDV-RPV
阿尔及利亚	+	+	−	+	−	−	++	+	+
埃及	+++	+	−	−	−	+	+	+	+
厄立特里亚	++	+	−	+	+	−	+	+	+
埃塞俄比亚	+	+	+	++	+	+	+	+	+
伊朗	++	+++	+	++	−	++	+	+	+
伊拉克	+	++	+	+	−	−	+	+	+
约旦	+++	++	−	+	−	−	+	++	+
黎巴嫩	+	+	−	+	−	−	+	−	−
摩洛哥	+	+	−	−	−	+	+++	++	+
巴基斯坦	+	−	−	+	−	−	+	+	+
苏丹	+	+	−	+	−	−	−	−	−
叙利亚	+++	++	+	++	++	++	++	+	+
突尼斯	+++	++	−	+++	+	+	++	+	+
土耳其	++	+	−	+++	−	−	+	+	+
也门	+	+	−	+	−	−	+	+	+

注：−表示未检测到病毒；+表示低发病率（1%～5%）；++表示中发病率（6%～20%）；+++表示高发病率（21%～100%）。

20 世纪 80 年代笔者实验室曾用反向炭凝法成功地检测黑尾叶蝉中 RDV 的带毒虫率（林瑞芬等，1980）；用 ELISA 成功地检测了灰飞虱自然种群中的个体带毒率（陈光堉，1984）；应用 ELISA 有效检测黑尾叶蝉对 RYSV 的带毒虫率；应用硝酸纤维素膜上斑点免疫结合试验（DIBA）检测灰飞虱体内的 RSV（秦文胜等，1994）。其中炭抗体法检测的黑尾叶蝉种群中的介体带毒率还进一步应用于当时病毒流行区对 RDV 发病率进行预测预报（陈声祥等，1981；陈声祥等，1985）；ELISA 检测灰飞虱种群中 RSV 带毒虫率曾有效地用于当时苏南单季稻上对 RSV 发病率的测报（陈光堉等，1988）。

病毒血清学检测技术与前述生物学测定法相比较，虽然灵敏度高、速度快且可定量，但是在实际应用中并非易事。特别是在介体昆虫带毒率测定中，必须与生物测定的传毒率相对照，调节好抗体的纯度、工作浓度和稳定性，并制备成易于保存、便于携带和应用的试剂盒，使其检测的介体昆虫阳性率正好接近或稍高于生物测定值（林瑞芬等，1980；陈光堉，1984、1988）。因此每次制备好的抗血清在应用之前必须要抽样与生物学测定值平行试验（对号）比较，否则在病毒流行学应用中无法摆脱假阳性或假阴性的困扰。

三、分子生物学检测

前述应用血清学技术可以有效检测飞虱和叶蝉种群中的个体带毒率，但是其灵敏度还达不到检测单个蚜虫中的病毒，而应用分子生物学技术中的核酸探针或者 PCR 方法等则轻而易举。Robertson 等（1991）较早应用黄症病毒科病毒的特殊引物和 PCR 技术来鉴别黄症病毒属的病毒种类。后来，Caning 等（1996）改进用 RT-PCR 方法，能有效地检测单个蚜虫中的病毒。国际干旱地区农业研究中心（ICARDA）科技工作者于 20 世纪 90 年代末至 2010 年后用 RT-PCR 技术对西亚和北非各国豆科与禾谷类作物上由蚜虫持久性传播的病毒进行了广泛普查和鉴别。他们所应用的引物序列及其检测的病毒基因组如表 4-2 所示。

表 4-2　在西亚和北非检测蚜传豆科和禾谷类作物病毒所应用的有效引物

病毒	基因组类型	引　物	目的片段大小（bp）	参考文献
BLRV	ssRNA	TCCAGCAATCTTGGCATCTC GAAGATCAAGCCAGGTTCA	391	Ortiz et al.（2005）
		AAAGAGGTTCTACAGGCCAC GATCAAGTTCCTCGCAGAAC	440	Kumari et al.（2006）
BWYV	ssRNA	ATGAATACGGTCGTGGGTAC GATAGTTGAGGAAAGGGAGTTG	429	Kumari et al.（2006）
		GTCTACCTATTTGG ATGGTCGCTAGAGG	950	Fortass et al.（2000）
		ATGCAATTTCTCGCTCACGCAAACA TCATACAAACATTTCGGTGATGAC	750	Hauser et al.（1997）

（续）

病毒	基因组类型	引　物	目的片段大小(bp)	参考文献
FBNYV	ssDNA	TACAGCTGTCTTTGCTTCCT CGCGGAGTAATTAAATCAAAT	666	Kumari et al. (2007)
		ACATCGAAGAGCAGTATCTGG ACGTTGTCGTTTTCACCTTGG	487	Shamloul et al. (1999)
		TTTCCCGCTTCGCTAAGTTTAA ACACCCTCCTTGGAACTGGTATAA	931	Shamloul et al. (1999)
		CATTTCGGATGAACATCTGGG ATGAACTATCAAGCGATGGAG	1 002	Shamloul et al. (1999)
PEMV	ssRNA	GAGGGTGCCACCACGACTAC TGAAAATTAGATAAGGAAAACCCAAG	114	Skaf et al. (2000)
SbDV	ssRNA	CTGCTTCTGGTGATTACACTGCCG CGCTTTCATTTAACGγCATCAAAGGG	110	Phibbs et al. (2006)
		AGGCCAAGGCGGCTAAGAG AAGTTGCCTGGCTGCAGGAG	440	Kumari et al. (2006)
		GGAACTATCACTTTCGGGCCGTCT GGCATGATACCAGTGAAGACC	281	Harrison et al. (2005)
		GCGGTTAGCAATGTCGCAATAC CATAAGCGATGGAACCTGACGA	372	Wang et al. (2006)
CpCSV	ssRNA	TAGGCGTACTGTTCAGCGGG TCCTTTGTCCATTCGAGGTGA	413	Kumari et al. (2006)
BYDV-PAV	ssRNA	GTTCTGCCTCAACATCGGAT AATAGGTAGACTCCTCAACA	744	Rstgou et al. (2005)
		CCAGTGGTTRTGGTCA GTCTACCTATTTGG	531	Roberson et al. (1991)
		AATGCCCAGCGCTTTCAG GCGGACGCGTGTGACTTAA	91	Balaji et al. (2003)
CYDV-RPV	ssRNA	GTCCTTAGATCCAATGGCAAT CAGCTATCTGAAACCAGTAGA	719	Rstgou et al. (2005)
		ACGAGTTGGACCCCCATTG GATCATCTTCGCTGGGAAGCT	101	Balaji et al. (2003)
BYDV-MAV		CGGATCAGGTTTGGGCTCTG ATGAATTCAGTAGGCCGTAG	650	Bisnieks et al. (2004)

我国自 20 世纪 90 年代后期开始，普遍应用核酸分子杂交和 RT-PCR 等分子生物学方法来普查昆虫传植物病毒种类和介体昆虫的带毒率，并把用血清学和分子生物学方法检测的昆虫带毒率与以往用生物检测法检测的带毒率区别开，改称用后者测得的“带毒率”为“传毒率”，这个区别可谓是对昆虫传植物病毒流行学认识的一大进展。因为它开启了我们对昆虫传植物病毒流行学中重要流行因子——昆虫传播病毒的潜能和其实际可传播能力的基本认识。介体昆虫传播病毒的潜能与其实际传播能力是两个密切相关和严格不同的概念（详见前述介体昆虫章节和后述病毒流行预测章节）。

笔者实验室曾于 20 世纪 90 年代末至 2010 年后应用 RT-PCR 技术来普查植物病毒种类（陈炯等，2003），并应用它来检测介体昆虫种群中的带毒个体和被带毒虫感染后的转基因水稻的带毒植株，用以评价转基因水稻对 RRSV 的抗性。在 RT-PCR 检测中所采用混合引物是依据 RRSV 基因组片段 S_7、S_8、S_9、S_{10}序列设计的（表 4-3）。

表 4-3　用于检测 RRSV 的 RT-PCR 引物

引　物	序　　列	PCR 产物（bp）	Tm（℃）
RRS_7-158＋	5′-CGTACCACCATCGCCTTACT-3′	317	57
RRS_7-457－	5′-CGTAATCGTCACTCCACCCT-3′		57
RRS_8-1381＋	5′-CGCGGTATCTAACGTTCCAG-3′	396	57
RRS_8-1777－	5′-TGCCGCGACATAATCAAC-3′		57
RRS_9-510＋	5′-TCATTCCGAGTGATGCTTTC-3′	379	55
RRS_9-889－	5′-AAAGTCATCCACCCACAAACTC-3′		59
RRS_{10}-302＋	5′-AATTGCAAAGCGTTCACAGC-3′	390	51
RRS_{10}-692－	5′-AGAAACGGGCTAGGCTAAGC-3′		57

在转基因稻评价试验中，RT-PCR 检测是与生物接种稻苗的发病率观测一对一进行的平行试验，对 RT-PCR 检测稻苗是在其被带毒虫饱和接种（每苗 1.5 头，感病毒的对照品种的发病率达 100％）后 2 周时剪取倒数第 2 叶（心叶下 1 叶）取样进行的，每个转基因稻株系检测 30 株苗，先后共检测转基因稻株系 54 个，结果绝大多数转基因株系检测的阳性率在 50％～100％，接近对照感病品种矮脚南特和台中 309（来自 IRRI）的株发病率，只有转基因稻株系 315、316、184 和 328 4 个株系的阳性率较低，分别为 15.5％、16.6％、30.8％和 28.0％；生物接种的稻苗发病率观测于接种后 1 周开始，后定时每天观测，在接种 1 个月后每隔 5d 观测 1 次，直至抽穗期停止发病为止，历时 100 余天，但仍有少数转基因稻到达孕穗至抽穗期才在剑叶叶鞘的叶脉（维管束鞘）上出现长条形蜡白色隆起条斑，显示为 RRSV 感染后发生的典型症状

（图版 25）。最后统计发病观测结果，绝大多数转基因稻株系的发病率在 50%～100%，稍低于用 RT-PCR 检测的阳性率，其中转基因稻株系 315、316、184 和 328 的发病率分别为 15.8%、13.3%、26.9%和 28%，各自接近或稍低于前述 RT-PCR 检测的阳性率（雷娟利等，1999），按照国际水稻研究所（IRRI）抗性鉴定标准，株发病率在 30.0%以下的可归类于抗昆虫传植物病毒（东格鲁病毒、RRSV、RGSV 等）的抗性品种范围。显然，用 RT-PCR 技术检测病毒不仅精准，并且在实用中更重要的是快速。而前述用生物测定需要观察发病率 100d，相应地用 RT-PCR 检测只需用 2 周则可完成。后来用 RT-PCR 技术来检测 RBSDV 病区的灰飞虱带毒率（吕永平等，2002），其中对一次生物测定 40 头灰飞虱的自然传毒率为 40%（16 头虫传毒）的样品标记传毒虫号，然后用 RT-PCR 技术进行对号检测，结果 RT-PCR 检测阳性虫号（16 头虫）与生物测定的传毒虫号完全相符，并多出两头虫号（表 4-4）。

表 4-4　RT-PCR 检测阳性虫号与生物测定传毒虫号

PR-PCR 阳性的虫号	2	3	6	7	8	11	13	14	18	20	22	23	27	29	30	36	38
生物测定传毒的虫号	2	3	6	—	8	11	13	14	18	20	—	23	27	29	30	36	38

注：— 为不传毒虫号；带毒虫检测中所用引物为 5′-GAGCTCTTCTAGTCATCGCG-3′和 5′-GTGTCACACCACTCTTCTCC-3′。

然而，在生物测定与 RT-PCR 技术检测稻株一对一地平行试验中出现有少数显示典型 RRSV 症状的稻株且在 RT-PCR 技术检测中呈现阴性现象，这显然是误差。后经检查分析，推测造成误差的原因可能有两个，一是在试验操作中相邻编号错位；二是 RT-PCR 技术检测的样本取样部位不准或数量不足而未取到含有病毒的部位。因此可以这样认为，RT-PCR 单分子生物学技术检测病毒虽灵敏度高，但在实际应用中如果实验操作不当也容易出错。因此在实际应用中必须熟悉和严格按照技术操作规程，在病毒流行学中用来检测介体昆虫带毒率和寄主植物带毒体时宜事先与生物测定值相对应地做一个平行对照试验，如果 RT-PCR 阳性率高低值与生物测定值高低相一致且稍高一些，才是符合实际的。因为在昆虫传植物病毒流行学中介体昆虫的传毒率高低是决定病毒侵染率高低的一个关键因素。如果用 RT-PCR 技术检测介体昆虫的阳性率远高过生物测定的昆虫传毒率，不仅对分析当时当地昆虫传植物病毒的发生趋向没有实用价值，还可能误导病毒发生或流行实况。

第二节　病毒生存状态监测

昆虫传植物病毒作为地球上生存着的一类微生物，在它的生命活动中显示 4 种生存状态，即病毒离不开寄主植物和介体昆虫的依赖生存常态（图 1-1）、生存常态（图 1-2）、扩展动态（图 1-3）和上升流行及下降回归动态（图 1-4）。在这 4 种状态中，第一和第二两种由于病毒存量稀少，并与寄主植物处于相互适应的互作关系中，能保持相当长时期的动态平衡常态，此时病毒对寄主植物的致病性弱而且寄主植物的耐病性强，病毒与寄主植物为寄生或共生状态，因此此时人们通常感觉不到它的存在；第三种病毒扩展动态是不稳定的，其中病毒是被动地受其寄主植物尤其是农作物的变更以及介体昆虫的发生和活动的影响而发生位移，致使它在新的生存环境中与不同的寄主植物和介体昆虫种群中的个体发生一些适应性变异和进化，以及不适应性的自然淘汰或半适应地勉强维持生存过程，这个过程通常时间较长，流动地域广泛，但在寄主植物上发病较轻微，且其病状易与其他病原物或环境胁迫发生的生理病变以及化学物质诱发的病变相混淆；第四种上升流行和下降回归动态过程变化激烈，时间不长（通常为 9～15 年），然而其中当病毒上升流行轨迹到达 90°的顶点前后的伞形弧面时就成为昆虫传植物病毒的流行期（图 1-4），也就是我们需要预防昆虫传植物病毒流行危害的有效期（可大量挽回农作物因病害所造成的损失），但并非是最适期，因为至今对流行中的昆虫传植物病毒的最佳防病效果约 90%，也就是在此期防治是最好的，但还是要蒙受 10%左右的农作物产量损失。因此最佳防治适期应在其上升流行的初始期，也就是在病毒系统检测中，当病毒在寄主植物上的发病率由小于 1%上升到 5%的时段中控制病毒不再上升流行效果才最佳（例如本章第六节中所述的病毒病防治实例 7）。处于其他 3 种生存状态的病毒是不会在当时当地寄主作物上突然发生流行危害的，所以不必考虑采取任何预防措施，但必须查明在当时当地是否存在，以及其存在所处的生存状态。病毒生存状态观测通常是以病虫观测为基础展开的，我国病区各县市病虫观测站具有丰富的知识经验和技术资料。例如本节前述的浙江省东阳病虫观测站在 20 世纪 60～80 年代长期定点系统观测双季晚稻区黑尾叶蝉世代发生量及其传播 RDV 的发病率并测定其传毒率等，为后来分析那个时期 RDV 上升流行和下降回归到间歇生存状态过程提供了宝贵资料。虽然那时在昆虫传植物病毒流行区，有关科研院所和病虫观测站具备病毒病发病率和介体昆虫的种群数量及传毒率的检测资料，但大多都是在病毒流行危害期后的记录，且记录时期较短，显示不出病毒上升流行和下降回归过程，只能反映当地病毒流行后的下降趋势（农牧渔业部农作物病虫测报站，1983）。然而这种传统的生物学观测方法仍是现在昆虫传植物病毒生存状态检测的基础手段。例如 20 世纪 90 年代浙江省 RBSDV 再次流行期运用金华地区和兰溪市病虫测报站对 RBSDV 在水稻上的发病率和介体昆虫灰飞虱种群数量调查及其传毒率的检测数据，也检测到 RBSDV 在当地的上升流行和下降回归到间歇生存状态的全过程（详见第二章第四节所述），并在 1997 年 7 月上旬根据当地于 1993—1996

年 RBSDV 在双季水稻上的发病率连年上升之势和在早稻上传毒代灰飞虱发生量及传毒率的逐年增加情况判断该地区当年双季晚稻 RBSDV 将大流行。于是从 7 月上旬开始对全市 11 333.33 km^2 双季晚稻采取了以及时治虫防病为主的综合防治措施，结果使当年双季晚稻的平均株发病率从不防治对照田（14.6 km^2）的 85.58%下降为 5.86%，严重发病田片为 9.73%，大面积防病效果达 93.15%，对严重发病田片的防病效果为 88.63%，及时有效地控制了 RBSDV 在当地的大流行（详见后述第六节病毒病害防治）。

显然，对于双季稻区 RBSDV 生存状态的检测年限至少在 3 年次以上才可能估测发病趋势，只有在 10 年次以上才有可能探索到其上升流行和下降回归到间歇生存状态的全过程。其检测内容为每年单、双季晚稻成株期的发病率和早稻后期第二、三代灰飞虱虫量及传毒率或带毒率。另外还得记录早、晚稻栽培和收种时期与持续天数以及两者的面积比例，双季晚稻的栽培方式（直播或移栽），当地对农作物病虫害防治情况等。对于果蔬-单季稻区 RBSDV 的生存状态检测内容不同于双季稻的是在果蔬成熟收获期和单季晚稻播种移栽时期之前，检测当地主要杂草寄主，如稗草、䓣草、马唐等寄主上的发病率和灰飞虱虫量及其传毒（或带毒）率，并记录杂草寄主面积与单季晚稻田的比例以及分布状况（两者分别连片或者插花）等。在小麦-单季稻或玉米栽培区，主要检测小麦抽穗后的发病率和其上灰飞虱虫量与其传毒（带毒）率以及单季晚稻成株期的发病率。

在双季稻区检测黑尾叶蝉传播的 RDV 的生存状态，可参照前述浙江省东阳病虫观测站在 20 世纪 80～90 年代的观测内容及方法。在单季稻区观测 RDV 生存状态，内容除检测成株期单季稻的 RDV 发病率外，还要检测单季晚稻 RDV 的来源地寄主植物（如看麦娘、稗草和马唐等）上的黑尾叶蝉虫量及传毒（带毒）率。

检测由蚜虫传播的许多种植物病毒的生存状态，依据病毒种类、蚜虫介体多寡而稍有差别。对于一年生寄主植物通常是幼苗期感病，到成株期停止发病。所以要在寄主作物易感生育期检测病毒源寄主作物上的迁飞蚜量及其传毒率，再在主要寄主植物上监测发病率。对于用植物根茎等组织繁衍后代的作物（如甘蔗、糖用甜菜以及郁金香和唐菖蒲等花卉作物），其成株期的发病率减去其根茎的带毒率才是其当年蚜虫传播的新增加发病率。然而这些花卉作物在生产中常常为设施栽培，露天生长的时间很短且处于不易感病毒的生育后期，蚜虫传播的再次侵染就不那么重要了。就算是介体蚜虫种类众多、寄主种类繁多、毒源无处不在的 CMV 上也是如此。然而对于长江流域秋季露地播种的秋番茄常常因 CMV 的流行而不能正常栽培。但是若与多种寄主作物和非寄主作物插花间隔种植，由部分病原寄主作物或野生植物上迁出的带毒蚜就被多种寄主作物吸引而分散，同时被非寄主作物阻隔而失毒，因此也不会引起严重发病。浙江省宁波地区大面积种植的榨菜和芥菜，每隔若干年就会遭遇 TuMV 为主的十字花科病毒的流行危害。当地农户普遍采用尼龙纱网或银色塑料膜覆盖育苗和大田初期治虫防病措施，可得到不同程度的防病效果。但是由于缺乏对病毒检测，有时防病效果欠佳。特别是当病毒较长时间处于间歇生存状态，可不必采用任何防治措施时也照常进行防治，就浪费了人力、物力和资金。所以只有通过病毒检测，了解病毒的生存状态，才能及时而经济、有效地预防病毒流行危害。

对于果树等经济林木的昆虫传植物病毒检测方法与一年生草本植物相似。其中不同的是其侵染来源比较复杂，有的来自苗木带毒体（嫁接或插条材料，个别还有种传），有的来自种植园邻近或周边迁来的带毒虫，有的来自生长季每年多次重复感染，因此处于病毒上升流行期的木本寄主如柑橘，在历史上曾遭柑橘衰退病多次重复感染而造成大片果林被毁。因此在病毒流行预防中检测病苗或繁殖体的带毒率及其分布和流行状态非常重要。

第三节　主要病因及其参数

本章第二节已讨论了在昆虫传植物病毒发生地如何检测病毒生存状态和依据病毒生存状态决策病毒病预防问题。本节将讨论如何探测直接影响寄主作物发病率高低的主要因子及其参数问题。

一、介体昆虫与寄主发病的关系

介体昆虫与寄主作物发病的关系在第二章已有论述，本部分将其作为直接影响寄主作物发病的主要因子作进一步定性和定量讨论。

在昆虫传植物病毒流行学研究及其病毒病预防实践中通常沿袭着“虫多病重”和“介体昆虫的大暴发必然伴随着其传播的病毒病的大流行”的概念。近来在讨论由烟粉虱传播的菜豆花叶金色病毒属病毒的流行中也有这种说法（纠敏等，2006）。其实这种说法虽然说明了介体昆虫这个决定病毒在寄主作物上流行的直接因子的一个方面，但忽略了真正起传病作用的另一方面即昆虫带毒。当然，对初次接触昆虫传植物病毒的人来说常常会遇到这个问题，例如在 20 世纪 60 年代中期 RBSDV 在浙江省稻、麦和玉米作物上首次流行期，病区所有病虫观测（测报）站和有关防病研究工作者都广泛地研究介体灰飞虱虫量与寄主作物上 RBSDV 发生的关系。其中最典型的是浙江省东阳病虫观测站在 1961—1972 年的病虫系统观测记录，较完善地反映了当时当地受害较重的双季晚稻上 RBSDV 发病率随介体灰飞虱种群发生量的逐年上升和暴发而呈现从无到有逐年迅速上升流行和下降的过程（表 4-5）。然而，从表 4-5 中可以看出双季晚稻发病率在 1966 年达到发病高峰后，从 1967 年起就逐年迅速下降，至 1970 年后就降至 0。但是其相应年份灰飞虱发生量却仍超过或接近 RBSDV 流行期的水平，这显然与 1966 年双季晚稻 RBSDV 发病率随虫量上升的现象不符合。同样，在浙江省 RDV 和 RYSV 并发流行期，该病虫观测站又观测到当地双季晚稻 RDV 发病率随介体昆虫黑尾叶蝉种群数量的上升和暴发而逐年上升至大流行的过程（图 4-1）。然而其中黑尾叶蝉的高发生量持续到 1974 年，而 RDV 的发病率在 1972 年后就急剧下降了。显然也与当地 RDV 上升流行期的虫多病重不一致。

表 4-5 各年灰飞虱诱集量与晚稻 RBSDV 发生的关系

（东阳病虫观测站）

年份	1961	1962	1963	1964	1965	1966	1967	1968	1969	1970	1971	1972
虫量（头）	49	120	8 072	450	5 314	13 770	43 072	33 968	2 375	5 331	4 972	6 105
发病率（%）	—	—	—	—	11.87	13.48	2.45	7.55	0.01	0	0	0

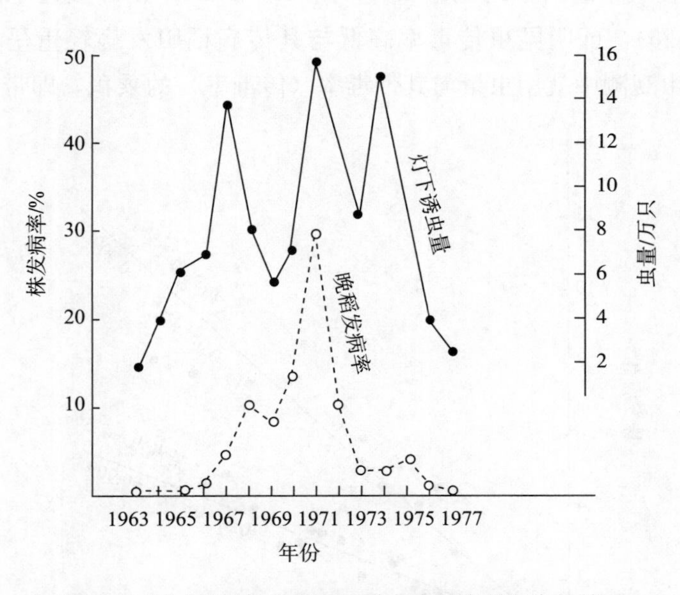

图 4-1 浙江东阳各年黑尾叶蝉虫量与晚稻发病的关系

于 1972—1974 年在浙江省萧山、金华和龙游等地的田间病虫调查中也分别得到了双季晚稻后期的 RDV 株发病率高低与侵入其大田初期的黑尾叶蝉虫量呈正相关的观测结果（图 4-2）。

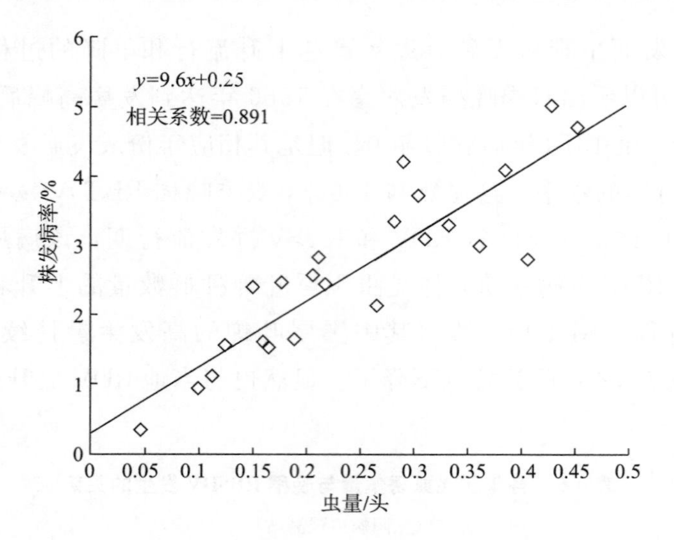

图 4-2　黑尾叶蝉虫量与双季晚稻发病的关系
（浙江萧山，1972）

后经不同发病田片捕获的黑尾叶蝉带毒率（现称传毒率）测定结果，发现高传毒率田片的虫量和株发病率的相关回归方程式中的斜率与低传毒率田片的虫量与株发病率的相关回归方程式中的斜率的比值（0.47/0.21＝2.24）正好接近于两者传毒率的比值（5.2/2.3＝2.26），证明昆虫传毒率高低与其传病稻田发病轻重呈正相关(图 4-3)。因此，以后在病虫观测中就用虫量与其带毒率（传毒率）的乘积，即带毒虫量作为昆虫

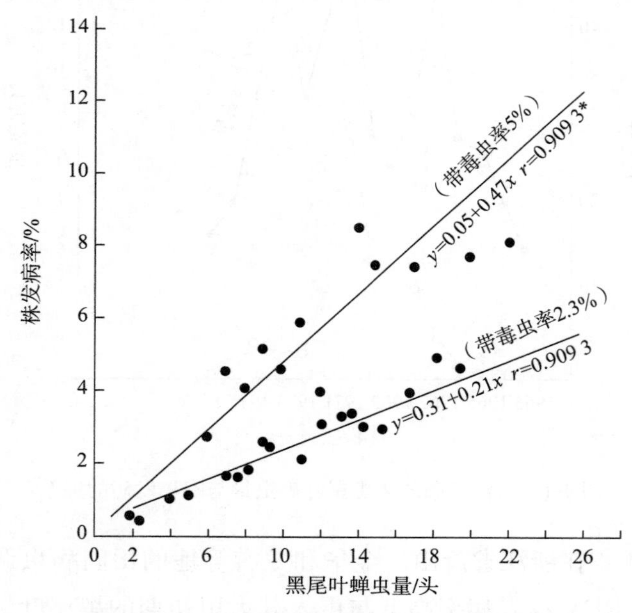

图 4-3　晚稻大田初期迁入虫量与发病的关系
（浙江萧山，1973）

传植物病毒流行的一个决定因子来进行研究。1973 年在浙江萧山和 1974 年在浙江龙游病区田间调查研究结果均显示双季晚稻后期 RDV 和 RYSV 的合计株发病率完全与其大田初期（插秧后 15d 内）迁入的黑尾叶蝉传毒虫量呈显著正相关（图 4-4，图 4-5）。

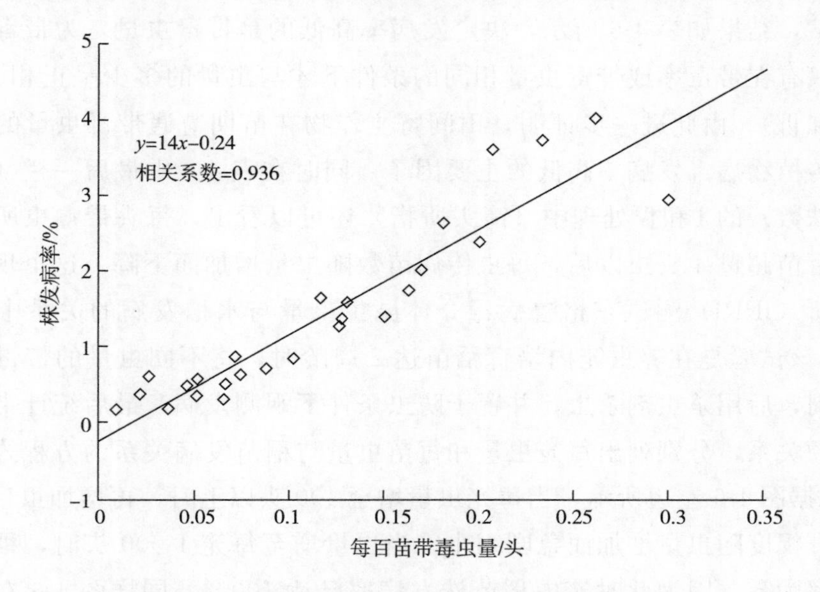

图 4-4　晚稻大田初期百苗带毒虫量与发病的关系
（浙江萧山，1973）

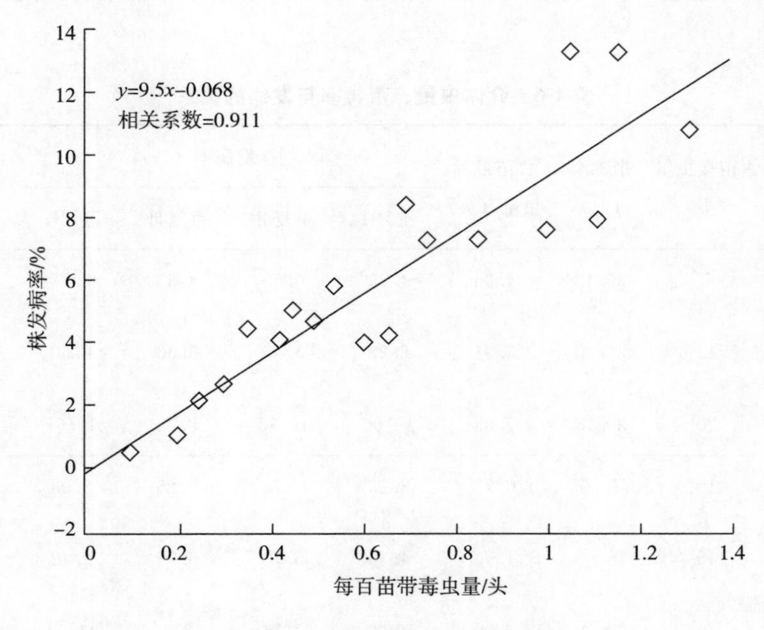

图 4-5　带毒虫量与发病的关系
（浙江龙游，1974）

后来为了进一步检验双季晚稻大田后期 RDV 和 RYSV 的合计株发病率与大田初期迁入的 RDV 和 RYSV 带毒虫量呈显著正相关的结论的真实性，于 1980 年在浙江省农科院实验室内以每千株稻苗分别接种不同虫量和不同带毒率的黑尾叶蝉的组合进行测试，结果如表 4-6 所示，决定发病率高低的是带毒虫量，为带毒率与虫量的乘积。只有在带毒率或带毒虫量相同的条件下才与虫量的多少呈正相关（表 4-6 中处理Ⅰ和Ⅲ）。由此进一步证明，田间寄主作物在苗期遭遇带毒虫量的多少才是决定昆虫传植物病毒发病率高低的主要因子。同时在表 4-6 中最后一栏（每头带毒虫传播病株数）的Ⅰ和Ⅳ处理中（箭头所指）还可以看出，每头带毒虫所传播的病株数在每百苗超过 4 头虫以后，每虫传病苗数随虫量增加而下降。这个现象在国际水稻研究所（IRRI）测试东格鲁病毒介体昆虫虫量与水稻发病的关系中非常明显（图 4-6）。该试验是在养虫笼内培育稻苗达 2 周龄时，将不同虫量的带毒叶蝉释放于笼内 2 周，后用杀虫剂杀虫，并置于防虫条件下观测发病，最后统计带毒虫量与稻苗发病的关系，分别列出每笼虫量和每苗虫量与稻苗发病关系的方程式及其图示（图 4-6）。据图 4-6 左边所示，当每笼虫量增至 400 头以上时，再增加虫量则稻苗发病率的上升幅度随虫量增加而急剧缩小，当虫量增至每笼 1 000 头时，稻苗株发病率的增长率为零，因为此时笼内稻苗株发病率已达 100%。同样图 4-6 右侧以每苗虫量与株发病率关系的方程图解中也显示稻苗株发病率随虫量上升到达 90%时就出现拐点，后随虫量增加到每苗 3 头时，相应地随虫量的增长稻苗的株发病率增幅也渐渐降低到 0。

表 4-6　介体虫量、带毒率与发病的关系

处理 编号	处理 类别	百苗接虫量（头）	带毒率（%）	百苗带毒虫量（头）	水稻株发病率（%） 重复Ⅰ	重复Ⅱ	重复Ⅲ	重复Ⅳ	每头带毒虫传播病株数（株）
Ⅰ	不同接种量，相同带毒率	5	39.13	1.95	1.75	0.50	4.25	2.17	1.13
		10	39.13	3.91	8.25	5.75	5.50	6.50	1.66
		20	39.13	7.83	19.00	10.75	8.25	12.67	1.61↓
Ⅱ	相同接种量，不同带毒率	10	7.50	0.75	3.25	2.75	0.25	2.08	2.77
		10	15.00	1.50	4.75	5.75	6.75	5.42	3.61
		10	30.00	3.00	13.25	7.78	12.50	11.14	3.71

（续）

处理编号	处理类别	百苗接虫量（头）	带毒率（%）	百苗带毒虫量（头）	水稻株发病率（%）重复Ⅰ	重复Ⅱ	重复Ⅲ	重复Ⅳ	每头带毒虫传播病株数（株）
Ⅲ	不同接种量，相同带毒虫数	5	39.6	1.98	2.50	4.50	2.25	3.00	1.52
		10	19.8	1.98	2.75	2.25	3.00	2.67	1.35
		20	13.2	1.98	3.50	3.00	4.00	3.50	1.77
Ⅳ	不同接种量，不同带毒率	12.5	36.70	4.58	28.75	22.00	20.50	23.75	5.19
		15.0	42.80	6.42	36.25	23.25	30.25	29.91	4.65↓
		17.5	47.00	8.26	34.00	37.75	40.25	36.67	4.44↓

注：处理Ⅰ、Ⅱ、Ⅲ为矮脚南特，Ⅳ为当时最感病的农垦58；每处理小区 $1m^2$，用 $1m^3$ 防虫纱帐覆盖，接虫7d后灭虫，观测发病到水稻孕穗期；每头带毒虫传播病株数一栏中的“↓”表示随虫量增加的发病率增幅减小。

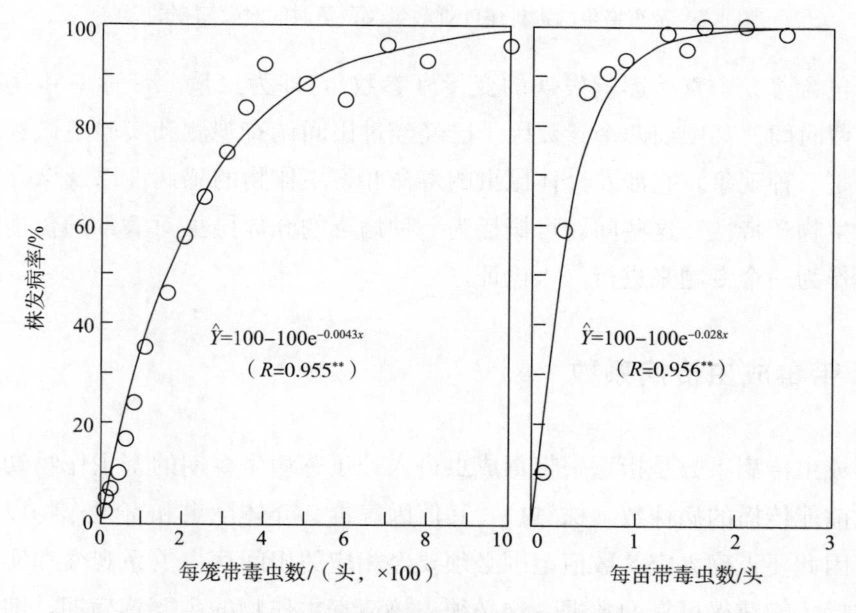

图 4-6　带东格鲁病毒黑尾叶蝉数量对稻苗株发病率的影响

同时，林克治（1978）还研究了带东格鲁病毒黑尾叶蝉数量和逗留时间对传病的影响，其结果如图 4-7 所示，从图 4-7 可以看出，稻苗株发病率不仅随带毒虫量的增加而增加，还随带毒虫传毒天数的增加而增加。

总述以上的田间调查观测和实验室研究结果，发现介体昆虫与寄主作物发病的因

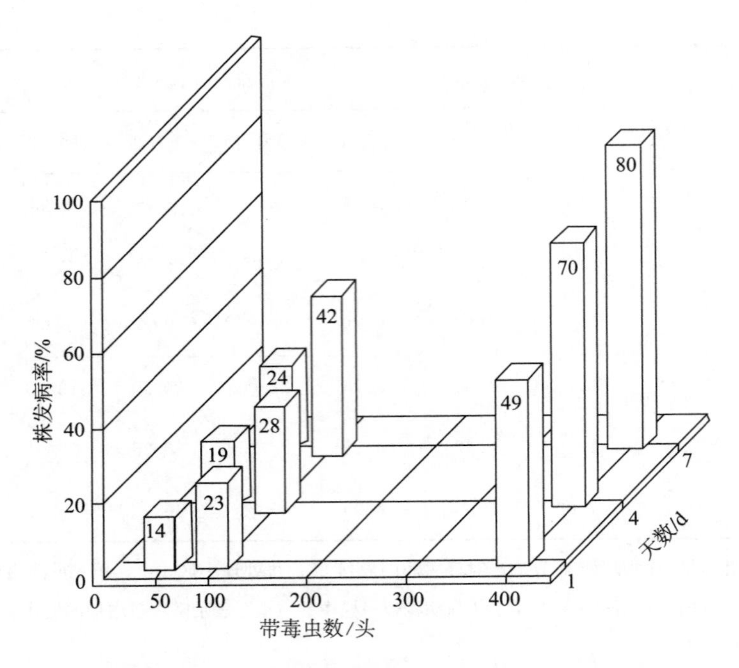

图 4-7 带东格鲁病毒黑尾叶蝉数量及逗留时间对发病率的影响

果关系中包含着 3 个直接影响发病的变量（参数），即为虫量、带毒率和其在寄主作物上的逗留时间。其中前两个参数因子已经经过田间调查观测和实验室试验论证，而后者还只是一种现象，它涉及介体昆虫的寿命和寄主作物的感病性以及该介体所传播的病毒的生物学特性。这些问题可概括为一种病毒的介体昆虫对病毒的传播能力，因此还需要作为一个专题来进行深入论证。

二、带毒成虫传病系数

带毒成虫传病系数是指每头带毒成虫进入处于感病生育期的寄主作物幼苗群体后至其死亡前能传播的病株数（株/虫），其值因病毒、介体昆虫和寄主作物以及环境不同而异。因此要正确界定其数值范围必须要经相应的田间病虫关系观察和实验室试验研究工作后才能获得可靠的数据。这必须先搞清寄主作物的主要感病期，即寄主作物的最终发病率是受带毒虫一个代次侵染还是多代次侵染而致的问题。通常一年生寄主作物上昆虫传植物病毒病的发生多为受一个世代的带毒群体侵染所致，只有其中生育期偏长的寄主植物才有可能遭两个世代的带毒虫侵染。例如长江中下游单、双季水稻栽培区，双季晚稻大田 RDV 和 RYSV 的发病减产主要是在其大田初期受早稻成熟收获期迁来的带毒黑尾叶蝉侵染而致。但是单季晚稻由于其播种期早（在 20 世纪 60～

70年代为5月下旬，现在为6月上旬）、分蘖期长，可受两个代次以上的带毒虫侵染。如1971年在金华市郊RDV和RYSV并发流行期观测的一块红壳糯单季晚稻田，其秧苗于6月10日播种，大田于7月8日插秧（当时双季晚稻大多在6月中、下旬播种，7月下旬至8月初插秧），其感病生育期受早稻田迁来的第二、三两代带毒黑尾叶蝉的侵染，秧苗带病率高达52.6%，大田初期感病率为100%，最终绝产，而在大田初期及时治虫防病4次处理后的发病率为17.3%，最终获得的稻谷产量接近正常单位面积产量的90%（表4-7）。因此也可以从这个试验看出当时当地决定单季晚稻最终发病及产量损失的是大田初期迁入的带毒虫所传毒的病株，与秧苗的带病率的高低关系不大，只要大田初期能阻止带毒虫再迁入传毒或少传毒，在秋收时也可以获得接近无病稻田的正常产量。因为在当时当地早栽晚稻田，从秧田带来的病苗通常都成活不到成株期，此时早栽大田的健苗有足够的时空补偿其同穴或周边病苗失去的空位，使大田能达到接近常年的分蘖苗和有效穗数，到大田抽穗期最终检测稻田发病率时已查不到。因此在当时的发病条件下，确定了晚稻RDV和RYSV发病损失是由迁入大田初期的带毒虫的传毒引起的结论，对进一步测量迁入晚稻大田初期每头带毒虫的传毒系数很有启发。笔者团队于1972—1974年及1978年多次重复地在大田初期调查每头RDV和RYSV带毒黑尾叶蝉在迁入双季水稻田半个月内（当时早稻收割和晚稻插秧期集中于7月下旬至8月上旬约半个月）的传播病苗数。其田间病虫观测方法是，先在晚稻大田移栽后3d起，每隔2d观测百苗迁入黑尾叶蝉成虫量（头），捕虫量达到600头以上（虫量按当地晚稻早、中、晚移栽期比例取样）后在实验室取300头，用每虫2株稻苗接种法测定其传毒率（当时称带毒率），然后计算得每块田在大田初期迁入的带毒虫数。待晚稻抽穗后，再按虫量编号调查田块观测每块田的最终发病率，最后统计每块稻田由每头带毒虫所传的病株数，即为每头带毒虫的传病系数。结果据浙江省萧山、龙游和安徽安庆3个观测区共计6个年次125块（每块田200m^{2}左右）双季稻田统计，迁入双季晚稻大田初期3～15d（平均为8d）的每头带毒虫的传病系数平均为10.75±0.65（表4-8）。后来在实验室又用已知带毒虫按大田栽培季节和插秧密度进行实验室模拟试验，结果在大纱笼内（3m×2m×2m）释放带毒（RDV）黑尾叶蝉的传毒系数为9.8±1.56，变幅为4～16株/虫；小笼（1m×1m×1m）测试的传毒系数为6.47±3.73，变幅为3.67～15.55株/虫，显然大笼测试结果接近大田观测数值，而小笼测试的传毒系数低于大笼可能与其空间太小，影响昆虫迁移活动有关。而根据测试，当地黑尾叶蝉带毒虫在其平均10d存活期内，传播RDV病苗为10株，即平均每虫1株/d；据阮义理等（1981）在夏季传毒期平均气温29.2℃（接近双季晚稻大田初期气温）下，对RDV经卵带毒叶蝉测试，叶蝉对RDV的传毒系数为9.9（寿命11.6d），在较低气温下（平均20℃）的传毒系数为13.7（寿命19.9d）。因此我们根据上述研究结果推断在当时田间自然环境下迁入大田初期（平均气温29℃左右）的RDV和RYSV带毒叶蝉在平均8d期间的传毒系数宜设定为10株/虫左右，并运用这个数值（设$t=10$）先后在浙江省金华、萧山和嘉善3个轻病区和安徽省桐城、太湖、舒城和安庆4个发病轻重不同病区用一个数学公式（$\frac{n \cdot d \cdot p \cdot t}{x}=y$）进行发病率计算检验，结果于1972—1978年在金华、萧山和嘉善3个轻病区，共计21个年次的测试中，预测值与实测值的符合率达95.24%(表4-9)；后于1981—1985年浙江和安徽两省9个不同病区的35次测试中，预测值与实测值的符合率达94.29%。由此反过来也证明，20世纪70～80年代中期长江下游双季稻区迁入双季晚稻大田初期的黑尾叶蝉带毒（RDV和RYSV）成虫的传病系数为10左右的设定是相当正确的，但其条件是在双季晚稻大田初期百苗带毒成虫迁入量小于4头，病区（23～200km^2）双季晚稻的平均发病率（RDV＋RYSV）＜33.74%。因为在这个区间内带毒虫量与发病率呈直线相关，超过这个数值后发病率的增长轨迹就会像林克治（1978）测试的黑尾叶蝉带毒虫量与东格鲁发病率关系那样拐向水平方向迫近于达到100%发病率的顶点（图4-6），成为一个指数函数方程关系。

表4-7　双季晚稻大田初期治虫防病效果

处理		RDV的株发病率	每667m^{2}产量（kg）
次数	时间		
4	7月14、19、25、30日	17.3	202.5
2	7月14、31日	58.7	—
1	7月31日	68.99	—
不防治	对照	100	绝产

注：试验于1971年在金华朱基头村进行，面积1 733.4 m^2，小区均分，水稻品种红壳糯，6月10时播种，7月8日插秧，秧苗带毒率52.6%，大田插秧成活后，病株生长不良，后渐渐枯死。表中株发病率为抽穗期调查发病率，均为大田初期感染引起，后期不能抽穗结实，当地每667m^{2}红壳糯水稻的正常产量约为220kg。

表4-8　双季晚稻大田初期每头带毒虫传播病苗数

年份	地点	田块数（块）	百苗带毒虫数（头）	百苗病株数（株）	每虫传病株数（株）		
					最少	最多	平均
1972	浙江萧山	23	＜0.38	＜4.12	6.93	15.92	10.70±2.29
1972	浙江萧山	24	＜0.45	＜4.98	7.03	12.80	10.79±2.75
1973	浙江萧山	26	＜0.30	＜4.06	4.40	21.43	11.35±3.95
1974	浙江萧山	24	＜0.26	＜4.05	4.44	21.11	11.72±3.93

（续）

年份	地点	田块数（块）	百苗带毒虫数（头）	百苗病株数（株）	每虫传病株数（株）		
					最少	最多	平均
1974	浙江龙游	19	＜1.0	＜13.30	5.75	12.77	9.23±2.22
1978	安徽安庆	9	＜3.1	＜33.70	7.85	13.94	10.46±1.89
6个年次		125					10.75±0.65

注：双季晚稻品种为当地主栽的农垦58和农虎6号，大田插秧3d后观测迁入黑尾叶蝉成虫量，后每隔2d观测1次，早栽田观测4～5次，迟栽田观测2～3次，以最高一次虫量统计迁入虫量；大田初期迁入成虫量存留期按早栽田15d左右和迟栽田3d左右，平均为8d左右。带毒虫数量在田间调查取样时用生物测定的传毒率推算。

表4-9　水稻黄矮病和矮缩病流行预测式的验证结果

地点	年份	n	d	p	t	x	预测株发病率（%）	实测株发病率（%）	病害流行指标	
									程度	株发病率（%）
萧山县	1972	2.24	2.3	0.2	10	30	0.34	1.49	轻病	＜3
	1973	3.78	0.51	0.2	10	30	0.13	0.93	轻病	＜3
	1974	7.56	2.23	0.2	10	30	1.12	1.20	轻病	＜3
	1975	16.8	2.5	0.2	10	30	2.8	2.47	轻病	＜3
	1976	10.7	1.5	0.2	10	30	1.07	1.63	轻病	＜3
	1977	14.84	2.00	0.2	10	35	1.70	1.31	轻病	＜3
	1978	3.85	2.07	0.2	10	35	0.45	1.00	轻病	＜3
金华县	1972	2.59	4.2	0.4	10	20	2.18*	7.16	轻度流行	3～10
	1973	2.9	9.7	0.4	10	20	5.63	6.56	轻度流行	3～10
	1974	14.5	2.64	0.4	10	25	6.12	5.29	轻度流行	3～10
	1975	10.9	1.50	0.4	10	25	2.62	2.87	轻病	＜3
	1976	2.83	0.5	0.4	10	25	0.23	2.02	轻病	＜3
	1977	19.56	2.5	0.4	10	30	6.52*	2.87	轻病	＜3
	1978	15.19	0.82	0.4	10	30	1.66	2.90	轻病	＜3
嘉善县	1972	9.48	3.9	0.4	10	35	4.23	3.61	轻度流行	3～10
	1973	6.48	1.23	0.4	10	35	0.91	0.98	轻病	＜3
	1974	27.73	0.5	0.4	10	35	1.58	0.84	轻病	＜3
	1975	3.8	0	0.4	10	35	0	0.53	轻病	＜3
	1976	14.12	0.48	0.4	10	35	0.77	0.46	轻病	＜3
	1977	28.7	0.5	0.4	10	40	1.44	0.29	轻病	＜3
	1978	20.7	0	0.4	10	40	0	0.21	轻病	＜3

注：表内p值为3年调查的平均数，病害流行指标是根据1977年全国水稻病毒病科研会议上修订的指标；*表示预测值与实测值不符。

三、寄主作物因子与发病的关系

依据第二章寄主与病毒和介体昆虫三者互作关系的讨论，寄主作物作为直接影响发病的因子涉及其为病毒和介体昆虫所依赖的“丰度”和“适度”两个变数。“适度”表现为其对病毒和介体昆虫的抗感程度，“丰度”则是病毒和介体昆虫依赖的寄主作物的数量多寡。因此这两个变数因子始终受农区耕作和栽培方式演变的直接影响，是长期预测昆虫传植物病毒生存状态变化的基本因子。寄主“丰度”因子的参数可用每单位面积分布着的寄主苗数来表达，但“适度”因子参数的性质就比较复杂，通常多以定性论述，少有定量指标。一般用带毒虫传毒接种的寄主作物发病率高低来划分其对病毒和介体昆虫的抗感程度。如在国际水稻研究所（IRRI）对由黑尾叶蝉和褐飞虱传播的数种水稻病毒的抗性评价中，将人工接种发病率小于30%作为具抗性品种，且多为抗虫品种（如IR8），仅有来源于野生稻（*Oryza nivara*）的抗病基因转化培育的水稻表现出对RGSV的高度抗性（林克治，1980）。但对RSV，籼稻品种均表现为普遍抗病，而粳稻品种虽表现普遍感病，但也培育有较强抗性的杂交品种。然而在我国小麦-水稻或果蔬或休闲-水稻种植区RSV先后于20世纪60年代初期和中期、80年代中期、90年代和2015年左右发生多次流行，当然其中受害的都是当地感病的粳稻和糯稻品种（王才林，2006；王华弟等，2008）。因为这些连年大面积栽培的感病品种满足了灰飞虱大发生和其传播的RSV上升流行的“适度”和“丰度”。所以在农耕区，寄主作物的“适度”和“丰度”因子参数的演变，牵动着其上生存着的介体昆虫和病毒种群数量的变动，进而影响病毒间歇生存和上升流行动态。因此上述寄主作物的“适度”和“丰度”是长期检测昆虫传植物病毒的生存状态来预测病毒在寄主作物上消长动态的两个基本参数因子。然而在农作物生产中生产者追求的是农作物常规的高产和优质，通常并不重视偶尔发生流行的昆虫传植物病毒对寄主作物的危害。因为抗病（虫）品种往往达不到优质高产要求，且其培育周期长、难度大，当育成推广时，其针对的病毒流行期已过，种植的价值不大。所以在许多昆虫传植物病毒流行期很难及时培育抗性品种防病，也可以说病害流行期的寄主作物一般都是感病的，因此在病毒预防前对寄主作物发病率预测时可暂不考虑寄主作物对病毒的“适度”中的遗传抗性问题，但必须明确其营养生长期的最感病阶段（生育期）。因为通常寄主作物对植物病毒的敏感性总是在其幼苗期大于成株期，禾本科寄主作物很少有在拔节以前的苗期不感病的免疫品种。

总述以上的讨论和结论，对于直接影响一年生寄主作物由飞虱和叶蝉传播的持久性病毒的主要发病因子可归纳如下：①寄主作物主要感病生育期，对于稻、麦和玉米等禾本科作物在拔节期以前的苗期；②寄主作物的发病率与其播种和移栽密度成反比；③寄主作物的发病率与其感病生育期遭受的介体昆虫种群数量及其带毒率呈正相关；④寄主作物的发病率与其感病生育期遭受的带毒虫的传毒系数成正比；⑤带毒昆虫的传毒系数反映其对所携带病毒的传播能力，受昆虫的寿命和活动性、病毒性质、寄主作物的适度和丰度，以及环境（主要是温度和雨水）等因子的影响。本节列举的传毒系数（t）是上述各种因子综合影响下的平均值。

第四节　双季晚稻 RDV 和 RYSV 发病率预测模型（公式）的组建及其验证

由黑尾叶蝉为主要介体传播的 RDV 和 RYSV，曾于 20 世纪 70～80 年代中期自南而北地在长江中下游双季稻区暴发流行，主要危害双季晚稻，并明确影响最终发病率和产量损失的主要感染期是在双季晚稻的大田初期，是由从早稻病田迁来的带毒虫传播所致。因此在生产上必须对两个病毒进行联合测报，以求及时有效地防病。

依据第三节中对直接影响上下季寄主作物间病毒传播因子的讨论和结论，再回归到其中列举的 RDV 和 RYSV 的发生实况，将直接影响双季晚稻发病的主要因子设立如下：

x＝双季晚稻大田初期的移栽苗数（株/m^2）；

n_2＝早稻成熟和收获期迁到双季晚稻大田初期的黑尾叶蝉成虫量（头/m^2）；

d＝迁入双季晚稻大田初期的黑尾叶蝉的带毒率（%）；

t＝迁入双季晚稻大田初期的黑尾叶蝉的带毒虫的传毒系数（株/头）；

y＝双季晚稻后期最终株发病率（%）。

若将上述变量因子 n_2、d 和 t 联乘，其乘积为双季晚稻大田初期由迁入的黑尾叶蝉带毒虫所传播的病株数，再除以双季晚稻大田移栽的基本苗数（x），即为双季晚稻最终的发病率（y）。

$$y=\frac{n_2 \cdot d \cdot t}{x} \qquad (\text{I})$$

（Ⅰ）式中左边 y（发病率）为右边的直接影响发病因子变量的因变量，其中 y 值与 n_2、d 和 t 的变量呈正相关，与 x 变量呈负相关。

即：若设 n_2＝100 头/m^2，d＝1.0%，x＝100 株/m^2，t＝10 株/头（实验常数），

代入（Ⅰ）式，得 $y=\frac{n_2 \cdot d \cdot t}{x}=\frac{100头/m^2 \times 0.01 \times 10株/头}{100株/m^2}=\frac{10株/m^2}{100株/m^2}=1/10=$ 10.0%，10.0%即为应用预测模型Ⅰ计算得出的发病率。

显然，依据第三节的讨论和结论，这个公式（模型）也可用来测算其他由灰飞虱和叶蝉在上下季寄主作物间传播的病毒病的发病率。例如双季稻区晚稻 RBSDV 的发病率可用其在大田初期从早稻病田迁来的带毒灰飞虱量和其传毒系数来测算；在小麦-玉米种植区玉米 RBSDV 的发病率可用苗期从小麦病田迁来的带毒灰飞虱量及其传毒系数来测算；在小麦-单季稻区，单季稻 RSV 的株发病率可用其苗期从小麦病田迁入的灰飞虱量及其传毒系数来计算。

然而，应用（Ⅰ）式计算的发病率在病毒病预防前对指导大田实际防病没有用处，因为在其 n_2 因子值取得的过程中带毒虫已将病毒传入寄主作物，对于寄主作物的最终发病率只差一个发病潜伏期的时期。故要使（Ⅰ）式真正成为发病率的预测模型，还必须再设计一个比获取 n_2 因子值至少提前 10d 以上能获得的相关参数因子值（n_1、p）代入（Ⅰ）式，然后转换为（Ⅱ）式。

$$y=\frac{n_1 \cdot d \cdot t \cdot p}{x} \qquad (Ⅱ)$$

（Ⅱ）式中的 n_1 代表早稻或杂草上第二代黑尾叶蝉虫量、p 因子值为下一季受害寄主作物苗期迁入的带毒虫量与其毒源寄主（上一季发病寄主作物或野草）上盛发期的带毒介体种群总量之比值，这样就可以在下季受害寄主作物移栽或直播前至少 10d 以上在前季毒源寄主作物上介体昆虫盛发期取得 n_2 值（$n_1 \cdot p$），于是应用（Ⅱ）式就可以在下季受害寄主移栽或直播前 10～30d 预测其后期最终的株发病率的高低，并作为及时实施预防对策的依据。

但是，发病率模型建立后是否合理可靠，还必须再回到病区去进行检验。下面就以 RDV 和 RYSV 来说明。

关于发病率预测模式（Ⅱ）式对预测双季晚稻 RDV 和 RYSV 发病率的可靠性的验证，开始是在浙江省金华、萧山和嘉善 3 个轻病区，应用公式的计算值与历年实际观测发病率进行对比，结果 3 个观测区共计 21 年次应用公式的计算发病率与田间实测的株发病率有 90.4%相当接近，那就表明这个预测模型对轻度发病率的测算是可靠的（表 3-4）。接着与安徽省安庆地区农科所合作，在该省 RDV 和 RYSV 发生较重的桐城、太湖和安庆 3 个县市设基点再进行测试，结果 6 个观测区共计 12 个年次 36 对双季晚稻发病率的田间实测值与应用（Ⅱ）式的计算值（无论 RDV 和 RYSV 单独或合计）都相当接近（表 4-10），由此进一步证明了这个发病率预测模型的可靠性，并暗示它的应用范围可普及长江下游双季稻区（陈声祥等，1981；陈声祥等，1985）。

表 4-10　晚稻 RDV 和 RYSV 株发病率预测公式的验证结果

		安徽省 桐城市			安徽省 太湖市			安徽省 安庆市			浙江省		
											金华县	萧山县	嘉善县
		1978 年	1979 年	1980 年	1978 年	1979 年	1980 年	1978 年	1979 年	1980 年	1980 年	1980 年	1980 年
n_1		12.65	10.82	13.52	14.45	10.88	19.20	5.03	6.72	6.47	2.71	3.55	20.75
d	RYSV	6.94	5.06	2.24	4.55	3.09	1.54	4.03	2.58	1.37	0.54	0.81	0
	RDV	2.78	1.69	1.49	1.29	1.23	1.54	1.52	1.29	0.68	1.61	0	0
	合计	9.72	6.75	3.73	5.84	4.32	3.08	5.55	3.87	2.05	2.15	0.81	0
p		0.75	0.79	0.66	0.67	0.77	0.31	0.76	0.65	0.66	0.51	0.62	0.62
t		10	10	10	10	10	10	10	10	10	10	10	10
x		30.2	30.4	30.1	27.5	28.9	26.7	34.7	35.4	35.7	33.4	35.5	40.8
株发病率（%）预测	RYSV	21.8	14.2	6.7	16.3	8.9	3.3	4.4	3.2	1.7	0.7	0.5	0
	RDV	8.8	4.8	4.4	4.6	3.6	3.4	1.7	1.6	0.8	0.2	0	0
	合计	30.6	19.0	11.1	21.0	12.5	6.8	6.1	4.8	2.5	0.9	0.5	0
株发病率（%）实测	RYSV	25.1	17.1	8.3	15.4	7.7	2.7	3.3	4.1	1.8	0.01	0.07	0
	RDV	8.6	3.2	4.9	5.5	4.6	2.9	1.5	1.3	0.9	0.6	0.1	0
	合计	33.7	20.3	13.1	20.9	12.2	5.4	4.8	5.3	2.7	0.6	0.17	0
病害流行指标	程度	大流行	中度流行	中度流行	近大流行	中度流行	轻度流行	轻度流行	轻度流行	轻病	轻病	轻病	无病
株发病率（%）	RYSV	>20	10～20	5～10	10～20	5～10	1～5	1～5	1～5	1～5	<1	<1	0
	RDV	5～10	1～5	1～5	1～5	1～5	1～5	1～5	1～5	<1	<1	<1	0
	合计	>21	11～20	11～20	≈21	11～20	3～10	3～10	3～10	<3	<3	<3	0

第五节　发病率预测模型的应用

第四节双季晚稻 RDV 和 RYSV 发病率预测模型 $y=\frac{n_1 \cdot d \cdot t \cdot p}{x}$ 的可靠性验证后，能否在病区付诸实践，还得再回到病区去开展应用研究，证明它对发病率预测的准确程度和适用范围，以及在病区对病毒病预防的指导作用。同时还要提供预测模型应用技术标准和配套方法，以利在病区大面积推广应用（陈声祥等，1984；陈声祥等，1985；陈声祥等，1986；陈声祥等，1988）。

一、预测模型的应用程序及应用效果

发病率预测模型应用研究基地 9 个，分别设立在浙江省金华县秋滨、萧山县下俞、嘉善县凤桐，安徽省桐城县徐河、潜山县梅城、太湖县赤土、望江县雅滩、舒城县雨霖和安庆市郊。病虫观测区面积最小 22hm^2，最大 735.33hm^2，分别由当地植保工作者按预测模型调查研究的规格要求实施，供试的双季晚稻 RDV 和 RYSV 发病率预测模型如下。

$$y=\frac{n_1 \cdot d \cdot t \cdot p}{x}$$

式中：y=双季晚稻 RDV 和 RYSV 株发病率（%）；

n_1=黑尾叶蝉第二代高峰期虫量（头/m^2）；

d=黑尾叶蝉第二代虫的带毒率（%）；

p=双季晚稻大田初期迁入虫量与早稻上第二代高峰期虫量之比值，设其平均值为 0.1～1.0（据当地常年平均值和个人经验设定）；

t=迁入双季晚稻大田初期的带毒黑尾叶蝉的传毒系数，取其试验平均值（t=10）；

x=双季晚稻大田初期的移栽密度（株/m^2，设其为常年平均数）。

发病率预测预报工作于 7 月上旬开始，先在早稻上观测黑尾叶蝉第二代高峰期虫量（n_1），调查早稻 RDV 和 RYSV 株发病率（为以后用相关回归法求 d 值作准备）；同时在观测田块捕获高龄至成虫黑尾叶蝉共 300 头以上，并立即送至浙江省农科院病毒实验室用血清学技术快速检测带毒虫率（d）；后依据实验基地历年双季晚稻的插秧密度假定 x 值（取近 3 年移栽密度的平均值）；依据常年早稻栽培管理实况及其上第二、三代水稻黑尾叶蝉的发生和迁移实况假定 p 值（界定范围为 p=0.1～1.0）；取 t=10（实验常数）。然后将上述各因子值代入预测模型（$y=\frac{n_1 \cdot d \cdot t \cdot p}{x}$），计算得 9 月下旬双季晚稻抽穗期 RDV 和 RYSV 的株发病率，并立即通知各个试验基地的植保人员，再由他们向病虫观测区及周边生产大队（当时农村人民公社的农业生产以大队为基础统一经营）发布病情预报，并对预报发病率超过 3.0%的双季稻大田（一般早移栽的田块）提出防病指标和防治方法，而对预报发病率小于 3.0%的地区则建议不进行防治；在双季晚稻移栽期（7 月下旬至 8 月上旬）观测大田初期迁入的黑尾叶蝉虫量（n_2），再代入发病率计算模型（公式Ⅰ，$y=\frac{n_2 \cdot d \cdot t}{x}$），取得预报发病率的校正值（用以评价预报发病率计算中对 p 值假定和对发病率预报值的精度）；最后在 9 月下旬双季晚稻抽穗期查定双季晚稻稻田 RDV 和 RYSV 的合计发病率，以此与 7 月上旬发布的预报发病率作相应比较，最终以应用预测模型预报的发病率与各地历年实测发病率的符合率来评价应用该预测模型对双季晚稻 RDV 和 RYSV 株发病率预报的准确程度；依据预测模型应用试验基地的数量和地理分布及 RDV 和 RYSV 合计发病率高低来判断该预测模型可适用的地理范围和可预测预报双季晚稻 RDV 和 RYSV 的发病程度。

双季晚稻 RDV 和 RYSV 发病率预测模型（公式Ⅱ）经 1981—1985 年连续在 9 个试验基地（图 4-8）共计进行 35 个年次发病率预测预报，结果除 1981 年太湖县和 1982 年桐城县 2 个试验基地的预报发病率比田间实际发病率显著偏高外，有 33 个年次的预报发病率与后来田间实测发病率都较接近或实测发病率都处于预报发病率的区间内，预测预报的符合率达到 94.29%；预测预报试验基地有 9 个分布于长江下游，南北跨两个半纬度；可预测田间最高发病率范围为 26.5%～52.35%，实际最高发病率为 39.69%（田学志等，1983；陈声祥等，1988）。

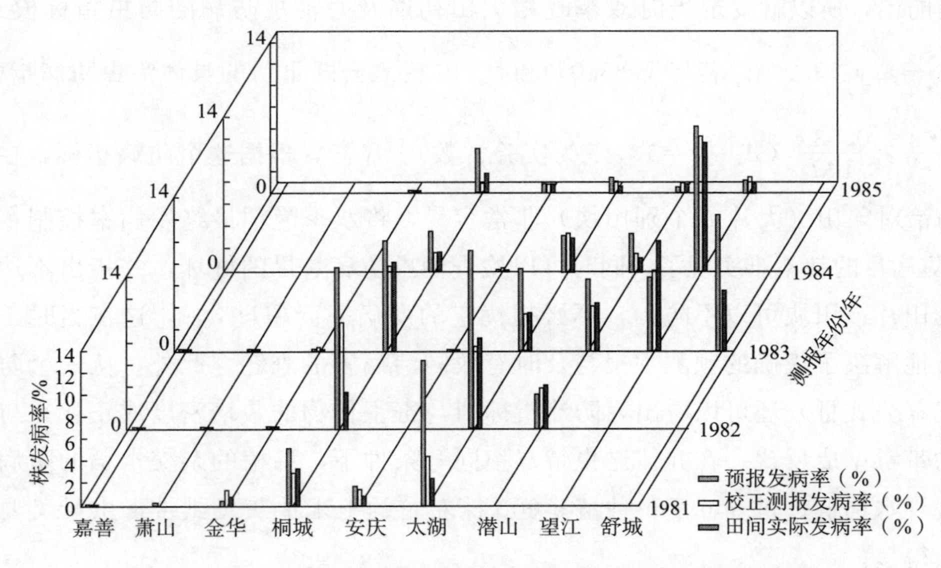

图 4-8　1981—1985 年晚稻 RDV 和 RYSV 株发病率预测预报结果

二、预测模型应用配套技术

预测模型的准确程度和适用范围验证后，能否在病区大面积推广应用还得解决相应的应用配套技术，即防病指标、d 值的快速检测和 p 值的假定等问题。

（一）防病指标

在20世纪70～80年代中期，长江下游双季稻田RDV和RYSV暴发流行期，RDV和RYSV主要危害双季晚稻，并已知最终影响双季晚稻RDV和RYSV的发病率和产量损失的主要感染期是其大田初期，是在早稻成熟和收获期（集中在7月下旬至8月上旬）迁入的带毒虫侵染所致，其后期发病率与其大田初期迁入的带毒虫量呈显著正相关，因此在双季晚稻大田初期（7月下旬至8月上旬）控制迁入的带毒虫量就成为预防其发病受害的技术关键。然而如何计算和控制双季晚稻大田初期迁入虫量又涉及另一个具体的量化指标问题，这也是昆虫传植物病毒预防中必然要遇到的而至今尚未很好解决的难题。我们应用发病率计算模型（$y=\frac{n_2 \cdot d \cdot t}{x}$），导出$n_2=\frac{y \cdot x}{d \cdot t}$（公式Ⅲ），即为直接影响双季晚稻RDV和RYSV发病率高低的决定因子值（迁入双季晚稻大田初期的带毒虫量），也是治虫防病的治虫指标。我们根据20世纪70～80年代中期RDV和RYSV流行期的发病损失情况，计算得株发病率大于或等于3.0%才值得防治，所以就设定当时双季晚稻大田初期及时治虫防病的防虫指标模式为：$n_2 \geqslant \frac{y \cdot x}{d \cdot t}$，$y \geqslant 3.0\%$。若将$y \geqslant 3.0\%$和$t=10$代入公式Ⅲ后的具体治虫防病指标为：$n_2 \geqslant \frac{y \cdot x}{d \cdot t} \geqslant \frac{0.03x}{10d}$（式中$t=10$，$t$为实验常数）。显然，根据这个防病指标，在病区找准防治对象田（大片或个别田块）非常容易，将双季晚稻最终发病率控制在小于3%的防病目的就不难实现了。同时可以检查治虫防病效果的好坏，并指出不达防病指标的田片或田块可以不防治，不必担忧它的发病率会超过3%。这在当时条件下较妥善地解决了正确的预测预报与及时有效防治病害的难题。此外，从这个防病指标模式（公式Ⅲ）还可以看出，防治指标值与寄主作物的栽培密度成正比，与介体昆虫的带毒率成反比。在介体昆虫带毒率同等条件下，稀植的杂交水稻的防病指标要比常规水稻低；每666.7m^{2}种植5 000株左右的玉米地灰飞虱带毒虫量又要比水稻田低得多。

（二）*d*值的快速检测

在昆虫传植物病毒流行预测中介体昆虫带毒率的快速测定是技术关键之一。以往用生物学方法测定的值取得的周期太长（4周以上），不能及时用来进行病情测报，而若能应用血清学和分子生物学技术就能较好解决。我国较早将血清学技术成功用于对昆虫传植物病毒的预测预报的是应用反向炭凝法检测黑尾叶蝉带RDV的带毒虫率（林瑞芬等，1980；陈声祥等，1984），后在20世纪80年代中期苏南单季稻RSV流行期用酶联免疫吸附法（ELISA）检测灰飞虱RSV带毒虫率，并用来对苏南病区水稻RSV的病情进行测报（陈光堉，1984），用ELISA一次性检测黑尾叶蝉传毒的RDV和RYSV的带毒虫率。然而至今应用血清学技术尚难以检测单个蚜虫体内的和微小的种子内传带的病毒。因此自20世纪90年代起我国在植物病毒研究中兴起了应用分子生物学技术来检测寄主植物和昆虫带毒体（陈炯等，2003），这对我国在稻、麦、和玉米等禾谷类作物上广布的RBSDV的病原鉴定起了关键作用（陈声祥等，2005）。然而在昆虫传植物病毒流行学中对寄主作物发病流行起关键作用的是介体昆虫的传毒率，它可以用精细的生物测定来表达，而用分子生物学技术检测的介体昆虫带毒率理应高于生物测定的传毒率，因此在它适用于病情测报前，必须要将应用分子生物学检测的介体昆虫的阳性率与用生物学方法测定的传毒虫个体进行一对一平行比较试验，只有当应用的分子生物学技术的检测阳性率稳定并稍高于生物测定值，且在多次重复试验中分子生物学检测的阳性率与生物学测定的传毒率高低相一致时才可付诸实践。我们在应用RT-PCR法检测灰飞虱RBSDV带毒率中得到了与应用生物学方法得到的传毒虫率相一致并稍高（5%～10%）的结果（吕永平等，2002）。

应用血清学和分子生物学技术快速检测介体昆虫带毒率需要相应的技术人员和设备条件，以往在昆虫传植物病毒流行区通常缺乏这些条件，因此在病毒流行区防病实践中一些植保科技工作者就设计出以病虫观测为基础的相关回归统计法来估测传毒介体昆虫的传毒率（d值），以及下一季寄主作物上的发病率。有以下两种方法。

第一种是由浙江省东阳病虫观测站在RDV和RYSV流行期（1971—1981年）据11年病虫观测记录综合分析结果，得出当时黑尾叶蝉第一、二代虫传毒率的相关性非常显著（$r=0.934$），以及早稻上第一代黑尾叶蝉传毒率与其后连作晚稻株发病率的相关性也较显著（$r=0.701$）的结论，就用黑尾叶蝉第一代的传毒率来替代第二代的传毒率（可提早20～30d得到d值），以此设计预测双季晚稻RDV发病率的二元回归方程式$y=0.135x_1+0.193x_2-0.523$，式中$y$=连作晚稻发病率，$x_1$=早稻RDV株发病率，$x_2$=黑尾叶蝉第二代虫量与第一代虫传毒率的乘积。该病虫观测站应用上述公式回验和预测当地晚稻RDV发病率，结果11个年次应用公式的统计值与当地晚稻RDV发病率的实测值相当接近，11年次发病率的平均误差为1.21%，各年次发病率均落在95%置信区间内，对1980年和1981年两年的预测预报效果也较好（表4-11）。

表 4-11　应用 $y=0.135x_1+0.193x_2-0.523$ 公式的测报结果及与实测的符合程度

项目 符合率	年份	实测发病（%）	计算或预测发病率（%）	误差（%）	符合程度
历史符合率	1971	29.60	29.50	−0.10	√ *
	1972	9.90	7.00	−2.90	√
	1973	2.74	5.10	2.36	√
	1974	2.84	5.40	2.56	√
	1975	3.79	2.50	−1.29	√
	1976	1.05	1.80	0.75	√
	1977	0.71	1.20	0.49	√
	1978	0.75	0.87	0.12	√
	1979	0.49	0	−0.49	√
预测预报的符合率	1980	0.68	0.35	−0.33	√
	1981	0.72	2.68	1.96	√

注：* 表示公式计算值和实测值较接近。

第二种是在20世纪90年代RBSDV在浙江省再次流行期，据临海市病虫测报站对小麦株发病率与其上第一代灰飞虱传毒率的相关性以及早稻抽穗期的发病率与其上第二代灰飞虱盛发期种群的传毒率的相关性的研究，得到了一个依据前季寄主作物的发病率与其上盛发的灰飞虱的传毒率的显著相关性的 d 值速测方法（图 4-9），适用于对下季寄主作物的发病率进行预测（应用结果见后述章节）。但这两种相关回归法求得的 d 值具有地区局限性，只能在当地应用。

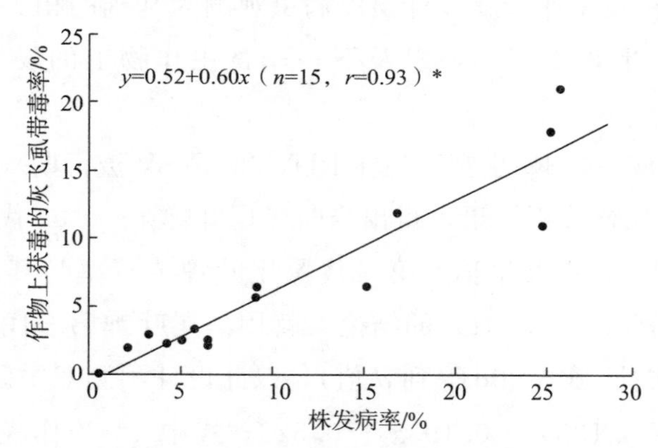

图 4-9　作物发病率与其上获毒灰飞虱带毒率关系

（y=作物发病率，x=灰飞虱带毒率，n=统计次数）

（三）p 值的假定

应用发病率预测模型（$y=\frac{n_1 \cdot d \cdot t \cdot p}{x}$）对双季晚稻 RDV 和 RYSV 株发病率进

行预测预报中，在发布病情预报前对 p 值的假定直接影响到预报发病率与后来实际发病率的符合程度，如在 1981—1985 年对安徽省和浙江省 9 个不同病区的晚稻 RDV 和 RYSV 合计发病率的预测预报中，出现 1981 年对太湖县和 1982 年对桐城县病区的预报发病率比实测值偏高数倍的现象，其主要原因是低估该病区的治虫防病能力，在病情预报中将 p 值设定过高，这在后来预测值的校正值中得到检验。因为其中 94%以上的年次的 p 值假定值都接近实际值或其实测值，处在预报的 p 值区间内，这全靠当地植保工作者有多年的病虫观测基础和技术经验，以及预测模型中对 p 值的设定理念和在应用前的实践经验积累才能得到 p 值在 22～700km² 面积的观测范围内平均值在 1～1.0，这就可依据当地历年寄主作物栽培情况和病虫防治水平，对其观测区的 p 值作出接近后来实测值的假定，或者使实测 p 值落在预报 p 值的上下界限内。

第六节　病毒病害防治

昆虫传植物病毒的防治至今已有很多报道（Makkouk et al.，2009），通常是当地主要农作物遭受病毒流行危害时采用多种技术措施集合称为综合防治方法（integrated disease management，IDM）来减轻农作物的发病损失。按其功能可概括为利用寄主抗性、应用耕作栽培措施减避病毒传播、应用化学农药治虫防病和利用生物天敌杀灭介体昆虫等 4 个方面，其中前 3 种常常综合应用，后 1 种少用而又难以评价。

一、寄主抗性

利用寄主本身对病毒和介体昆虫的抗性防治病毒病是解决昆虫传植物病毒病害最为经济而有效的方法。最突出的例证是 20 世纪 80～90 年代日本将陆稻和籼稻上的抗 RSV 基因转化粳稻培育成如中国 31（最早育成）等一系列抗 RSV 粳稻品种并在生产上广泛推广应用，从而被认为是控制 RSV 流行的重要技术措施（Hibino，1996）。20 世纪 60 年代后期至 70 年代亚洲东南部各国广泛推广由国际水稻研究所（IRRI）牵头培育的高产而缺乏抗性的 IR 系列籼稻品种，结果导致黑尾叶蝉和褐飞虱大发生，并随之引起了由这两种昆虫为介体传播的东格鲁病毒和 RRSV 及 RGSV 等水稻病毒的大流行。后改进培育和推广抗介体昆虫（多数）及病毒（少数）的水稻品种后这些病毒病的发生渐渐减轻（Khush et al.，1991）。浙江省在 20 世纪 60 年代初期种植的白菜型油菜常受到蚜传 TuMV 为主的病毒的流行危害，后自全面推广种植抗、耐病毒的甘蓝型油菜品种以来，一直发病轻微（陈声祥，2001）。在西亚和北非自 2004 年以来对小扁豆等豆类采用含有 6 个基因型组分的一套抗性品种能抗耐 BLRV、EMV、

FBNYV和SBDV等多个蚜虫传病毒，不仅可减轻发病损失，有的还能增产；在埃及和叙利亚南部于20世纪末筛选出1个抗介体蚜虫的花生品种，能减轻花生GRDV的侵染（Makkouk et al.，2009）。自20世纪80年代以来随着农作物转基因品种商品化生产的发展，在粮作、果蔬和花卉等重要农作物上抗病毒和介体昆虫的新品种已在不断培育和推广，然而对人畜安全性评估也必须不断加强。

虽然应用抗性品种在防治昆虫传植物病毒病中的效果已受到普遍认同，但是依据昆虫传植物病毒流行学原理（见本书概论），认为昆虫传植物病毒的流行只是其生存状态中的一个短暂而不稳定的上升流行动态，且往往是在人们不知情的情况下突然发生的，而其中发病受害的寄主作物或介体昆虫应该都感病毒，这些寄主作物以前也许是具抗性的，但均被当时流行的病毒或介体昆虫适应性变异所适应或克服了，这也就是常说的单基因抗性品种的抗性在大田连续推广数年后就会丧失之理。所以对于间歇性流行危害的昆虫传植物病毒来说，凭现有的科技水平很难及时应用抗性品种来防治病毒病的流行危害（因为无法预先准备），就算能在短期内（如3～5年）培育成抗性品种，但昆虫传病毒的流行已下降回归到病害流行后的间歇生存状态（图1-4），以后很长时期在寄主植物上发病很轻，甚至找不到典型病株。在这种情况下并不优质高产的抗性品种就无法推广应用，而针对已流行过的病毒的抗性育种计划也就被取消了。因此培育和推广抗性品种对常发性病虫害来说会显得比较经济有效。例如自20世纪70年代以来，由于推广含有T_{m1}、T_{m2}和T_{m2a}基因（来自野生茄属抗病品种）的番茄品种，从而有效地控制了TMV在世界各地番茄作物上的流行危害（田波，1985）。当然，在昆虫传植物病毒上升流行期已在栽培的抗性品种以及在田间品种比较试验中栽培的抗性品种对减少介体昆虫及其传播的病毒的发生危害是显著的，但要立即培育和应用抗性品种，我国目前农作物生产状况下不具备那么多抗性品种资源可供生产应用。国家或省区在具代表性地区设有病虫检测中心或检测站，并对已知或可能的介体昆虫及其传播的病毒的生存状态进行动态观测，并每年向当地及周围或相关农作物栽培区发布病虫检测报告，以指导有关植保和作物育种工作者培育和推广应用抗性品种。只有这样才能使抗性品种在预防昆虫传植物病毒病中发挥其优越性。

二、应用耕作和栽培措施

应用耕作和栽培措施预防昆虫传植物病毒病必须首先了解昆虫传植物病毒流行学知识及其危害的农作物的耕作和栽培情况，然后才能依据介体昆虫的传播过程对全年寄主作物和非寄主作物进行统一的种植规划，将其平常所采用的耕作和栽培方法进行适当改变（调整），使之不利于病毒自由传播，达到在不增加任何生产成本的情况下减轻寄主作物的发病损失。在实践中所采用的耕作和栽培防病措施往往是多种综合运用，但有时单项措施也很有效果。

（一）调整作物播种期

这项措施的目的是要回避或缩短寄主作物感病生育期（通常为苗期）与介体昆虫迁移传毒高峰期相遇的时期（天数），降低寄主作物感病率。若寄主作物在其感病生育期避过带毒虫迁移传毒期，则其发病率就会很低，甚至无病。如在一年两季寄主作物耕作区，后一季寄主作物在感病生育期常常受到前季寄主作物成熟收获后大量介体昆虫迁移传毒的影响而发病，特别是其中早期播种的作物发病最重，而迟播的发病就很轻，甚至查不到病株。这是因为从前季作物发生迁移的带毒昆虫都已进入早播种的寄主作物传病了，迟播的就很少或没有带毒介体昆虫进入传病。然而寄主作物的生育期和病毒介体昆虫的迁移传毒期在正常的气候和地理环境中是相对稳定的，所以在调节寄主作物播种期前必须明确当地介体昆虫的迁移高峰期和所采用的寄主作物品种的生长期，只有在满足寄主作物基本生长期的条件下才能确定该作物品种的延期（或提早）播种日期，通常早熟作物品种比较耐迟播，但早熟品种产量比晚熟的低，只有在昆虫传植物病毒流行年才值得采用这种措施来减轻发病损失。

在我国应用调节播种期避病最成功的实例是华北小麦-玉米产区防治由灰飞虱传播的玉米上的水稻黑条矮缩病毒（过去叫玉米粗缩病）。当地在病毒非流行年的作物栽培方式是常常在小麦成熟收割前将后季作物玉米套播或间作在麦垄里，以早播延长生育期方式提高玉米单产。但在RBSDV流行期，从小麦病株上吸汁获毒的灰飞虱就直接迁移到处于最感病生育期的玉米幼苗上传毒（相当于人工接种传毒）致病，造成重病减产，甚至绝产。而改在麦收毁茬后播种的玉米，则避过了带毒灰飞虱的迁移传毒高峰期，RBSDV的发生就很轻（陈巽祯等，1986）。在西亚和北非各国自20世纪末期以来常用适当延迟播种的方法来减轻由蚜虫传播的多种豆类病毒和麦类BYDV，成效显著（Chen，2003）。

（二）适当提高寄主作物播种密度

适当提高作物播种密度本来就是作物栽培中的一种传统方法，而依据上述寄主作物发病率计算模型（$y=\frac{n_2 \cdot d \cdot t}{x}$），其中发病率 y 与寄主作物播种密度 x 成反比，所以在病区适当增加单位面积作物的播种密度就可以降低发病概率。如在浙江省南部杂交晚稻栽培区，在RBSDV流行期常常重病减产，而同期栽培的粳稻则发病相对很轻。据1998年兰溪市晚稻发病普查结果，全市5 296 hm^2的杂交晚稻的平均株发病率大于18%，其中36%以上面积的株发病率大于44%，而同期栽培的粳稻的平均株发病率为5.0%（表4-12）。但是这并非杂交水稻比常规水稻感病所致，而相反地在同等条件下（在稻苗3叶期用带毒虫等量接种）检测结果是杂交水稻比常规水稻抗RBSDV（图4-10，图版49），田间杂交水稻比常规水稻重病的主要原因是其播种和移栽（插秧）密度远比常规稻低得多。

表4-12　1998年兰溪市晚稻不同品种水稻黑条矮缩病发生情况

品　种	调查面积（hm^2）	各类发病田面积比例（%）				株发病率（%）
		轻病	中病	重病	绝产	
协优46	803.87	41.2	3.30	1.10	0.3	45.9
汕优10号	1 133.80	34.6	7.00	2.30	0.4	44.2
汕优63	2 990.33	18.0	0.10	0.00	0	18.2
汕优88	274.47	31.0	4.30	1.80	0	37.1
Ⅱ优63	19.67	6.8	0	0	0	6.8
Ⅱ优92	73.87	7.2	0	0	0	7.2
常规粳稻	280.87	5.0	0	0	0	5.0

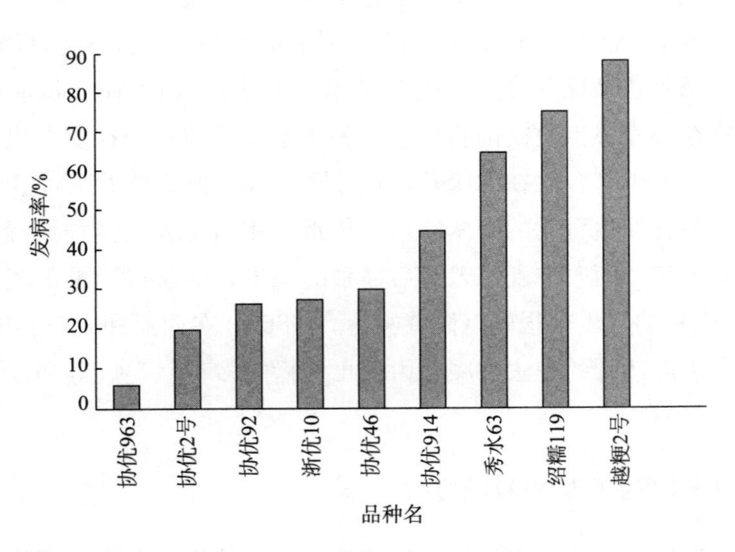

图4-10　不同杂交稻组合及常规品种对RBSDV的感病性（图版49）

（三）设施栽培

农作物设施栽培将随着农业生产的发展而盛行，目前多应用于经济价值较高的农作物生产中。对于预防昆虫传植物病毒来说主要是在寄主作物易感病的苗期用塑料大棚或温室集中育苗，或在大田苗床用银色塑膜或网纱覆盖，避免介体昆虫迁入寄主作物苗床上传播病毒。如在杭州市郊从20世纪80年代以来秋番茄露地栽培常常遭蚜传CMV和TuMV的危害而不能种植，只有设施栽培才能生产；宁波地区榨菜和雪菜生产基地也常用银色塑膜或网纱覆盖苗床或在塑料大棚内集中育苗，以避开秋末蚜虫迁移传毒期而减轻病毒病的发生和危害；世界各地的郁金香、唐菖蒲和水仙花等的种球生产已广泛采用组织培养和设施栽培进行商业化生产，这是能很好地避开蚜虫传毒发病的途径，其中控制种球（茎）带毒已成为主要的病毒防治方法（Chen，2003）。

（四）各季寄主和非寄主作物全年合理布局

昆虫传植物病毒的上升流行通常是在有利环境条件下通过介体昆虫随上下季寄主作物逐季逐年累加而成。其中在前一季寄主作物成熟和收获期迁移的带毒虫就成为下一季寄主作物（处于感病生育期）的主要病毒源。因此若在每年制订农作物生产计划时能将寄主作物和非寄主作物轮作或间隔种植或同季寄主作物的收种时间尽量集中和缩短，则可阻挡和缩短介体昆虫的迁移传毒路径和时间（d）。减轻对下季寄主作物的侵染率。如麦-单、双季稻混栽区（现存已不多）在RBSDV流行期，病毒借灰飞虱从麦-早稻-晚稻-麦四季连续传播，并在双季晚稻和单季晚稻上流行成灾。后来将冬作小麦改为大麦或绿肥（紫云英）或蚕豆和油菜，则在大麦、紫云英及蚕豆或油菜收获和翻耕时在大麦和看麦娘上处于若虫期的灰飞虱被基本杀灭，于是迁到早稻上传病的初侵染源（第一代灰飞虱带毒虫）被切断了，因此RBSDV的发生就迅速下降回归到流行前的间歇生存状态。在长江中下游双季稻区，20世纪70年代RYSV和RDV暴发流行期，病毒全靠在绿肥田滋生的看麦娘上越冬的黑尾叶蝉高龄若虫体内越冬，是翌年水稻发病的初次侵染源。因此在病区暂将绿肥播种面积缩小或改种麦类、油菜和豆科等非寄主作物，那么黑尾叶蝉赖以越冬的寄主（看麦娘为主）大大减少，翌年黑尾叶蝉越冬到成虫的发生量和迁徙到早稻秧苗上传毒的初侵染源也大大减少，结果当年早稻RDV和RYSV的发病率就很低。20世纪80年代中期以来长江中下游稻田常用的除草剂对原本在秋冬季滋长的看麦娘杂草的杀灭作用很强，因此在冬季黑尾叶蝉赖以生存和繁殖（第一代虫）的食物链被切断，所以这些地方至今黑尾叶蝉少见且其传播的RDV和RYSV难见。在长江中下游单双季稻混栽地区RDV和RYSV流行期，压缩一季中、晚稻和早稻栽培面积可以减少迁入双季晚稻大田初期的带毒虫量而减轻发病。晚稻适当推迟播种，并缩短早稻收获和晚稻移栽期也可有效降低RDV和RYSV的发病率。在云南南部扩种早稻，缩小一季中、晚稻面积有利于当地防病和高产（阮义理，1985）。

（五）拔病补健

拔病补健，是将大田寄主作物苗期初见的发病病株立即连根拔除，并补种上健苗，可有效降低发病损失。但其有效性必须满足两个条件，一是拔病补健后没有较严重的再次侵染发生，二是有后备的生长健康的同龄秧苗可以补充。根据浙江省台州市农业科学研究所于2001年在浙江省台州市RBSDV流行区在双季晚稻大田做的两个试验：一是在一块杂交晚稻（协优46）田设置有RBSDV发病率分别为10%、20%、30%和40%的小区，在稻苗移栽后12d进行拔除病株并掰健株分蘖补缺处理，后除保护其无再侵染外，其他田间管理照常，最后在大田收获期测量小区产量，结果显示，各小区稻谷产量y随株发病率x上升而下降，两者的直线回归方程式为$y=579.02-3.02x$（$0<Z<40$，$r=0.9911$），掰蘖补健处理挽回稻谷损失率随株发病率上升而增加，但其增加幅度随株发病率增加而变缓，当株发病率到达50%时掰蘖补健处理对挽回产量的作用接近20%的极限（图4-11），经对株发病率为10%的小区进行测产，其挽回损失的稻谷为正常产量的4.71%，即为0.04kg/m^2，折价30元左右，而进行掰蘖补健的人工费不到10元，因此在双季晚稻大田初期对株发病率超过10%的稻田值得进行拔病补健措施；另一个试验是对正常移栽的杂交晚稻（协优46）在大田进行不同时期的掰蘖补健处理，结果表明在大田移栽后15d内的处理，其小区稻谷产量达常年正常产量的90%以上，在移栽后20d、25d和30d处理的，分别减产12.9%、20%和30%。由此说明在正常栽培期，掰蘖补健处理的最佳时间是在大田移栽后15d内，最迟不超过20d（图4-12）。

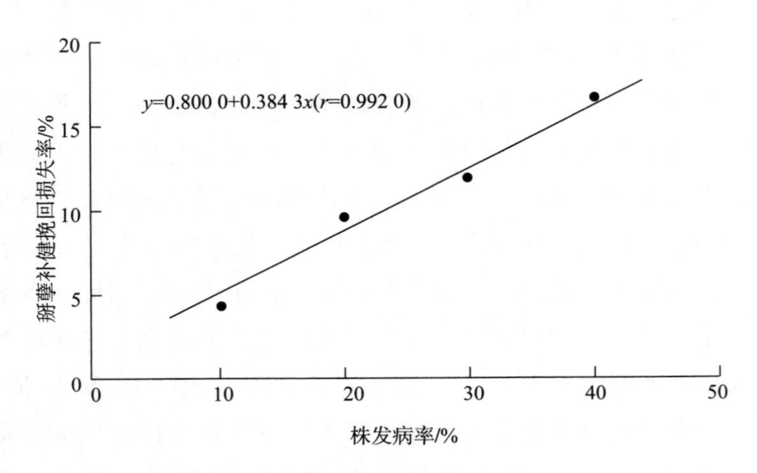

图4-11　株发病率与掰蘖补健挽回损失率的关系

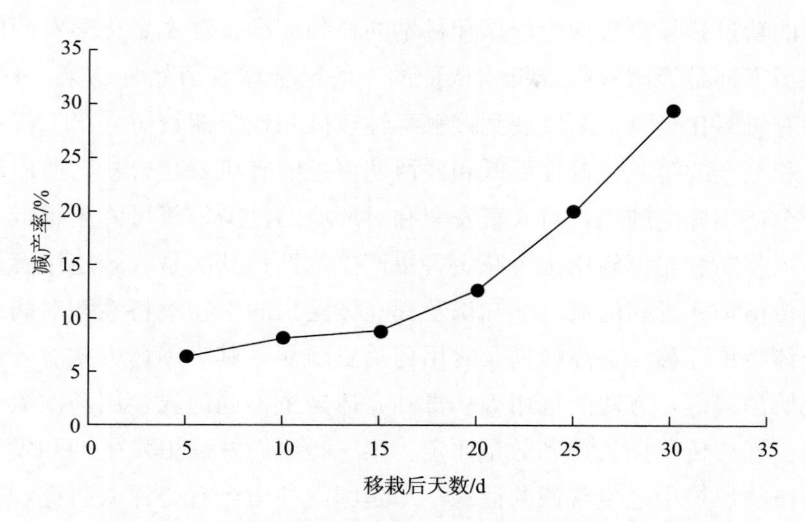

图 4-12　杂交晚稻移栽后不同时期掰蘖补健对产量的影响

20 世纪 70 年代在菲律宾东格鲁病毒流行期，拔病补健的防病措施曾在个体稻农中结合田间耕耘和除草管理中实施，但其防病效果没有评价。根据对拔病补健的栽培措施用水稻东格鲁病毒扩展模型进行模拟试验（Holt et al.，1996），结果表明当东格鲁发病强度为高度和中度时在田内拔出病株和补种健稻的措施没有多大效果，在轻度时有效但没有应用价值，其理由是在高、中度发病时拔病补健的栽培措施阻止不了众多带毒虫的扩散传毒。这个理由也与我们前述试验中要求在双季晚稻大田初期无较严重再次侵染的情况相一致。因为在我国上下两季寄主作物栽培区，由灰飞虱和黑尾叶蝉传播的病毒主要危害下一季寄主作物，且其主要感病期是在秧田后期或大田初期的苗期，就是能经卵传毒的 RDV 和 RSV 带毒虫在第二季寄主作物易感病生育期间的发生量也很少，不像热带地区那样，水稻多季栽培，其易感病生育期长，病区湿季带毒虫数量多而扩散传毒概率高。

三、化学防治

对昆虫传植物病毒病的化学防治主要是应用化学农药进行适时治虫防病，此外还有应用化学除草剂杀灭适合介体昆虫生存和繁衍的杂草寄主，清除野生毒源。

在昆虫传植物病毒病防治中，化学农药治虫防病历来是采用的主要方法，但其功过也是具有争议的话题，特别是对于由蚜虫非持久性传播病毒的治虫防病无效的例子很多，且成功有效的实例缺乏证据。何况不适当使用农药会污染环境，危害人畜安全和杀伤天敌，而且杀虫剂单品种多次使用会引起介体昆虫产生抗药性。但评估化学农药治虫防病的功过必须要有理论依据和科学的评判标准。首先是化学农药的出厂和安全使用标准历来都是经国家权威机构认证的，何况全球农药品种从第一代毒性较大、残留期长的有机氯化合物渐渐发展到接触毒性较低和残留期较短的第二代有机磷（内吸毒性大）和至今的第三代毒性更低和残留期更短的有机氮化合物，所以现在只要遵照新农药安全使用标准施用，对人畜安全和对环境的污染等级可降至很低，除此之外多品种杀虫剂间断和轮流施用也可减缓害虫产生抗性；其次是农药施用者必须了解其防治的昆虫传植物病毒病的流行学知识及其介体昆虫的生物学特性和对病毒的传播过程，瞄准介体昆虫迁移传毒高峰期及时用药治虫防病，其中用药方式有叶面喷洒、种子处理和土壤消毒等，方法的选用因病毒和介体昆虫不同而异，用药次数和用药浓度依据介体昆虫迁移传播期长短和数量而定；第三是要做好病虫发生期和发生量的预测预报，这是植物保护中老生常谈的话题，却是国内外至今有待深入研究和改进提高的课题。

四、防病实例

在昆虫传植物病毒病防治中通常都提倡采用综合防治策略，其中对培育和推广抗性（抗介体或抗病毒或抗两者）品种的评价更高，但其中许多例证都是田间发病率的历史（前后）比较或小区品种抗感性对比试验的结果，且缺乏病区大片寄主作物由于采用抗性品种而使田间发病率和产量损失减轻的实例，即缺少同等条件下的对比试验数据。我们在昆虫传植物病毒病的防治实践中也注重上述综合防治技术措施，但是实践检验结果显示，在综合防治中合理使用化学农药及时治虫防病才是减轻昆虫传植物病毒病流行危害的最佳技术措施，其中做好病虫测报又是技术关键。其例证以下将详细列举。

实例 1

1963—1964 年浙江省油菜籽产区 TuMV 和 CMV（少量）流行期，浙江省农业科学院和浙江农业大学科技人员在当时油菜主产区平湖县乍浦镇使用滴滴涕乳油加乐果混合乳剂 1 000 倍液在油菜苗床期进行适时治虫防病试验，结果苗床期进行连续 5 次喷药处理的油菜在大田（666.67m^2×3）的平均株发病率为 2.38%，比不防治对照区（666.67m^2×3）的平均株发病率 15.40%降低了 84.60%。这在当时对蚜虫非持久型传播病毒用治蚜防病方法屡屡失败的情况下引起了有关人员的重视（管致和，1983）。经对试验的操作过程分析认为当时治蚜防病成功的原因在于油菜苗床期 5 次用药时间正处于田间黄皿诱蚜量最多时期（从 10 月 5 日至 11 月 18 日苗床 4 周 4 个黄皿的诱虫记录显示），而当最后一次治蚜 11 月 5 日到 11 月 8 日油菜移栽到大田后，黄皿诱蚜虫量稀少，表明其治蚜防病相当及时；另一个原因是当时所用的农药（滴滴涕和乐果）虽毒性大、残留期长，但杀虫效果很好。尽管 TuMV 和 CMV 为蚜虫非持久型传播病毒，但在蚜虫到达寄主作物后需经一番刺探活动才能吸汁传毒，因此减缓了其传毒效能。

实例 2

1972 年浙江省双季稻区 RDV 和 RYSV 流行后期，依据当时受害严重的双季晚稻的主要感病期是其大田初期（移栽后 15d 左右）的结论，采用了以及时治虫防病为主要措施的综合防治方法成功地减轻了 RDV 和 RSYV 的流行危害。其中及时治虫防病措施在综合防治技术方法（品种、栽培和药剂治虫）中的效果占 70%左右，这比前述（实例 1）进步的是将治虫防病的效果与即时的虫量标准结合起来（开始注意带毒虫率），更显示治虫防病的本质，即防病是首先防治寄主作物感病期间迁入传毒的介体昆虫才有效果。如表 4-13 所示，凡在 7 月 22 日至 8 月 7 日传毒虫迁飞高峰期治虫效果好的防病效果也好，防病效果与相应的治虫效果一致。

表 4-13　双季晚稻大田初期治虫防病效果

移栽期（月/日）	治虫日期（月/日）	大田初期迁入虫量（头/m^2）		病株率（%）	防治效果（%）	
		防治前	防治后		病	虫
7/19	7/22 和 7/25	108	108	3.76	74.30	82.35
	7/25	108	144	5.08	65.30	76.47
	对照	108	612	14.63	—	
7/21	7/27	513	117	2.5	49.20	50.98
	对照	522	612	5.10	—	
7/23	7/24、7/30、8/7	504	207	3.78	86.80	87.83
	7/24、7/30、8/7	504	333	3.48	87.90	80.42
	8/7	504	1 701	19.63	31.67	37.07
	对照	504	1 701	28.73	—	
8/2	8/7 和 8/13	927	225	1.79	84.13	75.73
	对照	927	927	11.28	—	

注：双季晚稻品种为农虎 6 号，使用杀虫剂为马拉硫磷和稻瘟净混合剂，杀虫效果 80%以上，黑尾叶蝉迁飞高峰期为 7 月 22 日至 8 月 7 日。

实例 3

1987 年和 1988 年鲁西南水稻条纹叶枯病的主要感染期及其病害防治试验。首先依据当地和苏南地区前几年水稻 RSV 的发生情况初步判断当地水稻 RSV 的主要感染期是在水稻秧田后期，受小麦黄熟和收割期大量迁飞的第一代灰飞虱带毒虫的侵染所致，在秧田产卵繁殖的第二代灰飞虱经卵带毒虫可能有少量再次侵染。然后据此拟定了以适期治虫防病为主，结合采用当地已有的较抗耐 RSV 的中国 91（图版 60）和宿辐 2 号水稻品种取代感病重的农垦 57 和农桂两个品种，再以自然村为单位集中连片培育稻秧（连片秧田面积最大达 200hm^2）（图版 55、图版 56），在小麦收获时背青（秧田）割麦，麦秆及时搬离秧田。然后在第一代灰飞虱迁飞盛期（6 月初至 6 月中旬）由植保专业队统一用泰山 18 机动喷雾机每隔 3～5d 喷药 1 次，共 3～5 次（其中设不喷药防治对照区和对照田块）。最后于水稻抽穗期检查 RSV 病情（图版 55、图版 56、图版 58）。

结果显示：水稻秧田介体虫量与 RSV 发生的关系（表 4-14）表明水稻最终发病率高低与其秧田期迁入的成虫密度呈正相关，与由迁入成虫产下的第二代若虫量高低相关性不显著，进一步表明当地水稻 RSV 的发生主要是由第一代灰飞虱带毒虫迁飞到水稻秧田期传毒所致。

表 4-14　秧田介体虫量与发病的关系

观测区	处理号	虫量（头/m^2）		病株率（%）
		成虫	若虫	
Ⅰ	9a	49.761	307.8	8.851
	Ib	21.087	1.8	3.110
	3c	18	12.6	2.293
	9ba	45.774	307.8	2.139
Ⅱ	6a	42.03	95.4	1.127
	7	35.874	91.8	1.366
	3ab	20.313	12.6	0.586

水稻秧田不同时期和施药次数治虫防病效果（表 4-15）显示：在 6 月 7～13 日施药 3 次和在 5 月 29 日至 6 月 13 日连续施药 4～6 次的处理的防病效果差不多，与施药 7 次的也无显著性差异；另从虫量增幅来看，在 6 月 7～13 日防治 3 次的累计成虫量要比防治 4 次的增加 1/3 以上，表明当地当时成虫迁飞到秧田的峰期是在 6 月上旬末至中旬前几天。因此在这几天治虫的防病效果最佳，此期仅用药 1 次或 2 次的防病效果也有 33.5%～35.1%。在此期前多喷药数次也没有明显防病效果。

表 4-15　水稻秧田不同时期和施药次数治虫防病效果

施药次数	施药时间（月/日）							秧田虫量（头/m²）		防虫效果（%）		防病效果（%）
	5/26	5/29	6/1	6/4	6/7	6/10	6/13	一代成虫	二代成虫	一代成虫	二代成虫	
7	+	+	+	+	+	+	+	2 439	9	64.8	99.4	81.9
6		+	+	+	+	+	+	2 718	27	60.8	98.7	65.8
5			+	+	+	+	+	2 664	63	61.6	95.7	72.7
4				+	+	+	+	2 826	90	59.2	94.2	70.1
3					+	+	+	4 194	414	39.5	73.1	77.9
2					+	+		5 418	477	21.8	69	33.5
2						+	+	5 166	459	25.5	70.2	36.1
1						+		5 400	1 899	22.1	0	35.1
0								7 011	1 593	0	0	0

大面积防病效果（表 4-16），从 1987 年和 1988 年两年综合防治效果可以看出采用以适期治虫防病为主的综合防治技术措施可以有效地减轻 RSV 的发病危害，只要其中使用农药对灰飞虱成虫的杀伤率高就可以达到 92.35%的防病效果。在 1987 年于唐口镇使用的农药虽然质量较差（测试杀虫效果 60%～70%），但由于杀虫及时也有相当好的防病效果。同时也可以从表 4-16 看出，在综合防治区设不治虫防病处理的小区，单用抗性品种和栽培措施的防病作用只有 39.95%（唐口镇）和 42.78%（安居乡），这个结果也与陈声祥等（1980）在 1972 年防治双季晚稻 RDV 和 RYSV 的病害中的结果一致。然而，在综合防治中对于采用抗性品种这一技术措施的作用尚未能合理评价。

表 4-16　大面积综合防治的防病效果

年份	地点	面积（hm²）	株发病率（%）			防病效果（%）	
			综合防治	综合防治区不治虫	对照	综合防治	综合防治区不治虫
1987	唐口镇	5 333.3	1.87	4.918	8.19	77.14	39.95
1988	安居乡	2 333.3	0.55	3.959	6.92	92.35	42.78

注：综合防治内容为①用较抗病（RSV）的中国 91 和宿辐 2 号替代感 RSV 的农垦 57 和农桂两个品种；②秧田集中连片（以村为单位，连片最大面积达 200hm²）；③小麦收割与秧田背向，麦草及时运走；④及时治虫防病（在第一代灰飞虱迁飞高峰期开始后 15d 内，每隔 3～5d 施药 1 次，连续施药 4～5 次，综合防治区内设 3 个农户小面积秧田为不治虫防病对照，约定据 RSV 发病损失的减产予以经济补偿，图版 58）。

实例 4

应用发病率预测模型（$y=\frac{n_1 \cdot d \cdot t \cdot p}{x}$）对双季晚稻 RDV 和 RYSV 进行正确预测预报，并及时根据防病指标对大田进行有效治虫防病。

试验于 1982 年在安徽省和浙江省 6 个不同病区进行，并在 7 月上旬自南（金华）向北（桐城）在早稻上查取第二代黑尾叶蝉高峰期虫量（n_1），同时按代表性样田捕捉黑尾叶蝉高龄若虫至成虫 600 头左右，从中随机取 200 头以上送浙江省农科院用血清学方法测定带毒率（d），根据当地常年虫情和晚稻插秧密度估测 p 和 x 值，取 $t=10$（实验常数），然后代入发病率预测模型计算得各试验区双季晚稻的预测发病率（图 4-13）和在大田初期的治虫防病指标（根据模型中的 p 值推导，详见本章第五节），并立即向观测区及其周边病区发布当年双季晚稻 RDV 和 RYSV 发病率的病虫害情报，同时指出桐城和太湖两地双季晚稻 RDV 和 RYSV 自然株发病率将在 8.7%～20.60%，潜山地区的在 1.98%～3.96%，必须在双季晚稻大田初期按防病指标及时治虫防病，而安庆、金华、萧山和嘉善等 4 个地区的预测发病率均在 0.4%以下，不必在双季晚稻大田初期进行治虫防病。最后，到 9 月中、下旬田间实测最终发病率并检验预测预报的正确程度和防病效果。

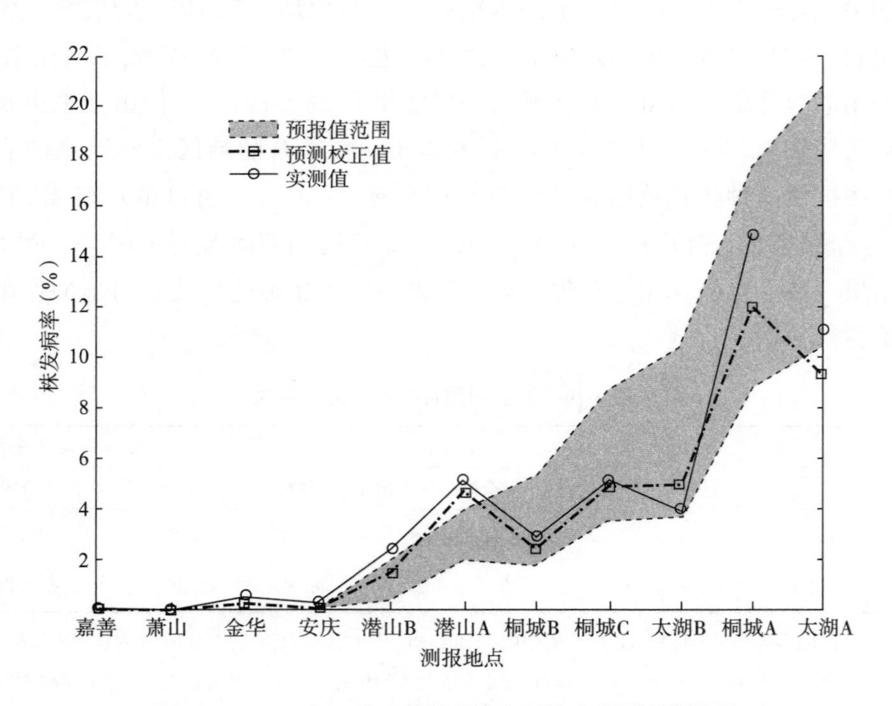

图 4-13　1982 年双季晚稻黄矮病和矮缩病预测预报结果

（A 为不防治对照田，B 为防治田，C 为观测区平均）

结果表明，上述7个试验区中，预报发病率小于0.4%的安庆、金华、萧山和嘉善4地在预报病情很低而没有进行大田初期治虫防病情况下，其田间实际发病率均小于0.4%，而预报必须要防治的桐城、太湖和潜山3个地区，不防治对照田的自然发病率、防治对比田的发病率以及全试验田的平均发病率等7个实测发病率也都处于测报发病率的上下限区内或者都接近预测预报的校正值（图4-13），说明应用这个发病率预测模型（$y=\frac{n_1 \cdot d \cdot t \cdot p}{x}$），在7月上旬对双季晚稻RDV和RYSV株发病率的预测预报是成功的。应用由这个模型推导的双季晚稻大田初期的防病治虫指标模式（$I \geqslant \frac{y \cdot x}{d \cdot t}$，$y \geqslant 3.0\%$）可很方便地指导双季晚稻大田初期进行及时有效的治虫防病；在前述3个试验地的对比试验中，测试1.58hm^{2}试验田的防病（RDV+RYSV）效果为73.29%，挽回稻谷损失达0.18kg/m^2，经济效益显著（表4-17，图版52至图版54）；同时对测报轻病区劝阻在双季晚稻大田初期使用农药治虫，可节约农药和工本费并减少农药污染（陈声祥等，1984；陈声祥等1985；陈声祥等，1986；陈声祥等，1988）。

表4-17　晚稻应用两矮病预测模型测报指导田间防治对比试验结果

试验地点	防治田					不防治田					防病效果（%）		每667m^{2}增产(kg)
	面积(m^2)	株发病率（%）			每667m^{2}产量(kg)	面积(m^2)	株发病率（%）			每667m^{2}产量(kg)	矮缩	黄矮	
		矮缩	黄矮	合计			矮缩	黄矮	合计				
桐城	10 805.4	3.25	5.46	8.71	336.5	10 358.51	17.86	28.75	46.61	208.5	81.80	81.31	128.0
太湖	3 001.5	3.84	2.45	6.29	358.34	3 001.5	10.49	5.63	16.12	262.5	63.39	60.98	383.34
潜山	2 001.0	3.67	1.15	4.82	370.12	2 001.0	18.75	2.76	21.51	272.5	80.42	77.59	97.63

实例5

在1985年发病率预测模型（$y=\frac{n_1 \cdot d \cdot t \cdot p}{x}$）中的$d$值（带毒虫率）改用早稻发病率与其上第二代黑尾叶蝉带毒率的相关性求得的值代入后再用来对安徽和浙江两省7个试验区进行发病率预测预报，并指导大田治虫防病，其中在7月5日发布病虫预报和防治意见（表4-18），仅有桐城徐河观测区有部分早栽双季晚稻的RDV和RYSV合计发病率可能大于3.0%（2.25%～4.50%），其他6个试验区的测报发病率均在2.19%以下，故提出除对徐河一个试点的早栽双季晚稻大田初期必须要进行及时治虫防病外，其他6个试点不必治虫防病的意见，后来到9月20～27日（双季晚稻抽穗期）调查各地实测发病率全部接近或处于预报发病范围内（表4-19），表明应用发病率预测模型对7个轻病区的发病率预报和提出的防治意见相当正确。

表 4-18　1985 年 7 月 3～10 日晚稻矮缩病和黄矮病株发病率预报及防治意见

预报地点	预测因子值					预报株发病率（%）	每 667m^2 防病治虫指标（万头）	防治意见
	n	d	p	x	t			
桐城徐河	8.97	3.76	0.2～0.4	30	10	2.25～4.50	2.39	部分早栽田防治
安庆市郊	3.18	1.0～2.76	0.4～0.6	30	10	0.42～1.76	3.26	不必防治
潜山原种场	1.51	5.30	0.1～0.3	27	10	0.30～0.90	1.53	不必防治
潜山梅城	4.60	1.06～2.82	0.2～0.4	27	10	0.36～1.92	7.64	不必防治
太湖赤土	5.28	1.15～2.91	0.2～0.4	28	10	0.43～2.19	7.3	不必防治
望江麦元	4.45	1.07～2.83	0.2～0.4	28	10	0.34～1.80	7.85	不必防治
金华秋滨	0.27	0.69	0.7～0.95	27	10	0.048～0.066	11.74	不必防治

表 4-19　1985 年 9 月 20～27 日晚稻矮缩病和黄矮病测报结果

测报地点	预测因子值						株发病率（%）		
	n	d	p		x	t	预报值[a]	校正预报值[b]	实测值[c]
			预测	实测					
桐城县徐河乡	8.97	3.76	0.2～0.4	0.2	30	10	2.25～4.50	2.25	2.51
安庆市郊	3.18	1.0～2.76	0.4～0.6	0.44	30	10	0.42～1.76	0.47～1.29	0.44
潜山县原种场	1.51	5.30	0.1～0.3	0.62	27	10	0.30～0.90	1.84	1.75
潜山县梅城	4.6	1.06～2.82	0.2～0.4	0.12	27	10	0.36～1.92	0.22～0.58	0.14
太湖县赤土	5.28	1.15～2.91	0.2～0.4	0.24	28	10	0.43～2.19	0.52～1.32	0.78
望江县麦元	4.45	1.07～2.83	0.2～0.4	0.45	28	10	0.34～1.80	0.77～2.02	1.23
金华秋滨	0.27	0.69	0.7～0.95	1.04	27	10	0.048～0.066	0.07	0.03

注：a 为预报发病率，b 为校正预报发病率；c 为田间实测发病率。

实例 6

用发病率预测模型（$y=\frac{n_1 \cdot d \cdot t \cdot p}{x}$）预测由灰飞虱传播的早稻和晚稻 RBSDV 发病率。在应用时预测模型中的 d 值是用毒源寄主作物的发病率与其上发生的传毒代灰飞虱带毒虫率的相关回归方程求得（见本章第五节 d 值的快速检测），t 值是用带毒灰飞虱人工接种试验测定，双晚大田初期 t 为 3～5，秧田期 t 为 6～8。在 1998—2001 年 RBSDV 流行期，由浙江省临海市植保站应用结果，8 个年次的预测发病率与田间实测发病率都较接近（表 4-20），特别是在 2001 年 4 月 29 日发布的第 2001（3）期病虫情报中预测当年早稻的发病率为 2.0%（0～4.0%），结果在 7 月中、下旬实测早稻发病率为 1.60%（0～4.09%）；6 月 29 日发布的第 2001（9）期病虫情报上，预测当年晚稻 RBSDV 发病率在测报区为 6.0%（2.3%～9.3%），局部偏重区为 11%

(9.0%～18.0%)。结果后来晚稻的实测发病率，测报点为 4.98%，偏重区为 12.89%，均处于预报发病率的上下限内。

表 4-20　临海市水稻黑条矮缩病测报情况

年份	稻作类型	预测发病率（%）	实测发病率（%）	拟合率（%）
1998	晚稻	72.3	65.4	90.5
1998	晚稻（下洋岩村）	90.27	97.65	92.44
1999	早稻	26.5	25.2	95.1
1999	晚稻	9.6	10.8	88.9
2000	晚稻	8.0	9.13	87.6
2001	早稻	2.0（0～4.9）	1.6	80（拟合）
2001	晚稻（测报点）	6.0（2.3～9.3）	4.98	83（拟合）
2001	晚稻（偏重区）	11.0（9～18）	12.89	85.3（拟合）

实例 7　水稻 RBSDV 的适期治虫防病试验

1998 年 6 月下旬在浙江省临海市大田镇下洋岩村早稻上查到 RBSDV 的株发病率为 25.0%，第二代灰飞虱为 56.55 万头/m²，灰飞虱带毒率为 12.87%，依据发病率预测模型 $y=\frac{n_2 \cdot d \cdot t}{x}$测算，当地双季晚稻株发病率将达 50%以上，预示后季双季晚稻上 RBSDV 将大流行，其中有一小块晚稻秧田（333.33 m²）正处于发病早稻田片的中央（图版 50），若不及时治虫防病，插秧到大田后将会因病绝产。于是对它进行不同处理的治虫防病试验，其结果如表 4-21 和图版 51 所示。

表 4-21　1988 年临海杂交晚稻秧田适期治虫防病效果

处　理	喷药时间（月/日）				病株率（%）	防治效果（%）
吡虫啉喷 1 次	6/29	—	—	—	94.00	3.74
吡虫啉喷 2 次	6/29	7/3	—	—	69.20	29.13
吡虫啉喷 3 次	6/29	7/3	7/13	—	39.20	59.86
吡虫啉喷 4 次	6/29	7/3	7/13	7/18	12.00	87.71
不喷药对照	—	—	—	—	97.65	—
各期虫量（头/ m²）	11.70	26.46	120.87	142.20	—	—

注：供试杂交稻为协优 914，秧田面积为 333.33 m²，农药为 20%吡虫啉可溶剂，每公顷 120mL 加水 450kg，喷雾，灰飞虱带毒率为 12.9%。

本例首先从不防治对照田仅有 3.5%的健稻（图版 51 左侧）看，这些健稻应该是前作早稻落下的自生稻（早籼稻），因在连作晚稻田出苗迟而错过了带毒虫迁飞传毒期而避病了。来自重病早稻田中央的晚稻（粳稻）秧苗，在不防治对照田如 1998 年 6

月下旬预测那样近乎100%发病（表4-21，图版51左侧）。其次，从秧田4次观测虫量分析，第1、2次喷药治虫时间是在灰飞虱迁飞传毒初期，迁入秧田的虫量不多，防病效果分别只有3.74%和29.13%；第3次施药正处在灰飞虱迁飞高峰期之初，防病效果尚可；喷药4次处理中有2次（7月13日和18日）在灰飞虱传毒高峰期，故防病效果较好（87.71%）。但该秧苗在移栽到大田后还有12.0%的病株率，反映当时田间灰飞虱迁飞传毒高峰期在7月18日后还持续一段时间。因此评价适期治虫防病效果必须要与防治带毒虫的效果结合起来才能定论。再次是将上季寄主作物（早稻）的毒源量代入发病率预测模型（$y=\frac{n_2 \cdot d \cdot t}{x}$）可估测下一季寄主作物（双季晚稻）的发病率，即$n_2$为表4-21中4次迁入晚稻秧苗期虫量总和即301.23头/m^2（因该秧田在发病早稻田片的中间，周边稻田发生的灰飞虱会就近迁入秧田），$d=12.9\%$，$t=8$（在双季晚稻大田$t=4$），$x=350$株/m^2（秧田密度），代入上述发病率预测模型后计算得：$y=\frac{n_2 \cdot d \cdot t}{x}=\frac{301.23\times 12.9\times 8}{350}=88.82\ \%$，即为秧苗株发病率，再加上大田再次侵染率12.0%，测算大田双季晚稻最终发病率为12.0%＋88.82%＝100.82%（其中0.82%为重复感染），接近大田97.65%的最终实测发病率。因此表明这又是一个应用发病率模型（$y=\frac{n_2 \cdot d \cdot t}{x}$），成功指导双季晚稻预防RBSDV流行危害的例证。

实例8　晚稻RBSDV大面积防治效果

20世纪90年代浙江省单、双季稻RBSDV再次流行期，兰溪、临海和仙居等市县的单、双季稻遭RBSDV严重危害，于是在兰溪、临海和仙居病区组织各个乡镇农户开展以自然村或田畈为单位，采取以适期治虫防病为重点，以农作栽培管理为基础的综合防治措施，持续有效地将RBSDV的株发病率分别从特大流行（54.20%）、大流行（28.40%）和中度流行（15.0%）减轻到1%、2.54%和1.38%以下（表4-22）。

1. 防治所采用的技术措施

（1）在各市县重病区设重点综合防治区，以点带面，观测现有耕作和作物栽培情况下RBSDV和灰飞虱发生动态，单、双季晚稻的主要感病期，病毒主要来源（发病寄主作物或杂草及带毒介体量），并绘制成20世纪90年代浙中地区RBSDV和灰飞虱发生动态简图（图4-14），表明单、双季晚稻上治虫防病的适期（灰飞虱第二、三代虫迁移传毒期）。

（2）在冬种前，以自然村为单位统一规划下一年度的寄主作物和非寄主作物的田间时空布局，大幅缩减小麦种植面积，改种油菜、蚕豆、豌豆等非寄主作物，晚稻重

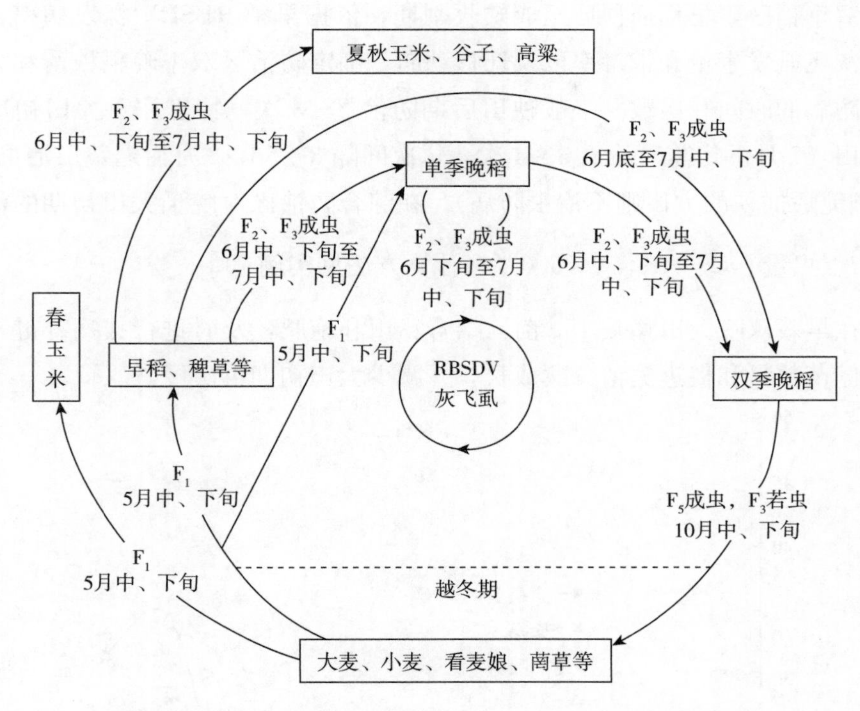

图 4-14 20 世纪 90 年代浙中 RBSDV 和灰飞虱发生动态简图
（长方框内为寄主作物，F_1～F_6表示灰飞虱发生世代，箭头示灰飞虱迁移动向）

病田播种冬作前需要先翻耕整地后播种，不能免耕套播，并在田边四周用除草剂加杀虫剂喷杀马唐和看麦娘等杂草寄主和其上栖息的灰飞虱。

（3）适度提高单、双季晚稻的播种和插秧密度，改杂交稻单本插秧为二本插秧，育秧地以自然村为单位集中连片，避免与早稻重病田接近。

（4）缩短早稻收割期，收割时背向晚稻育秧区，在晚稻插秧前清除早稻稻秆和田边四周寄主杂草以及其上的灰飞虱（通常用除草剂加杀虫剂喷杀）。

（5）准备好低毒高效杀虫剂和喷雾器，对拟采用的杀虫剂先进行药效试验。经杀虫剂药效试验，推广应用低毒高效和持效期长的康福多可溶剂，但禁用同样低毒高效和持效期长，且在施用后期能刺激灰飞虱产卵繁殖的三唑磷（图 4-15 显示三唑磷用药 10d 后的灰飞虱发生量反而超过了对照不防治田的发生量）。

（6）在重病综合防治区设不治虫防病对照田，落实到户并签订因病赔产协议。

（7）适期治虫防病。

①小麦种植区于 5 月中旬灰飞虱第一代若虫盛发期，结合防治麦蚜兼治灰飞虱 1 次。

②在蔬菜、菇类-单季稻区在水稻育秧前用除草剂加杀虫剂清除秧田及四周寄主杂草及其上繁殖的灰飞虱。

③在双季稻区于早稻插秧后至成熟收割期，依据早稻 RBSDV 株发病率、第二代和第三代灰飞虱发生量和带毒率以及迁移动向，确定防治区双季晚稻秧苗和大田初期开展治虫防病的时间和次数。一般秧田后期防治 2～3 次，特别注重大田初期治虫防病，早栽田（7 月下旬前）治虫 3～4 次，每次间隔 3～5d，8 月后迟栽田治虫 0～2 次（早稻收割完后插秧的大田则不治虫防病）。在综合防治区对晚稻大田初期的治虫防病标准为：I（虫量）$\geqslant\frac{y \cdot x}{t \cdot d}$，$y\leqslant 3.0\%$（计算方法见实例 7）。

（8）在早栽双晚大田移栽 15d 前，结合耘田和施肥，及时进行拔病补健，以确保大田基本健苗数量和促进健苗分蘖成长，并减少大田初期再次侵染。

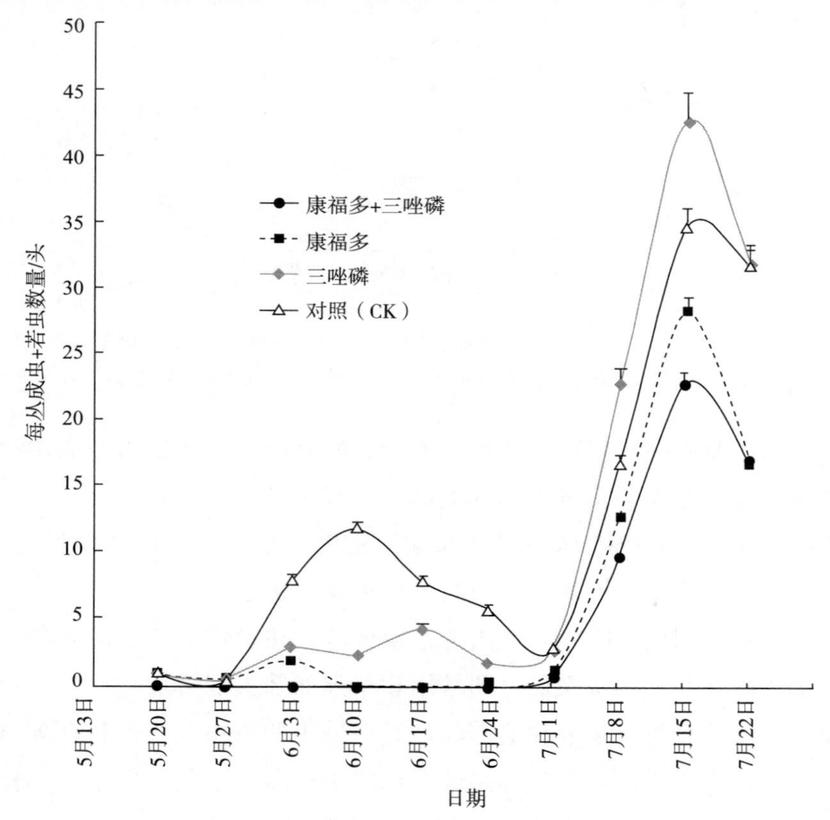

图 4-15　1997 年兰溪早稻不同用药小区灰飞虱种群动态图

2. 大面积防病结果

根据晚稻抽穗期 RBSDV 发病率的最终观测结果，兰溪、临海和仙居的全区综合防治效果，在综合防治当年分别为 93.15%、84.88%和 91.85%，其中重点防治区又分别为 88.63%、95.06%和 99.30%。在兰溪市重点综合防治区（49.10 hm^2）的晚稻上，RBSDV 平均株发病率从对照的 85.58%（14.60 hm^2）减轻到 9.73%（49.10

hm²）。而大面积田块（11 333.33 hm²）的株发病率则下降到5.86%，未达到当年要求将发病率降至3.0%以下的防病目标，但在第三年继续综合防治就达到了将病害控制到3.0%以下的防病目标。而病害流行程度较轻的临海和仙居全区，第一年的综合防治就达到了预期目标。这可能与防病措施的执行力度有关（表4-22）。但从兰溪市较大面积的不防治对照田的连续5年调查的发病率来看，RBSDV的发病率是逐年较快地自然下降的，这与20世纪60～80年代浙江省东阳病虫观测站的记录相似，也与该观测站在20世纪70～80年代观察由黑尾叶蝉传播的RDV和RYSV发病率自然地逐年下降类似，似乎表明昆虫传植物病毒上升流行几年后就自然地逐年迅速下降，并回归到其流行前的间歇生存常态。当然，在这里还不能排除其周边大面积防治的影响。

表4-22　晚稻水稻黑条矮缩病大面积防病及持续控制效果

地点	年份	综合防治全区		综合防治重点区		对照区		防效（%）	
		发病面积（hm²）	株发病率（%）	发病面积（hm²）	株发病率（%）	发病面积（hm²）	株发病率（%）	综合防治全区	重点区
兰溪	1996	11 333.33	54.20	49.10	79.70	—	—	—	—
	1997	11 333.33	5.86	49.10	9.73	14.60	85.58	93.15	88.63
	1998	1 620.00	4.91	49.10	2.64	14.60	8.75	43.89	69.83
	1999	806.67	2.18	49.10	2.92	14.60	4.56	52.19	35.96
	2000	600.00	0.56	49.10	0.38	14.60	3.23	83.13	88.23
	2001	526.67	0.62	49.10	1.22	14.60	4.38	85.84	72.14
临海	1998	8 560.00	28.40	66.67	49.82	—	—	—	—
	1999	10 313.30	2.36	66.67	0.47	0.50	10.84	84.88	95.06
	2000	600.00	1.22	66.67	0.50	0.50	9.13	86.63	94.52
	2001	3 285.00*	2.54	66.67	1.50	0.50	12.89	80.29	88.36
仙居	1999	5 333.33	15.00	66.70	13.48	—	—	—	—
	2000	4 100.00	1.40	66.70	0.12	1.60	17.17	91.85	99.30
	2001	3 000.00	1.38	66.70	0.97	1.60	16.84	91.81	94.23

注：*表示由于新病区扩大而增加发病面积。

实例9　几种果蔬病毒病的防治

1. 美国佛罗里达州西瓜和番茄等果蔬病毒病的防控措施（Adkins et al.，2011）

2010年以后，美国佛罗里达州西南部果菜产区曾遭受由烟粉虱和蓟马传播的多种植物病毒的流行危害，当时采用了如下综合防治措施有效地减轻了发病损失。

（1）先查明当地大宗生产的西瓜和番茄等果蔬作物上的病毒种类主要是由粉虱传播的南瓜脉黄病毒（*Squash vein yellowing virus*，SqvYV）、瓜类曲叶病毒（*Cucurbit leaf curl virus*，CuLCV）、南瓜黄色矮化失调病毒（*Cucurbit yellow stunting disorder virus*，CYSDV）和番茄黄化曲叶病毒（*Tomato yellow leaf curl virus*，TYLCV），以

及由蓟马传播的TSWV等，随着查明这些病毒在各地果蔬（西瓜和番茄为主）作物上的发生和分布状况，绘制成主要病毒的发生和分布简图，并公布在电子信息网上；再在果蔬生产季节随时发布介体昆虫和病毒病的发生和发展趋势及发病特点，并提出防病建议，供产区农户在自己的电脑或智能手机上查看，作为自己种植的果蔬田是否需要防病和如何防病的依据。

（2）采用的主要综合防治措施。

①在寄主作物播种期先清理田间毒源寄主，如自生苗、野草寄主和收获后的寄主作物残茬，阻止其上带毒虫转移传毒。

②避免在病田周边播种寄主幼苗（也不要靠近隐症寄主作物青椒田边）。

③采用当地抗、耐病的寄主作物品种，应用发病潜育期延迟到寄主作物成果期的耐病品种，病害几乎不会对产量造成显著影响。

④在介体昆虫迁飞传毒高峰期用银色塑膜覆盖保护寄主幼苗，或用矿物油、杀虫剂喷洒保护，但后者通常被认为效果不佳（尚缺乏试验数据）。

2. 西澳大利亚葫芦科作物病毒病防治（Coutts et al.，2011）

西澳大利亚西南部葫芦科作物产区属热带、亚热带和地中海气候。2010年以后当地生产的小西葫芦、南瓜和黄瓜等葫芦科作物曾遭由蚜虫（棉蚜和桃蚜）传播的小西葫芦黄花叶病毒（*Zucchini yellow mosaic virus*，ZYMV）为主的病毒危害，随后应用农业栽培措施和当地一些抗、耐病品种能达到80%以上的防病效果，其主要措施如下。

（1）在蚜虫迁飞传毒高峰期后（延迟2周）播种，并在毒源地周边预先播种高秆非寄主作物（谷子、高粱等）作为隔离带（宽20～25m），可减轻ZYMV发病损失83%，其中单用迟播2周的防病效果为49%，单用非寄主高秆作物的防病效果为34%。

（2）采用当地含有*Zym*抗性基因的抗、耐病瓜类品种。尽管含有*Zym*基因的南瓜品种的最终发病率可达到100%，但其发病期延迟到成果期，且病状显得轻微，对南瓜的商品价值影响不大。

（3）其他行之有效的栽培防病措施还有：在寄主作物生产季节清除田间自生或野生的毒源寄主以及已收获的作物残茬；避免在病田周边特别是在其下风向播种寄主作物幼苗；在寄主作物易感生育期用反光膜覆盖或用矿物油喷洒防虫（也有用杀虫剂治虫防病被认为是低效或无效，但缺乏试验数据）；在寄主作物发病初期及时拔除病株以减少再次侵染。

根据上述两例防病试验过程分析，若在昆虫传植物病毒大流行条件下，即寄主作物幼苗处于高密度和强带毒种群较长时间或多次迁入传毒情况下，上述防病效果是有限的。在这种情况下，寄主作物的发病率就随侵染源方向的外延而渐渐减轻（图2-11），因此毗邻侵染源方向的寄主作物发病率可达100%，但处于侵染源波及范围外的寄主作物就不会被带毒虫侵染而发病，设在侵染源周边的高秆非寄主作物隔离带（大于25m小于高密度带毒虫迁飞距离）也难起作用。

在这种情况下，一般抗性品种都抵御不了强毒的攻击，只有避过带毒虫迁飞传毒期的寄主作物幼苗（或杂草）才可能最终少发病或不发病。因此在目前尚无有效药物治疗植物病毒病的情况下采用拒避带毒虫迁入传病的任何措施都是可取的，通常采用多种措施结合运用的综合防治方法防效较好。实例9对两类果蔬作物病毒病的综合防治中都忽视了治虫防病的拒避措施，这与我们在昆虫传植物病毒病防治中重视治虫防病的实际情况有较大差别。

实例10　西澳大利亚BYDV防治经验

澳大利亚西部麦区属地中海气候，夏季干热少雨，不适于牧草生长，但其道路沟渠和溪流两边滋生多年生禾本科野草，是BYDV和其介体蚜虫的越夏场所，是晚秋（5月中、下旬）播种的麦类BYDV发生的主要侵染源。20世纪90年代，当地燕麦、小麦和大麦BYDV流行面积分别为每年20万hm^2、25万hm^2和20万hm^2，严重影响当地麦类产量。

当地科学家先后于1991—1994年在西澳大利亚设7个时间和地点进行田间小区试验设计，如表4-23所示。

表4-23　麦类BYDV防治试验小区项目

试验点	年份	地址	品种	小区大小（m×m）	重复	播种期
1	1991	Manjimup	Wheat（Spear）	6.4×15	6	5月14日
2	1992	Borden	Wheat（Corrigin）	4.2×25	5	5月15日
3	1992	Mt. Barker	Wheat（Corrigin）	4.2×25	5	5月21日
4	1993	Manjimup	Wheat（Spear）	4.2×15	4	5月12日
5	1993	Manjimup	Oats（Dalyup）	4.2×15	4	5月12日
6	1994	Mt. Barker	Wheat（Spear）	4.2×20	8	5月24日
7	1994	Manjimup	Oats（Dalyup）	2.8×15	4	5月25日

试验地小麦于当年第一次大雨后播种，条播播幅17.5cm，每小区的播种量为80 kg/hm^2，第一次叶面喷施农药的时间是在麦苗主蘖蚜量达到5头/蘖时，每小区的农药稀释液喷施量为100L/hm^2。对田间蚜虫的观测，先在小区中间随机取10株苗统计蚜量，后期随机查取10片顶叶上的蚜量（成虫、若虫）。发病调查在9月下旬用ELISA检测，在麦子收获时实测各小区产量，最后评价用杀虫剂进行治蚜防病的效果（表4-24）。

试验1、2和3都是用抗蚜威杀虫剂叶面喷施方法进行治蚜防病。在不防治对照（CK）高发病率的环境下，其防病效果随用药次数的增加而升高，但用药4次的防病效果也不高（试验 2，72.97%），这可能与该农药的残效期短有关。

表 4-24 所用农药及防效

试验次数	农药名称	商家	有效成分用量 (g/hm^2)	用药次数	用药时间	发病率 (%)
1	CK	—	—	—	—	71.00
	抗蚜威	ICI	75	1	7月4日	11.26
	抗蚜威	ICI	150	2	7月4日，8月23日	46.47
2	CK	—	—	—	—	37.00
	抗蚜威	ICI	150	1	7月15日	43.24
	抗蚜威	ICI	150	2	7月15日，8月18日	64.86
	抗蚜威	ICI	150	4	6月16日，7月15日，8月4日，8月18日	72.97
3	CK	—	—	—	—	31.00
	抗蚜威	ICI	150	1	7月16日	6.12
	抗蚜威	ICI	150	2	7月16日，9月4日	25.80
	抗蚜威	ICI	150	4	6月17日，7月16日，8月19日，9月4日	54.03
4、5	CK	—	—	—	—	85.00
	唑蚜威	Cyanamid	50	2	7月21日，8月2日	27.17
	抗蚜威	ICI	150	2	7月21日，8月2日	51.76
	吡虫啉	Bayer	70	2	7月21日，8月2日	2.82
	吡虫啉	Bayer	70	1	播种时拌种	5.29
	吡虫啉	Bayer	70	2	播种时拌种，8月2日	71.26
	顺式乐氰菊酯	Cyanamid	70	2	7月21日，8月2日	80.00
	吡虫啉	Bayer	70	2	播种时拌种，8月2日	74.11
	吡虫啉	Bayer	70	2	播种时拌种，6月21日，7月19日，8月23日	84.76
6	CK	—	—	—	—	88.00
	顺式乐氰菊酯	Cyanamid	25	2	7月20日，8月23日	56.81
	吡虫啉	Bayer	70	1	播种时拌种	37.50
	顺式乐氰菊酯	Cyanamid	25	2	7月20日，8月23日	52.27
7	CK	—	—	—	—	60.00
	顺式乐氰菊酯	Cyanamid	12.5	2	7月6日，8月15日	45.00
	顺式乐氰菊酯	Cyanamid	25	2		28.23
	顺式乐氰菊酯	Cyanamid	50	2	7月6日，8月15日	16.67
	高效氟乐氰菊酯	Bayer	6.25	2	7月6日，8月15日	66.67
	高效氟乐氰菊酯	Bayer	12.5	2	7月6日，8月15日	83.33

（续）

试验次数	农药名称	商家	有效成分用量（g/hm²）	用药次数	用药时间	发病率（%）
7	高效氟乐氰菊酯	Bayer	25	2	7月6日，8月15日	86.67
	抗蚜威	ICI	150	2	7月6日，8月15日	61.66
	乐果	Incitec Crop	320	2	7月6日，8月15日	75.00
	吡虫啉	Bayer	70	1	播种时拌种	78.33
	吡虫啉	Bayer	140	1	播种时拌种	78.23
	顺式乐氰菊酯	Cyanamid	50	4	7月6日，8月15日，9月9日，10月11日	88.23

试验4～7中显示，用吡虫啉拌种（种衣剂）加叶面喷施1～3次，其防治效果可达71%～84.76%；顺式乐氰菊酯在试验4、5高发病环境下（CK发病率高达85%），于7月21日和8月2日2次叶面喷施的药效高达80%，显然高于唑蚜威、抗蚜威和吡虫啉的2次叶面喷施的药效，然而其在试验点7的发病环境下（CK发病率60%），喷药2次的防病效果低于高效氟乐氰菊酯，需要叶面喷施4次才能接近高效氟乐氰菊酯的药效水平（86.67%与88.23%）。

综合上述7次试验结果可以这样认为，在澳大利亚西部BYDV大流行条件下，(不防治对照区发病率31%～88%)，用高效氟乐氰菊酯在7月上旬至8月叶面喷施2次以上，顺式乐氰菊酯叶面喷施3～4次就可以取得80%以上的防病效果，吡虫啉拌种（种衣剂）加叶面喷药2次，也可达到70%以上的防病效果，顺式乐氰菊酯只在7月上旬至10月上旬叶面喷施药4次，不仅可取得88.23%的防病效果，还可增产76%。因此可以得出这样的结论，在BYDV大流行期，于麦苗感病期采用低毒高效杀虫剂，适时叶面喷药3～4次或拌种加叶面喷药2～3次，可达到80%左右的防病效果和70%左右的增产收益。然而，该试验还有一个疑问没有明确，那就是，防病效果如何与治虫效果对应的问题。虽然在试验7的结果中提到，防治好的小区中，蚜虫量小于1头/蘖，而对照小区高达22头/蘖，有显著差异，但未表明这些蚜虫是有翅蚜还是若蚜，因为已知BYDV全靠带毒有翅蚜迁飞扩散传毒，若蚜多留在麦株上取食活动，对病害扩展作用不大，何况BYDV由麦蚜持久性传毒，若虫在病麦上取食获毒后还得经过一段循回期羽化为成虫后再迁飞时才能扩散传毒，这只是麦BYDV的内部再侵染。但试验中并不清楚出土的麦苗受到从野生越夏寄主上迁来的带毒蚜初次侵染后又发生了多少次再侵染，只有查明这个问题才能及时有效地指导当地农户进行治蚜防病。

参　考　文　献

陈光埼，1984. 酶联免疫吸附试验检测水稻条纹叶枯病介体昆虫带毒率．植物保护学报，11（2）：73-78.

陈光埼，龚林根，秦维勤，等，1988. 水稻条纹叶枯病流行因子的探讨．浙江农业科学（3）：128-132.

陈鸿逵，1966. 浙江省稻、麦、玉米的几种病毒病及其防治意见．浙江农业科学（4）：168-169.

陈鸿逵，梁训义，金敏忠，1963. 杭州地区油菜病毒病的发病规律及防治研究．植物保护学报，2（1）：1-12.

陈炯，陈剑平，2003. 植物病毒种类分子鉴定．北京：科学出版社．

陈声祥，2001. 油菜和蔬菜病毒病//浙江省农业科学院．浙江省农业科学院志．杭州：浙江科学技术出版社．

陈声祥，1985. 水稻病毒病流行预测//浙江省农业科学院植物保护研究所病毒病研究组．水稻病毒病．修订版．北京：农业出版社．

陈声祥，高保宗，陈兰胜，等，1986. 黑尾叶蝉带毒率的简易检测法在水稻两矮病测报中的应用．浙江农业科学（2）：80-81.

陈声祥，金登迪，阮义理，等，1981. 水稻黄矮病和普通矮缩病流行预测式的建立及验证．浙江农业科学（3）：107-111.

陈声祥，林瑞芬，高保宗，等，1984. 晚稻应用矮缩病和黄矮病预测模式进行测报和防治．浙江农业科学（3）：134-137.

陈声祥，林瑞芬，高保宗，等，1985. 晚稻矮缩病和黄矮病的联合测报．浙江农业科学（6）：277-280.

陈声祥，林瑞芬，高东明，等，1988. 水稻两矮病预测模式的应用研究．浙江农业科学（2）：32-36.

陈声祥，刘力，1989. 鲁西南水稻条纹叶枯病传毒介体的近期防治研究//裘维蕃．1989 年中国植物病理学会 60 周年纪念论文摘要汇编．北京：中国农业科学技术出版社．

陈声祥，刘力，1990. RDV 及 RYSV 复合侵染水稻的超薄切片观察．浙江农业大学学报 ，16（Pt2）：94-98.

陈声祥，阮义理，金登迪，等，1979. 水稻黄矮病的发生及流行．植物病理学报，9（1）：41-54.

陈声祥，阮义理，金登迪，等，1980. 水稻矮缩病综合防治研究．植物保护学报，7（2）：83-88.

陈声祥，吴惠玲，廖璇刚，等，2000. 水稻黑条矮缩病在浙中的回升流行原因分析．浙江农业科学（6）：287-289.

陈声祥，张巧艳，2005. 我国水稻黑条矮缩病和玉米粗缩病研究进展．植物保护学报 ，32（1）：97-103.

陈巽祯，杨满昌，刘信义，等，1986. 玉米粗缩病发病规律及综合防治研究．华北农学报（2）：90-97.

丁岩钦，1994. 昆虫数学生态学．北京：科学出版社．

顾正远，1995a. 白背飞虱//中国农业科学院植物保护研究所．中国农作物病虫害．2 版．北京：中国农业出版社．

顾正远，1995b. 褐飞虱//中国农业科学院植物保护研究所．中国农作物病虫害．2 版．北京：中国农业出版社．
管致和，1983．蚜虫与植物病毒病．贵阳：贵州人民出版社．
管致和，1985．中国农作物病虫害防治．北京：农业出版社．
洪健，李德葆，周雪平，2001．植物病毒分类图谱．北京：科学出版社．
蒋彭炎，2001．水稻耕作制度//浙江省农业科学院．浙江省农业科学院院志．杭州：浙江科学技术出版社．
纠敏，周雪平，刘树生，2006．烟粉虱传播双生病毒研究进展．昆虫学报，49（3）：513-520.
雷娟利，吕永平，金登迪，等，1999．转基因水稻对水稻齿叶矮缩病毒（RRSV）抗性评价．浙江农业学报，11（5）：217-222.
李萌，2010．烟粉虱—双生病毒—寄主植物互作及植物防御机制的研究．杭州：浙江大学．
梁训生，1985．植物病毒的病状诊断及生物测定//裘维蕃．植物病毒学．北京：科学出版社．
林克治，1980．关于水稻病害的研究//中国农业科学院．国际水稻研究讨论会论文集．北京：农业出版社．
林瑞芬，陈光堉，高东明，等，1980．反向炭凝法检测水稻普通矮缩病毒带毒体．微生物学报（2）：63-69.
刘树生，张友军，2005．烟粉虱//万方浩．重要农林外来侵入物种的生物学与控制．北京：科学出版社．
吕永平，雷娟利，2002．水稻黑条矮缩病毒的 RT-PCR 检测．浙江农业学报，14（2）：117-119.
马世骏，1965．昆虫动态与气象．北京：科学出版社．
农牧渔业部农作物病虫测报站，1983．农作物病虫预测预报资料表册（1964—1979）．北京：农业出版社．
秦文胜，高东明，陈声祥，1994．灰稻虱体内稻条纹叶枯病毒快速检测技术研究．浙江农业学报，6（4）：226-229.
全国水稻病毒病研究协作组，1984．我国水稻黄矮病（RYSV）和矮缩病（RDV）的综合防治研究．中国农业科学（1）：75-78.
阮义理，1979．水稻病毒病的传毒昆虫//中国科学院动物研究所．中国主要病虫害综合防治．北京：中国科学技术出版社．
阮义理，1985．水稻病毒病的综合防治//浙江省农业科学院植物保护研究所病毒病研究组．水稻病毒病．修订版．北京：农业出版社．
阮义理，金登迪，陈光堉，等，1981．水稻矮缩病的研究——Ⅰ．病史、病状和传播．植物保护学报，8（1）：27-34.
深谷昌次，桐谷圭治，1980．综合防治．上海：上海科学技术出版社．
田波，1985．植物病毒侵染及免疫//裘维蕃．植物病毒学．北京：科学出版社．
田学志，高保宗，陈兰胜，等，1983．连作晚稻黄矮病和普通矮缩病感染期观察与综合防治效果考查．浙江农业科学（4）：190-193.
汪恩国，2007．灰飞虱种群数量变动规律与模型测报技术研究．植物保护，33（3）：102-107.
汪恩国，陈克松，林凌伟，等，2000．水稻黑条矮缩病季节性流行规律及灰稻虱带毒率估测模型研究．科技通报，16（增刊1）：7-11.
王才林，2006．江苏省水稻条纹叶枯病抗性育种研究进展．江苏农业科学（3）：1-5.
王华弟，陈剑平，2008．水稻条纹叶枯病流行学及预警控制．北京：中国科学技术出版社．

王鸣歧，于善谦，1986. 植物病毒生态学和病毒的生态控制//田波．病毒与农业．北京：科学出版社．

魏景超，1957. 水稻病原手册．北京：科学出版社．

俞碧霞，2001. 油料作物//浙江省农业科学院．浙江省农业科学院院志．杭州：浙江科学技术出版社．

张成良，胡伟贞，1980. 植物病毒鉴定．北京：农业出版社．

浙江省农科院植保所矮缩病课题组，1973. 晚稻矮缩病的主要感染期及其防治．浙江农业科学（5）：10-13.

浙江省农科院植保所病毒病组，1984. 我国大陆水稻病毒病研究进展．植物保护，10（5）：3-4.

浙江省农科院植保所水稻矮缩病课题组，1972. 浙江省1971年水稻矮缩病发生情况和防治经验总结．浙江农业科学（3）：15-17.

浙江省农业科学院植物保护研究所，1975. 水稻病毒病．北京：农业出版社．

浙江省农业科学院植物保护研究所病毒病研究组，1985. 水稻病毒病．修订版．北京：农业出版社．

周广和，成卓敏，1987. 麦类病毒病及其防治．北京：农业出版社．

周国辉，温锦君，蔡德江，等，2008. 呼肠孤病毒科斐济病毒属一新种：南方水稻黑条矮缩病毒．科学通报，53（20）：2500-2508.

朱凤美，肖庆璞，王法明，等，1964. 江南稻区新发生的几种稻病．植物保护（3）：100-102.

朱健人，1941. 西康植病所见．北京：中华自然科学社．

祝增荣，吴惠玲，1998. 灰飞虱传播的水稻黑条矮缩病流行及治理//程家安，周伟军．跨世纪农业发展研究．北京：中国环境科学出版社．

ABUBAKAR Z，ALI F，PINEL A，et al，2003. Phylogeography of *Rice yellow mottle virus* in Africa. Journal Genernal Virology，84（Pt 3）：733-743.

ADKINS S，WEBSTER C G，KOUSIK C S，et al，2011. Ecology and management of whitefly-transmitted viruses of vegetable crops in Florida. Virus Research，159（2）：110-114.

AMMAR El-D，TSAI C W，WHITFIELD A E，et al，2009. Cellular and molecular aspects of rhabdovirus interactions with insect and plant hosts. Annual Review Entomology，54：447-468.

AZADI P，OTANG N V，SUPAPORN H，et al，2011. Increased resistance to *cucumber mosaic virus* （CMV） in *Lilium* transformed with a defective CMV replicase gene. Biotechnology Letter，33（6）：1249-1255.

BAR-JOSEPH M，MARCUS R，LEE R F，1989. The continuous challenge of *Citrus tristeza virus* control. Annual Review Phytology，27：291-316.

BENCHARKI B，BOISSINOT S，REVOLLON S，et al，2010. Phloem protein partners of *Cucurbit aphid borne yellows virus*：possible involvement of phloem proteins in virus transmission by aphids. Molecular Plant-Microbe Interact，23（6）：799-810.

BORER E T，MITCHELL C E，POWER A G，et al，2009. Consumers indirectly increase infection risk in grassland food webs. Proceedings of the National Academy of Sciences of the United States of America，106（2）：503-506.

BORER E T，SEABLOOM E W，MITCHELL C E，et al，2010. Local context drives infection of grasses by vector-borne generalist viruses. Ecology Letter，13（7）：810-818.

BRIDDON R W，MARKHAM P G，2001. Complementation of bipartite begomovirus movement functions by topocuviruses and curtoviruses. Archives of Virology，146（9）：1811-1819.

BROADBENT L，1949. Factors affecting the activity of alatae of the aphids *Myzus persicae*（Sulzer）and *Brevicoryne brassicae*（L.）. Annals of Applied Biology，36：40-62.

BROADBENT L，1950. The correlation of aphid numbers with spread of leaf roll and rugose mosaic in potato crops. Annals of Applied Biology，37：58-65.

CANNING E S，PENROSE M J，BARKER I，et al，1996. Improved detection of *Barley yellow dwarf virus* in single aphids using RT-PCR. Journal Virology Methods，56（2）：191-197.

CARTER W，1962. Insects in relation to plant disease. New York：Interscience（Wiley）.

CASTLE S，PALUMBO J，PRABHAKER N，2009. Newer insecticides for plant virus disease management. Virus Research，141（2）：131-139.

CHEN S，1979. A reveiw of rice virus disease studies in China. Laguna：IRRI press.

CHEN Y K，2003. Occurence of *Cucumber mosaic virus* in ornamental plants and perspectives of transgenic control. Wageningen：Wageningen University.

COHEN S，ANTIGNUS Y，1994. *Tomato yellow leaf curl virus*，a whitefly-borne geminivirus of tomatoes//Harris K F. Advances in disease vector research. New York：Springer.

COUTTS B A，KEHOC M A，JONES R A，2011. Minimising losses caused by *Zucchini yellow mosaic virus* in vegetable cucurbit crops in tropical，sub-tropical and mediterranean environments through cultural methods and host resistance. Virus Research，159（2）：141-160.

CRONIN J P，WELSH M E，DEKKERS M G，et al，2010. Host physiological phenotype explains pathogen reservoir potential. Ecology Letter，13（10）：1221-1232.

CULBREATH A K，SRINIVASAN R，2011. Epidemiology of spotted wilt disease of peanut caused by *Tomato spotted wilt virus* in the Southeastern U. S. Virus Research，159（2）：101-109.

CZOSNEK H，GHANIM M，GHANIM M，2002. The circulative pathway of begomoviruses in the whitefly vector *Bemisia tabaci*— insights from studies with *Tomato yellow leaf curl virus*. Annals of Applied Biology，140：215-231.

CZOSNEK H，LARERROT H，1997. A worldwide survey of tomato yellow leaf curl viruses. Archives of Virology，142（7）：1391-1406.

DI CARLI M，VILLANI M E，BIANCO L，et al，2010. Proteomic analysis of the plant-virus interaction in *Cucumber mosaic virus*（CMV）resistant transgenic tomato. Journal of Proteome Research，9（11）：5684-5697.

DIAZ-PENDON J A，CANIZARES M C，MORIONES E，et al，2010. Tomato yellow leaf curl viruses：menage a trois between the virus complex，the plant and the whitefly vector. Molecular Plant Pathology，11（4）：441-450.

FARGETTE D，KONATE G，FAUQUET C，et al，2006. Molecular ecology and emergence of tropical plant viruses. Annual Review of Phytopathology, 44: 235-260.

FARGETTE D, PINEL A, ABUBAKAR Z, et al, 2004. Inferring the evolutionary history of *Rice yellow mottle virus* from genomic, phylogenetic, and phylogeographic studies. Journal of Virology, 78 (7): 3252-3261.

FARGETTE D, PINEL A, RAKOTOMALALA M, et al, 2008. *Rice yellow mottle virus*, an RNA plant virus, evolves as rapidly as most RNA animal viruses. Journal of Virology, 82 (7): 3584-3589.

FERERES A, MORENO A, 2009. Behavioural aspects influencing plant virus transmission by homopteran insects. Virus Research, 141 (2): 158-168.

FERERES A, THRESH J M, IRWIN M, 2000. Plant virus epidemiology: Challenges for the twenty-first century. Virus Research, 71 (1/2): 1-264.

GALLITELLI D, 2000. The ecology of *Cucumber mosaic virus* and sustainable agriculture. Virus Research, 71 (1/2): 9-21.

GRAY S, GILDOW F E, 2003. Luteovirus-aphid interactions. Annual Review of Phytopathology, 41: 539-566.

HARRIS K F, 1990. Aphid transmission of plant viruses//Mandahar C L. Plant viruses. Boca Raton: CRC Press.

HARRISON B, LIU Y, KHALID S, 1997. Detection and relationship of *Cotton leaf curl virus* and allied whitefly-transmitted geminiviruses occurring in Pakistan. Annals of Applied Biology, 130: 61-75.

HARRISON B, ROBINSON D, 1999. Natural genomic and antigenic variation in whitefly-transmitted Geminiviruses (Begomoviruses) . Annual Review of Phytopathology, 37: 369-398.

HIBINO H, 1996. Biology and epidemiology of rice viruses. Annual Review of Phytopathology, 34: 249-274.

HOGENHOUT S A, AMMAR El-D, WHITFIELD A E, et al, 2008. Insect vector interactions with persistently transmitted viruses. Annual Review of Phytopathology, 46: 327-359.

HOLT J K, CHANCELLOR T C B, 1996. Simulation modelling of the spread of rice tungro virus disease: the potential for management by roguing. Journal of Applied Ecology, 33 (5): 927-936.

HOLT J K, CHANCELLOR T C B, 1999. Modelling the spatio-temporal deployment of resistant varieties to reduce the incidence of rice tungro disease in a dynamic cropping system. Plant Pathology, 48 (4): 453-461.

HOLT J K, COLVIN J, MUNIYAPPA V, 1999. Identifying control strategies for *Tomato leaf curl virus* disease using an epidemiological model. Journal of Applied Ecology, 36 (5): 625-633.

HOLT J K, JEGER M J, THRESH J M, et al, 1997. An epidemilogical model incorporating vector population dynamics applied to African cassava mosaic virus disease. Journal of Applied Ecology, 34 (3): 793-806.

HOZUMI M, HONMA Y, TOMIDA M, et al, 1978. An experimental validation of the systems model for the prediction of *Rice dwarf virus* infection. Applied Entomology & Zoology, 13 (3): 209-214.

HUH S U, KIM M J, HAM B K, et al, 2011. A zinc finger protein tsip1 controls *Cucumber mosaic virus* infection by interacting with the replication complex on vacuolar membranes of the tobacco plant. New Phytologist, 191 (3): 746-762.

HULL R, 1994. Molecular biology of plant virus-vector interactions// Harris K F. Advances in Disease Vector Research. New York: Springer.

JEGER M J, BOSCH F V D, MADDEN L V, et al, 1998. A model for analysing plant-virus transmission characteristics and epidemic development. IMA Journal of Mathematics Applied in Medicine & Biology, 15: 1-18.

JEGER M J, HOLT J K, BOSCH F V D, et al, 2004. Epidemiology of insect-transmitted plant viruses: modelling disease dynamics and control interventions. Physiological Entomology, 29 (3): 291-304.

JEGER M J, MADDEN L V, VAN D B F, 2009. The effect of transmission route on plant virus epidemic development and disease control. Journal of Theoretical Biology, 258 (2): 198-207.

JIU M, ZHOU X P, TONG L, et al, 2007. Vector-virus mutualism accelerates population increase of an invasive whitefly. PLoS One, 2 (1): e182.

JONES D R, 2003. Plant viruses transmitted by whiteflies. European Journal of Plant Pathology, 109 (3): 195-219.

KAMO K, JORDAN R, GUARAGNA M A, et al, 2010. Resistance to *Cucumber mosaic virus* in Gladiolus plants transformed with either a defective replicase or coat protein subgroup Ⅱ gene from *Cucumber mosaic virus*. Plant Cell Reports, 29 (7): 695-704.

KATSURA S, 1936. The stunt disease of Japanese rice, the first plant virosis shown to be transmitted by an insect vector. Phytopathology, 26: 887-895.

KHUSH G S, TOENNIESSEN G H, 1991. Rice biotechnology. Oxfordshire: CAB International.

LACOMBE S, BANGRATZ M, VIGNOLS F, et al, 2010. The *Rice yellow mottle virus* P1 protein exhibits its dual functions to suppress and activate gene silencing. The Plant Journal, 61 (3): 371-382.

LEACH J G, 1940. Insect transmission of plant diseases. London: McGraw-Hill Book Company, inc.

LEWSEY M G, MURPHY A M, MACLEAN D, et al, 2010. Disruption of two defensive signaling pathways by a viral RNA silencing suppressor. Molecular Plant-Microbe Interact, 23 (7): 835-845.

LI H, WANG X, 2009. Thinopyrum ponticum and Th. intermedium: the promising source of resistance to fungal and viral diseases of wheat. Journal of Genetics and Genomics, 36 (9): 557-565.

LIN L, LUO Z, YAN F, et al, 2011. Interaction between potyvirus P3 and ribulose-1, 5-bisphosphate carboxylase/oxygenase (RubisCO) of host plants. Virus Genes, 43 (1): 90-92.

LING K C, 1979. Rice virus disease. Laguna: IRRI press.

LIU H Y, 1993. Whitefly-borne viruses and virus epidemiology in western USA. Plant Pathology Bulletin, 2 (4): 187-194.

LIU S, SIVAKUMAR S, SPARKS W O, et al, 2010. A peptide that binds the pea aphid gut impedes entry of Pea enation mosaic virus into the aphid hemocoel. Virology, 401 (1): 107-116.

MADDEN L V, JEGER M J, VAN D B F, 2000. A theoretical assessment of the effects of vector-virus transmission mechanism on plant virus disease epidemics. Phytopathology，90（6）：576-594.

MAKKOUK K M，KUMARI S G，2009. Epidemiology and integrated management of persistently transmitted aphid-borne viruses of legume and cereal crops in West Asia and North Africa. Virus Research，141（2）：209-218.

MANSOOR S，BEDFORD I D，Pinner M S，et al，1993. A whitefly-transmitted geminivirus associated with cotton leaf curl disease in Pakistan. Pakistan Journal of Botany，25：105-107.

MAUCK K E，DE MORAES C M，Mescher M C，2010. Deceptive chemical signals induced by a plant virus attract insect vectors to inferior hosts. Proceedings of the National Academy of Sciences of the United States of America，107（8）：3600-3605.

MCELHANY P，REAL L A，POWER A G，1995. Vector preference and disease dynamics：A study of *Barley yellow dwarf virus*. Ecology，76（2）：444-457.

MCKIRDY S J，JONES R A，1996. Use of imidacloprid and newer generation synthetic pyrethroids to control the spread of *Barley yellow dwarf luteovirus* in cereals. Plant Disease，80（8）：895-901.

MELLO A F，CLARK A J，PERRY K L，2010. Capsid protein of *Cowpea chlorotic mottle virus* is a determinant for vector transmission by a beetle. Journal of General Virology，91（Pt 2）：545-551.

NAGATA T，INOUE-NAGATA A K，VAN LENT J，et al，2002. Factors determining vector competence and specificity for transmission of *Tomato spotted wilt virus*. Journal of General Virology，83（Pt 3）：663-671.

NAKASUJI F，MIYAI S，KAWANOTO H，et al，1985. Mathematical epidemiology of *Rice dwarf virus* transmitted by green rice leafhoppers：A differential equation model. Journal of Applied Ecology，22（3）：839-847.

NASU S，1963. Studies on some leafhoppers and planthoppers which transmit virus diseases of rice plant in Japan. Bulletin of th Kyushu Agricultural Experiment Station，8：153-349.

NAULT L R，1997. Arthropod transmission of plant viruses：a new synthesis. Annals of the Entomological Society of America，90（5）：521-541.

NG J C，FALK B W，2006. Virus-vector interactions mediating nonpersistent and semipersistent transmission of plant viruses. Annual Review of Phytopathology，44：183-212.

PERRY K L，ZHANG L，SHINTAKU M H，et al，1994. Mapping determinants in cucumber mosaic virus for transmission by Aphis gossypii. Virology，205（2）：591-595.

PINEL-GALZI A，MPUNAMI A，SANGU E，et al，2009. Recombination，selection and clock-like evolution of *Rice yellow mottle virus*. Virology，394（1）：164-172.

PIRONE T P，1991. Viral genes and gene products that determine insect transmissibility. Seminars in Virology，2：81-87.

PLISSON C，UZEST M，DRUNKER M，et al，2005. Structure of the mature P3-virus particle complex of *Cauliflower mosaic virus* revealed by cryo-electron microscopy. Journal of Molecular Biology，346（11）：267-277.

POLSTON J E, ANDERSON P K, 1998. The emergence of whitefly-transmitted Geminiviruses in tomato in the Western Hemisphere. Plant Disease, 81 (12): 1358-1369.

POULICARD N, PINEL-GALZI A, HEBRARD E, et al, 2010. Why *Rice yellow mottle virus*, a rapidly evolving RNA plant virus, is not efficient at breaking rymv1-2 resistance. Molecular Plant Pathology, 11 (1): 145-154.

POWER A G, 2000. Insect transmission of plant viruses: a constraint on virus variability. Current Opinion in Plant Biology, 3 (4): 336-340.

ROBERTSON N L, FRENCH R, GRAY S M, 1991. Use of group-specific primers and the polymerase chain reaction for the detection and identification of luteoviruses. Journal of General Virology, 72 (Pt 6): 1473-1477.

ROOSSINCK M J, 2001. *Cucumber mosaic virus*, a model for RNA virus evolution. Molecular Plant Pathology, 2 (2): 59-63.

SIMON-MATEO C, GARCIA J A, 2011. Antiviral strategies in plants based on RNA silencing. Biochim Biophys Acta, 1809 (11/12): 722-731.

STAFFORD C A, WALKER G P, ULLMAN D E, 2011. Infection with a plant virus modifies vector feeding behavior. Proceedings of the National Academy of Sciences of the United States of America, 108 (23): 9350-9355.

THOMPSON W M O, 2011. Introduction: Whiteflies, Geminiviruses and recent events. Netherlands: Springer.

THRESH J M, FARGETTE D, JEGER M J, 2003. Virus and virus-like diseases of major crops in developing countries//Loebenstein G, Thottappilly G. Epidemiology of tropical plant viruses. London: Kluwer Academic.

TRAORE O, PINEL-GALZI A, SORHO F, et al, 2009. A reassessment of the epidemiology of *Rice yellow mottle virus* following recent advances in field and molecular studies. Virus Research, 141 (2): 258-267.

UYEDA I, ANDO Y, MURAO K, et al, 1995. High resolution genome typing and genomic reassortment events of rice dwarf Phytoreovirus. Virology, 212 (2): 724-727.

WEINHEIMER I, BOOMROD K, MOSER M, et al, 2010. Analysis of an autoproteolytic activity of *Rice yellow mottle virus* silencing suppressor P1. Biological Chemistry, 391 (2/3): 271-281.

WHITFIELD A E, ROTENBERG D, ARITUA V, et al, 2011. Analysis of expressed sequence tags from Maize mosaic rhabdovirus-infected gut tissues of *Peregrinus maidis* reveals the presence of key components of insect innate immunity. Insect Molecular Biology, 20 (2): 225-242.

WU B, BLANCHARD-LETORT A, LIU Y, et al, 2011. Dynamics of molecular evolution and phylogeography of *Barley yellow dwarf virus*-PAV. PLoS One, 6 (2): e16896.

YAN J, TOMARU M, TAKAHASHI A, et al, 1996. P2 protein encoded by genome segment S2 of rice dwarf phytoreovirus is essential for virus infection. Virology, 224 (2): 539-541.

ZHANG X S, HOLT J K, COLVIN J, 2000a. Mathematical models of host plant infection by helper-dependent virus complexes: why are helper viruses always avirulent. Phytopathology, 90 (1): 85-93.

ZHANG X S, HOLT J K, COLVIN J, 2000b. A general model of plant-virus disease infection incorporating vector aggregation. Plant Pathology, 49 (4): 435-444.

ZHENG H, YAN F, LU Y, et al, 2011. Mapping the self-interacting domains of TuMV HC-Pro and the subcellular localization of the protein. Virus Genes, 42 (1): 110-116.

附录Ⅰ ICTV确认的部分病毒名录

种	属	科	简写	中文名称
Blueberry shoestring virus	*Sobemovirus*	—	BSSV	蓝莓带化病毒
Cocksfoot mottle virus	*Sobemovirus*	—	CfMV	鸭茅斑驳病毒
Imperata yellow mottle virus	*Sobemovirus*	—	IYMV	白茅黄斑驳病毒
Lucerne transient streak virus	*Sobemovirus*	—	LTSV	紫花苜蓿暂时性线条病毒
Rice yellow mottle virus	*Sobemovirus*	—	RYMV	水稻黄斑驳病毒
Ryegrass mottle virus	*Sobemovirus*	—	RGMoV	黑麦草斑驳病毒
Sesbania mosaic virus	*Sobemovirus*	—	SeMV	田菁花叶病毒
Solanum nodiflorum mottle virus	*Sobemovirus*	—	SNMoV	茛菪斑驳病毒
Southern bean mosaic virus	*Sobemovirus*	—	SBMV	南方菜豆花叶病毒
Southern cowpea mosaic virus	*Sobemovirus*	—	SCPMV	南方豇豆花叶病毒
Sowbane mosaic virus	*Sobemovirus*	—	SoMV	藜草花叶病毒
Subterranean clover mottle virus	*Sobemovirus*	—	SCMoV	地三叶草斑驳病毒
Turnip rosette virus	*Sobemovirus*	—	TRoV	芜菁丛簇病毒
Velvet tobacco mottle virus	*Sobemovirus*	—	VTMoV	绒毛烟斑驳病毒
Echinochloa hoja blanca virus	*Tenuivirus*	—	EHBV	稗草白叶病毒
Maize stripe virus	*Tenuivirus*	—	MSpV	玉米条纹病毒
Rice grassy stunt virus	*Tenuivirus*	—	RGSV	水稻草矮病毒
Rice hoja blanca virus	*Tenuivirus*	—	RHBV	水稻白叶病毒
Rice stripe virus	*Tenuivirus*	—	RSV	水稻条纹病毒
Urochloa hoja blanca virus	*Tenuivirus*	—	UHBV	尾稃草白叶病毒
Aconitum latent virus	*Carlavirus*	*Betaflexiviridae*	AcLV	乌头潜隐病毒
American hop latent virus	*Carlavirus*	*Betaflexiviridae*	AHLV	美洲啤酒花潜隐病毒
Blueberry scorch virus	*Carlavirus*	*Betaflexiviridae*	BlScV	蓝莓焦枯病毒
Cactus virus 2	*Carlavirus*	*Betaflexiviridae*	CV-2	仙人掌病毒 2

（续）

种	属	科	简写	中文名称
Caper latent virus	*Carlavirus*	*Betaflexiviridae*	CapLV	山柑潜隐病毒
Carnation latent virus	*Carlavirus*	*Betaflexiviridae*	CLV	康乃馨潜隐病毒
Chrysanthemum virus B	*Carlavirus*	*Betaflexiviridae*	CVB	菊花B病毒
Cole latent virus	*Carlavirus*	*Betaflexiviridae*	CoLV	芸薹潜隐病毒
Coleus vein necrosis virus	*Carlavirus*	*Betaflexiviridae*	CVNV	锦紫苏脉坏死病毒
Cowpea mild mottle virus	*Carlavirus*	*Betaflexiviridae*	CPMMV	豇豆轻斑驳病毒
Dandelion latent virus	*Carlavirus*	*Betaflexiviridae*	DaLV	蒲公英潜隐病毒
Daphne virus S	*Carlavirus*	*Betaflexiviridae*	DVS	月桂S病毒
Elderberry symptomless virus	*Carlavirus*	*Betaflexiviridae*	ElSLV	接骨木无症病毒
Garlic common latent virus	*Carlavirus*	*Betaflexiviridae*	GarCLV	大蒜普通潜隐病毒
Helenium virus S	*Carlavirus*	*Betaflexiviridae*	HVS	堆心菊S病毒
Helleborus net necrosis virus	*Carlavirus*	*Betaflexiviridae*	HNNV	铁筷子网状坏死病毒
Honeysuckle latent virus	*Carlavirus*	*Betaflexiviridae*	HnLV	忍冬潜隐病毒
Hop latent virus	*Carlavirus*	*Betaflexiviridae*	HpLV	啤酒花潜隐病毒
Hop mosaic virus	*Carlavirus*	*Betaflexiviridae*	HpMV	啤酒花花叶病毒
Hydrangea latent virus	*Carlavirus*	*Betaflexiviridae*	HdLV	绣球潜隐病毒
Kalanchoe latent virus	*Carlavirus*	*Betaflexiviridae*	KLV	伽蓝菜潜隐病毒
Ligustrum necrotic ringspot virus	*Carlavirus*	*Betaflexiviridae*	LNRSV	女贞坏死环斑病毒
Lilac mottle virus	*Carlavirus*	*Betaflexiviridae*	LiMoV	丁香斑驳病毒
Lily symptomless virus	*Carlavirus*	*Betaflexiviridae*	LSV	百合无症病毒
Melon yellowing-associated virus	*Carlavirus*	*Betaflexiviridae*	MYaV	甜瓜黄化病毒
Mulberry latent virus	*Carlavirus*	*Betaflexiviridae*	MLV	桑潜隐病毒
Muskmelon vein necrosis virus	*Carlavirus*	*Betaflexiviridae*	MuVNV	香甜瓜脉坏死病毒
Narcissus common latent virus	*Carlavirus*	*Betaflexiviridae*	NCLV	水仙普通潜隐病毒
Narcissus symptomless virus	*Carlavirus*	*Betaflexiviridae*	NSV	水仙无症病毒
Nerine latent virus	*Carlavirus*	*Betaflexiviridae*	NeLV	尼润潜隐病毒
Passiflora latent virus	*Carlavirus*	*Betaflexiviridae*	PLV	西番莲潜隐病毒
Pea streak virus	*Carlavirus*	*Betaflexiviridae*	PeSV	豌豆线条病毒

（续）

种	属	科	简写	中文名称
Poplar mosaic virus	*Carlavirus*	*Betaflexiviridae*	PopMV	杨树花叶病毒
Potato latent virus	*Carlavirus*	*Betaflexiviridae*	PotLV	马铃薯潜隐病毒
Potato virus M	*Carlavirus*	*Betaflexiviridae*	PVM	马铃薯M病毒
Potato virus P	*Carlavirus*	*Betaflexiviridae*	PVP	马铃薯P病毒
Potato virus S	*Carlavirus*	*Betaflexiviridae*	PVS	马铃薯S病毒
Red clover vein mosaic virus	*Carlavirus*	*Betaflexiviridae*	RCVMV	红三叶草脉花叶病毒
Shallot latent virus	*Carlavirus*	*Betaflexiviridae*	SLV	青葱潜隐病毒
Sint-Jan's onion latent virus	*Carlavirus*	*Betaflexiviridae*	SJOLV	辛章山洋葱潜隐病毒
Strawberry pseudo mild yellow edge virus	*Carlavirus*	*Betaflexiviridae*	SPMYEV	草莓伪轻型黄边病毒
Sweet potato chlorotic fleck virus	*Carlavirus*	*Betaflexiviridae*	SPCFV	甘薯褪绿斑点病毒
Verbena latent virus	*Carlavirus*	*Betaflexiviridae*	VeLV	马鞭草潜隐病毒
Grapevine virus A	*Vitivirus*	*Betaflexiviridae*	GVA	葡萄病毒A
Grapevine virus B	*Vitivirus*	*Betaflexiviridae*	GVB	葡萄病毒B
Grapevine virus D	*Vitivirus*	*Betaflexiviridae*	GVD	葡萄病毒D
Grapevine virus E	*Vitivirus*	*Betaflexiviridae*	GVE	葡萄病毒E
Heracleum latent virus	*Vitivirus*	*Betaflexiviridae*	HLV	独活潜隐病毒
Mint virus 2	*Vitivirus*	*Betaflexiviridae*	MV-2	薄荷病毒2
Alfalfa mosaic virus	*Alfamovirus*	*Bromoviridae*	AMV	苜蓿花叶病毒
Pelargonium zonate spot virus	*Anulavirus*	*Bromoviridae*	PZSV	天竺葵轮斑病毒
Broad bean mottle virus	*Bromovirus*	*Bromoviridae*	BBMV	蚕豆斑驳病毒
Brome mosaic virus	*Bromovirus*	*Bromoviridae*	BMV	雀麦花叶病毒
Cassia yellow blotch virus	*Bromovirus*	*Bromoviridae*	CYBV	决明黄斑病毒
Cowpea chlorotic mottle virus	*Bromovirus*	*Bromoviridae*	CCMV	豇豆褪绿斑驳病毒
Melandrium yellow fleck virus	*Bromovirus*	*Bromoviridae*	MYFV	女娄菜黄斑病毒
Spring beauty latent virus	*Bromovirus*	*Bromoviridae*	SBLV	春美草潜隐病毒
Cucumber mosaic virus	*Cucumovirus*	*Bromoviridae*	CMV	黄瓜花叶病毒
Gayfeather mild mottle virus	*Cucumovirus*	*Bromoviridae*	GMMV	蛇鞭菊轻型斑驳病毒
Peanut stunt virus	*Cucumovirus*	*Bromoviridae*	PSV	花生矮化病毒
Tomato aspermy virus	*Cucumovirus*	*Bromoviridae*	TAV	番茄不孕病毒
Groundnut bud necrosis virus	*Tospovirus*	*Bunyaviridae*	GBNV	花生芽坏死病毒
Groundnut ringspot virus	*Tospovirus*	*Bunyaviridae*	GRSV	花生环斑病毒
Groundnut yellow spot virus	*Tospovirus*	*Bunyaviridae*	GYSV	花生黄斑病毒

（续）

种	属	科	简写	中文名称
Impatiens necrotic spot virus	*Tospovirus*	*Bunyaviridae*	INSV	凤仙花坏死斑病毒
Tomato chlorotic spot virus	*Tospovirus*	*Bunyaviridae*	TCSV	番茄褪绿斑病毒
Tomato spotted wilt virus	*Tospovirus*	*Bunyaviridae*	TSWV	番茄斑萎病毒
Watermelon silver mottle virus	*Tospovirus*	*Bunyaviridae*	WSMoV	西瓜银色斑驳病毒
Zucchini lethal chlorosis virus	*Tospovirus*	*Bunyaviridae*	ZLCV	小西葫芦致死褪绿病毒
Aglaonema bacilliform virus	*Badnavirus*	*Caulimoviridae*	ABV	亮丝草杆状病毒
Banana streak GF virus	*Badnavirus*	*Caulimoviridae*	BSV-GF	香蕉线条病毒 GF
Banana streak MY virus	*Badnavirus*	*Caulimoviridae*	BSMysV	香蕉线条病毒 MY
Banana streak OL virus	*Badnavirus*	*Caulimoviridae*	BSV-OL	香蕉线条病毒 OL
Banana streak VN virus	*Badnavirus*	*Caulimoviridae*	BSVNV	香蕉线条病毒 VN
Bougainvillea chlorotic vein-banding virus	*Badnavirus*	*Caulimoviridae*	BCVBV	九重葛褪绿脉带病毒
Cacao swollen shoot virus	*Badnavirus*	*Caulimoviridae*	CSSV	可可树肿枝病毒
Canna yellow mottle virus	*Badnavirus*	*Caulimoviridae*	CaYMV	美人蕉黄斑驳病毒
Citrus yellow mosaic virus	*Badnavirus*	*Caulimoviridae*	CiYMV	柑橘黄花叶病毒
Commelina yellow mottle virus	*Badnavirus*	*Caulimoviridae*	ComYMV	鸭跖草黄斑驳病毒
Dioscorea bacilliform AL virus	*Badnavirus*	*Caulimoviridae*	DBALV	薯蓣杆状病毒 AL
Dioscorea bacilliform SN virus	*Badnavirus*	*Caulimoviridae*	DBSNV	薯蓣杆状病毒 SN
Gooseberry vein banding associated virus	*Badnavirus*	*Caulimoviridae*	GVBAV	醋栗镶脉病毒
Grapevine vein clearing virus	*Badnavirus*	*Caulimoviridae*		葡萄脉清病毒
Kalanchoe top-spotting virus	*Badnavirus*	*Caulimoviridae*	KTSV	伽蓝菜顶端斑点病毒
Pineapple bacilliform CO virus	*Badnavirus*	*Caulimoviridae*	PBCOV	菠萝杆状有限病毒
Pineapple bacilliform ER virus	*Badnavirus*	*Caulimoviridae*	PBERV	菠萝杆状病毒
Piper yellow mottle virus	*Badnavirus*	*Caulimoviridae*	PYMoV	胡椒黄斑驳病毒
Rubus yellow net virus	*Badnavirus*	*Caulimoviridae*	RYNV	悬钩子黄网病毒
Schefflera ringspot virus	*Badnavirus*	*Caulimoviridae*	SRV	鹅掌柴环斑病毒
Spiraea yellow leaf spot virus	*Badnavirus*	*Caulimoviridae*	SYLSV	绣线菊黄色叶斑病毒
Sugarcane bacilliform IM virus	*Badnavirus*	*Caulimoviridae*	SCBV-IM	甘蔗杆状病毒 IM
Sugarcane bacilliform MO virus	*Badnavirus*	*Caulimoviridae*	SCBMorV	甘蔗杆状病毒 MO

（续）

种	属	科	简写	中文名称
Sweet potato pakakuy virus	*Badnavirus*	*Caulimoviridae*	SPPaV	甘薯帕卡库病毒
Taro bacilliform virus	*Badnavirus*	*Caulimoviridae*	TaBV	芋杆状病毒
Carnation etched ring virus	*Caulimovirus*	*Caulimoviridae*	CERV	麝香石竹蚀环病毒
Cauliflower mosaic virus	*Caulimovirus*	*Caulimoviridae*	CaMV	花椰菜花叶病毒
Dahlia mosaic virus	*Caulimovirus*	*Caulimoviridae*	DMV	大丽花花叶病毒
Figwort mosaic virus	*Caulimovirus*	*Caulimoviridae*	FMV	玄参花叶病毒
Horseradish latent virus	*Caulimovirus*	*Caulimoviridae*	HrLV	辣根潜在病毒
Lamium leaf distortion virus	*Caulimovirus*	*Caulimoviridae*	LLDV	芝麻叶扭病毒
Mirabilis mosaic virus	*Caulimovirus*	*Caulimoviridae*	MiMV	紫茉莉花叶病毒
Strawberry vein banding virus	*Caulimovirus*	*Caulimoviridae*	SVBV	草莓脉带病毒
Thistle mottle virus	*Caulimovirus*	*Caulimoviridae*	ThMoV	蓟斑驳病毒
Rice tungro bacilliform virus	*Tungrovirus*	*Caulimoviridae*	RTBV	水稻东格鲁杆状病毒
Grapevine leafroll-associated virus 1	*Ampelovirus*	*Closteroviridae*	GLRaV-1	葡萄卷叶伴随病毒1
Grapevine leafroll-associated virus 3	*Ampelovirus*	*Closteroviridae*	GLRaV-3	葡萄卷叶伴随病毒3
Grapevine leafroll-associated virus 5	*Ampelovirus*	*Closteroviridae*	GLRaV-5	葡萄卷叶伴随病毒5
Little cherry virus 2	*Ampelovirus*	*Closteroviridae*	LChV-2	小樱桃病毒2
Pineapple mealybug wilt-associated virus 1	*Ampelovirus*	*Closteroviridae*	PMWaV-1	菠萝凋萎伴随病毒1
Pineapple mealybug wilt-associated virus 2	*Ampelovirus*	*Closteroviridae*	PMWaV-2	菠萝凋萎伴随病毒2
Pineapple mealybug wilt-associated virus 3	*Ampelovirus*	*Closteroviridae*	PMWaV-3	菠萝凋萎伴随病毒3
Plum bark necrosis stem pitting-associated virus	*Ampelovirus*	*Closteroviridae*	PBNSPaV	梅花树皮坏死茎痘病毒
Beet yellow stunt virus	*Closterovirus*	*Closteroviridae*	BYSV	甜菜黄矮病毒
Beet yellows virus	*Closterovirus*	*Closteroviridae*	BYV	甜菜黄化病毒
Burdock yellows virus	*Closterovirus*	*Closteroviridae*	BuYV	牛蒡黄化病毒
Carnation necrotic fleck virus	*Closterovirus*	*Closteroviridae*	CNFV	麝香石竹坏死斑点病毒
Carrot yellow leaf virus	*Closterovirus*	*Closteroviridae*	CYLV	胡萝卜黄叶病毒
Citrus tristeza virus	*Closterovirus*	*Closteroviridae*	CTV	柑橘速衰病毒

（续）

种	属	科	简写	中文名称
Grapevine leafroll-associated virus 2	*Closterovirus*	*Closteroviridae*	GLRaV-2	葡萄卷叶伴随病毒 2
Mint virus 1	*Closterovirus*	*Closteroviridae*	MV-1	薄荷病毒 1
Raspberry leaf mottle virus	*Closterovirus*	*Closteroviridae*	RLMoV	悬钩子叶斑驳病毒
Strawberry chlorotic fleck associated virus	*Closterovirus*	*Closteroviridae*	SCFaV	草莓褪绿斑点病毒
Wheat yellow leaf virus	*Closterovirus*	*Closteroviridae*	WYLV	小麦黄叶病毒
Abutilon yellows virus	*Crinivirus*	*Closteroviridae*	AbYV	苘麻黄化病毒
Bean yellow disorder virus	*Crinivirus*	*Closteroviridae*	BeYDiV	豆黄症病毒
Beet pseudoyellows virus	*Crinivirus*	*Closteroviridae*	BPYV	甜菜伪黄化病毒
Blackberry yellow vein-associated virus	*Crinivirus*	*Closteroviridae*	BYVaV	黑莓黄脉病毒
Cucurbit yellow stunting disorder virus	*Crinivirus*	*Closteroviridae*	CYSDV	瓜类黄色矮化失调病毒
Lettuce chlorosis virus	*Crinivirus*	*Closteroviridae*	LCV	莴苣褪绿病毒
Lettuce infectious yellows virus	*Crinivirus*	*Closteroviridae*	LIYV	莴苣侵染性黄化病毒
Potato yellow vein virus	*Crinivirus*	*Closteroviridae*	PYVV	马铃薯黄脉病毒
Strawberry pallidosis-associated virus	*Crinivirus*	*Closteroviridae*	SPaV	草莓灰白病毒
Sweet potato chlorotic stunt virus	*Crinivirus*	*Closteroviridae*	SPCSV	甘薯褪绿矮化病毒
Tomato chlorosis virus	*Crinivirus*	*Closteroviridae*	ToCV	番茄褪绿病毒
Tomato infectious chlorosis virus	*Crinivirus*	*Closteroviridae*	TICV	番茄侵染性黄化病毒
Mint vein banding-associated virus	*Unassigned Closteroviridae*	*Closteroviridae*	MVBaV	薄荷镶脉病毒
Abutilon mosaic virus	*Begomovirus*	*Geminiviridae*	AbMV	苘麻花叶病毒
African cassava mosaic virus	*Begomovirus*	*Geminiviridae*	ACMV	非洲木薯花叶病毒
Ageratum enation virus	*Begomovirus*	*Geminiviridae*	AEV	藿香蓟耳突病毒
Ageratum leaf curl virus	*Begomovirus*	*Geminiviridae*	ALCuV	藿香蓟曲叶病毒
Ageratum yellow vein Hualian virus	*Begomovirus*	*Geminiviridae*	AYVHuV	花莲藿香蓟黄脉病毒
Ageratum yellow vein Sri Lanka virus	*Begomovirus*	*Geminiviridae*	AYVSLV	斯里兰卡藿香蓟黄脉病毒
Ageratum yellow vein virus	*Begomovirus*	*Geminiviridae*	AYVV	藿香蓟黄脉病毒

（续）

种	属	科	简写	中文名称
Alternanthera yellow vein virus	*Begomovirus*	*Geminiviridae*	AlYVV	空心黄脉病毒
Bean calico mosaic virus	*Begomovirus*	*Geminiviridae*	BCaMV	菜豆花斑花叶病毒
Bean dwarf mosaic virus	*Begomovirus*	*Geminiviridae*	BDMV	菜豆矮花叶病毒
Bean golden mosaic virus	*Begomovirus*	*Geminiviridae*	BGMV	菜豆金色花叶病毒
Bean golden yellow mosaic virus	*Begomovirus*	*Geminiviridae*	BGYMV	菜豆金色黄花叶病毒
Bhendi yellow vein mosaic virus	*Begomovirus*	*Geminiviridae*	BYVMV	秋葵黄脉花叶病毒
Bitter gourd yellow vein virus	*Begomovirus*	*Geminiviridae*	BGYVV	苦瓜黄脉病毒
Boerhavia yellow spot virus	*Begomovirus*	*Geminiviridae*	BoYSV	黄细心黄斑病毒
Cabbage leaf curl Jamaica virus	*Begomovirus*	*Geminiviridae*	CabLCJV	牙买加白菜曲叶病毒
Cabbage leaf curl virus	*Begomovirus*	*Geminiviridae*	CabLCV	白菜曲叶病毒
Chayote yellow mosaic virus	*Begomovirus*	*Geminiviridae*	ChaYMV	佛手黄花叶病毒
Chilli leaf curl virus	*Begomovirus*	*Geminiviridae*	ChiLCuV	辣椒曲叶病毒
Chino del tomate virus	*Begomovirus*	*Geminiviridae*	CdTV	番茄皱叶病毒
Clerodendron golden mosaic virus	*Begomovirus*	*Geminiviridae*	ClGMV	大青金色花叶病毒
Corchorus golden mosaic virus	*Begomovirus*	*Geminiviridae*	CoGMV	黄麻金色花叶病毒
Corchorus yellow spot virus	*Begomovirus*	*Geminiviridae*	CoYSV	黄麻黄斑病毒
Corchorus yellow vein virus	*Begomovirus*	*Geminiviridae*	CYVV	黄麻黄脉病毒
Cotton leaf crumple virus	*Begomovirus*	*Geminiviridae*	CLCrV	棉花皱叶病毒
Cotton leaf curl Alabad virus	*Begomovirus*	*Geminiviridae*	CLCuAV	阿拉巴德棉花曲叶病毒
Cotton leaf curl Bangalore virus	*Begomovirus*	*Geminiviridae*	CLCuBV	班加罗尔棉花曲叶病毒
Cotton leaf curl Gezira virus	*Begomovirus*	*Geminiviridae*	CLCuGV	杰济拉棉花曲叶病毒
Cotton leaf curl Kokhran virus	*Begomovirus*	*Geminiviridae*	CLCuKV	考罕兰棉花曲叶病毒
Cotton leaf curl Multan virus	*Begomovirus*	*Geminiviridae*	CLCuMV	木尔坦棉花曲叶病毒
Cowpea golden mosaic virus	*Begomovirus*	*Geminiviridae*	CPGMV	豇豆金色花叶病毒
Croton yellow vein mosaic virus	*Begomovirus*	*Geminiviridae*	CYVMV	巴豆黄脉花叶病毒
Cucurbit leaf crumple virus	*Begomovirus*	*Geminiviridae*	CuLCrV	葫芦皱叶病毒
Desmodium leaf distortion virus	*Begomovirus*	*Geminiviridae*	DesLDV	山蚂蝗叶扭病毒
Dicliptera yellow mottle Cuba virus	*Begomovirus*	*Geminiviridae*	DiYMoCV	古巴狗肝菜黄斑驳病毒

（续）

种	属	科	简写	中文名称
Dicliptera yellow mottle virus	*Begomovirus*	*Geminiviridae*	DiYMoV	狗肝菜属黄斑驳病毒
Dolichos yellow mosaic virus	*Begomovirus*	*Geminiviridae*	DoYMV	扁豆黄花叶病毒
East African cassava mosaic Cameroon virus	*Begomovirus*	*Geminiviridae*	EACMCV	东非喀麦隆木薯花叶病毒
East African cassava mosaic Kenya virus	*Begomovirus*	*Geminiviridae*	EACMKV	东非肯尼亚木薯花叶病毒
East African cassava mosaic Malawi virus	*Begomovirus*	*Geminiviridae*	EACMMV	东非马拉维木薯花叶病毒
East African cassava mosaic virus	*Begomovirus*	*Geminiviridae*	EACMV	东非木薯花叶病毒
East African cassava mosaic Zanzibar virus	*Begomovirus*	*Geminiviridae*	EACMZV	东非桑给巴尔木薯花叶病毒
Erectites yellow mosaic virus	*Begomovirus*	*Geminiviridae*	ErYMV	三七黄花叶病毒
Eupatorium yellow vein mosaic virus	*Begomovirus*	*Geminiviridae*	EpYVMV	泽兰属黄脉花叶病毒
Eupatorium yellow vein virus	*Begomovirus*	*Geminiviridae*	EpYVV	泽兰属黄脉病毒
Euphorbia leaf curl Guangxi virus	*Begomovirus*	*Geminiviridae*	EuLCGxV	广西大戟曲叶病毒
Euphorbia leaf curl virus	*Begomovirus*	*Geminiviridae*	EuLCV	大戟曲叶病毒
Euphorbia mosaic virus	*Begomovirus*	*Geminiviridae*	EuMV	大戟花叶病毒
Hollyhock leaf crumple virus	*Begomovirus*	*Geminiviridae*	HLCrV	蜀葵皱叶病毒
Honeysuckle yellow vein Kagoshima virus	*Begomovirus*	*Geminiviridae*	HYVKgV	鹿儿岛忍冬黄脉病毒
Honeysuckle yellow vein mosaic virus	*Begomovirus*	*Geminiviridae*	HYVMV	忍冬黄脉花叶病毒
Honeysuckle yellow vein virus	*Begomovirus*	*Geminiviridae*	HYVV	忍冬黄脉病毒
Horsegram yellow mosaic virus	*Begomovirus*	*Geminiviridae*	HgYMV	长豇豆黄花叶病毒
Indian cassava mosaic virus	*Begomovirus*	*Geminiviridae*	ICMV	印度木薯花叶病毒
Ipomoea yellow vein virus	*Begomovirus*	*Geminiviridae*	IYVV	番薯黄脉病毒
Kudzu mosaic virus	*Begomovirus*	*Geminiviridae*	KuMV	葛藤花叶病毒
Lindernia anagallis yellow vein virus	*Begomovirus*	*Geminiviridae*	LAYVV	长蒴母草黄脉病毒
Ludwigia yellow vein Vietnam virus	*Begomovirus*	*Geminiviridae*	LuYVVNV	越南草龙黄脉病毒
Ludwigia yellow vein virus	*Begomovirus*	*Geminiviridae*	LuYVV	草龙黄脉病毒

（续）

种	属	科	简写	中文名称
Luffa yellow mosaic virus	*Begomovirus*	*Geminiviridae*	LYMV	丝瓜黄花叶病毒
Macroptilium mosaic Puerto Rico virus	*Begomovirus*	*Geminiviridae*	MacMPRV	波多黎哥大翼豆花叶病毒
Macroptilium yellow mosaic Florida virus	*Begomovirus*	*Geminiviridae*	MacYMFV	佛罗里达大翼豆黄花叶病毒
Macroptilium yellow mosaic virus	*Begomovirus*	*Geminiviridae*	MacYMV	大翼豆黄花叶病毒
Malvastrum leaf curl Guangdong virus	*Begomovirus*	*Geminiviridae*	MaLCGdV	广东寒葵叶曲病毒
Malvastrum leaf curl virus	*Begomovirus*	*Geminiviridae*	MaLCV	寒葵曲叶病毒
Malvastrum yellow leaf curl virus	*Begomovirus*	*Geminiviridae*	MaYLCV	寒葵黄曲叶病毒
Malvastrum yellow mosaic virus	*Begomovirus*	*Geminiviridae*	MalYMV	寒葵黄花叶病毒
Malvastrum yellow vein virus	*Begomovirus*	*Geminiviridae*	MYVV	寒葵黄脉病毒
Malvastrum yellow vein Yunnan virus	*Begomovirus*	*Geminiviridae*	MYVYV	云南寒葵黄脉病毒
Melon chlorotic leaf curl virus	*Begomovirus*	*Geminiviridae*	MeCLCV	甜瓜褪绿曲叶病毒
Mesta yellow vein mosaic virus	*Begomovirus*	*Geminiviridae*	MYVMV	玫瑰茄黄脉花叶病毒
Mimosa yellow leaf curl virus	*Begomovirus*	*Geminiviridae*	MiYLCV	含羞草黄曲叶病毒
Mungbean yellow mosaic India virus	*Begomovirus*	*Geminiviridae*	MYMIV	印度绿豆黄花叶病毒
Mungbean yellow mosaic virus	*Begomovirus*	*Geminiviridae*	MYMV	绿豆黄花叶病毒
Okra yellow crinkle virus	*Begomovirus*	*Geminiviridae*	OYCrV	秋葵黄化皱缩病毒
Okra yellow mosaic Mexico virus	*Begomovirus*	*Geminiviridae*	OYMMV	墨西哥秋葵黄脉花叶病毒
Okra yellow mottle Iguala virus	*Begomovirus*	*Geminiviridae*	OYMoIgV	伊瓜拉秋葵黄脉花叶病毒
Okra yellow vein mosaic virus	*Begomovirus*	*Geminiviridae*	OYVMV	秋葵黄脉花叶病毒
Papaya leaf curl China virus	*Begomovirus*	*Geminiviridae*	PaLCuCNV	中国番木瓜曲叶病毒
Papaya leaf curl Guandong virus	*Begomovirus*	*Geminiviridae*	PaLCuGDV	广东番木瓜曲叶病毒
Papaya leaf curl virus	*Begomovirus*	*Geminiviridae*	PaLCuV	番木瓜曲叶病毒
Pedilenthus leaf curl virus	*Begomovirus*	*Geminiviridae*	PedLCuV	红雀珊瑚曲叶病毒
Pepper golden mosaic virus	*Begomovirus*	*Geminiviridae*	PepGMV	辣椒金色花叶病毒

（续）

种	属	科	简写	中文名称
Pepper huasteco yellow vein virus	*Begomovirus*	*Geminiviridae*	PHYVV	瓦斯蒂克辣椒黄脉病毒
Pepper leaf curl Bangladesh virus	*Begomovirus*	*Geminiviridae*	PepLCBV	孟加拉辣椒曲叶病毒
Pepper leaf curl virus	*Begomovirus*	*Geminiviridae*	PepLCV	辣椒曲叶病毒
Pepper yellow leaf curl Indonesia virus	*Begomovirus*	*Geminiviridae*	PepLCIV	印度尼西亚辣椒黄曲叶病毒
Pepper yellow vein Mali virus	*Begomovirus*	*Geminiviridae*	PepYVMLV	马里辣椒黄脉病毒
Potato yellow mosaic Panama virus	*Begomovirus*	*Geminiviridae*	PYMPV	巴拿马马铃薯黄花叶病毒
Potato yellow mosaic virus	*Begomovirus*	*Geminiviridae*	PYMV	马铃薯黄花叶病毒
Pumpkin yellow mosaic virus	*Begomovirus*	*Geminiviridae*	PuYMV	南瓜黄花叶病毒
Radish leaf curl virus	*Begomovirus*	*Geminiviridae*	RaLCV	萝卜曲叶病毒
Rhynchosia golden mosaic Sinaloa virus	*Begomovirus*	*Geminiviridae*	RhGMSIV	锡那罗亚州鹿霍金色花叶病毒
Rhynchosia golden mosaic virus	*Begomovirus*	*Geminiviridae*	RhGMV	鹿霍金色花叶病毒
Senecio yellow mosaic virus	*Begomovirus*	*Geminiviridae*	SeYMV	千里光黄花叶病毒
Sida golden mosaic Costa Rica virus	*Begomovirus*	*Geminiviridae*	SiGMCRV	哥斯达黎加黄花捻金色花叶病毒
Sida golden mosaic Florida virus	*Begomovirus*	*Geminiviridae*	SiGMFlV	佛罗里达黄花捻金色花叶病毒
Sida golden mosaic Honduras virus	*Begomovirus*	*Geminiviridae*	SiGMHNV	洪都拉斯黄花捻金色花叶病毒
Sida golden mosaic virus	*Begomovirus*	*Geminiviridae*	SiGMV	黄花捻金色花叶病毒
Sida golden yellow vein virus	*Begomovirus*	*Geminiviridae*	SiGYVV	黄花捻金色黄脉病毒
Sida leaf curl virus	*Begomovirus*	*Geminiviridae*	SiLCuV	黄花捻曲叶病毒
Sida micrantha mosaic virus	*Begomovirus*	*Geminiviridae*	SiMMV	黄花薇甘菊花叶病毒
Sida mottle virus	*Begomovirus*	*Geminiviridae*	SiMoV	黄花斑驳病毒
Sida yellow mosaic China virus	*Begomovirus*	*Geminiviridae*	SiYMCNV	中国黄花捻黄花叶病毒
Sida yellow mosaic virus	*Begomovirus*	*Geminiviridae*	SiYMV	黄花捻黄花叶病毒

（续）

种	属	科	简写	中文名称
Sida yellow mosaic Yucatan virus	*Begomovirus*	*Geminiviridae*	SiYMYuV	尤卡坦半岛黄花捻黄花叶病毒
Sida yellow vein Madurai virus	*Begomovirus*	*Geminiviridae*	SiYVMaV	马杜黄花捻黄脉病毒
Sida yellow vein Vietnam virus	*Begomovirus*	*Geminiviridae*	SiYVVNV	越南黄花捻黄脉病毒
Sida yellow vein virus	*Begomovirus*	*Geminiviridae*	SiYVV	黄花捻黄脉病毒
Siegesbeckia yellow vein Guangxi virus	*Begomovirus*	*Geminiviridae*	SbYVGxV	广西豨莶黄脉病毒
Siegesbeckia yellow vein virus	*Begomovirus*	*Geminiviridae*	SbYVV	豨莶黄脉病毒
South African cassava mosaic virus	*Begomovirus*	*Geminiviridae*	SACMV	南非木薯花叶病毒
Soybean blistering mosaic virus	*Begomovirus*	*Geminiviridae*	SbBMV	大豆起泡花叶病毒
Soybean crinkle leaf virus	*Begomovirus*	*Geminiviridae*	SbCLV	大豆皱叶病毒
Spilanthes yellow vein virus	*Begomovirus*	*Geminiviridae*	SpYVV	金钮扣黄色叶脉病毒
Squash leaf curl China virus	*Begomovirus*	*Geminiviridae*	SLCCNV	中国南瓜曲叶病毒
Squash leaf curl Philippines virus	*Begomovirus*	*Geminiviridae*	SLCPHV	菲律宾南瓜曲叶病毒
Squash leaf curl virus	*Begomovirus*	*Geminiviridae*	SLCuV	南瓜曲叶病毒
Squash leaf curl Yunnan virus	*Begomovirus*	*Geminiviridae*	SLCYNV	云南南瓜曲叶病毒
Squash mild leaf curl virus	*Begomovirus*	*Geminiviridae*	SMLCuV	南瓜轻型曲叶病毒
Sri Lankan cassava mosaic virus	*Begomovirus*	*Geminiviridae*	SLCMV	斯里兰卡木薯花叶病毒
Stachytarpheta leaf curl virus	*Begomovirus*	*Geminiviridae*	StaLCV	假马鞭曲叶病毒
Sweet potato leaf curl Canary virus	*Begomovirus*	*Geminiviridae*	SPLCCanV	加纳利红薯曲叶病毒
Sweet potato leaf curl China virus	*Begomovirus*	*Geminiviridae*	SPLCCNV	中国红薯曲叶病毒
Sweet potato leaf curl Georgia virus	*Begomovirus*	*Geminiviridae*	SPLCGV	佐治亚红薯曲叶病毒
Sweet potato leaf curl Lanzarote virus	*Begomovirus*	*Geminiviridae*	SPLCLanV	兰萨罗特红薯曲叶病毒
Sweet potato leaf curl Spain virus	*Begomovirus*	*Geminiviridae*	SPLCESV	西班牙红薯曲叶病毒
Sweet potato leaf curl virus	*Begomovirus*	*Geminiviridae*	SPLCV	红薯曲叶病毒
Tobacco curly shoot virus	*Begomovirus*	*Geminiviridae*	TbCSV	烟草曲茎病毒

（续）

种	属	科	简写	中文名称
Tobacco leaf curl Cuba virus	*Begomovirus*	*Geminiviridae*	TbLCuCV	古巴烟草曲叶病毒
Tobacco leaf curl Japan virus	*Begomovirus*	*Geminiviridae*	TbLCJV	日本烟草曲叶病毒
Tobacco leaf curl Yunnan virus	*Begomovirus*	*Geminiviridae*	TbLCYV	云南烟草曲叶病毒
Tobacco leaf curl Zimbabwe virus	*Begomovirus*	*Geminiviridae*	TbLCZV	津巴布韦烟草曲叶病毒
Tomato chino La Paz virus	*Begomovirus*	*Geminiviridae*	ToChLPV	番茄奇诺拉巴斯病毒
Tomato chlorotic mottle virus	*Begomovirus*	*Geminiviridae*	ToCMoV	番茄褪绿斑驳病毒
Tomato curly stunt virus	*Begomovirus*	*Geminiviridae*	ToCSV	番茄曲矮病毒
Tomato golden mosaic virus	*Begomovirus*	*Geminiviridae*	TGMV	番茄金色花叶病毒
Tomato golden mottle virus	*Begomovirus*	*Geminiviridae*	ToGMoV	番茄金色斑驳病毒
Tomato leaf curl Arusha virus	*Begomovirus*	*Geminiviridae*	ToLCArV	阿鲁沙番茄曲叶病毒
Tomato leaf curl Bangalore virus	*Begomovirus*	*Geminiviridae*	ToLCBV	班加罗尔番茄曲叶病毒
Tomato leaf curl Bangladesh virus	*Begomovirus*	*Geminiviridae*	ToLCBDV	孟加拉番茄曲叶病毒
Tomato leaf curl China virus	*Begomovirus*	*Geminiviridae*	ToLCCNV	中国番茄曲叶病毒
Tomato leaf curl Comoros virus	*Begomovirus*	*Geminiviridae*	ToLCKMV	科摩罗番茄曲叶病毒
Tomato leaf curl Guangdong virus	*Begomovirus*	*Geminiviridae*	ToLCGuV	广东番茄曲叶病毒
Tomato leaf curl Guangxi virus	*Begomovirus*	*Geminiviridae*	ToLCGxV	广西番茄曲叶病毒
Tomato leaf curl Gujarat virus	*Begomovirus*	*Geminiviridae*	ToLCGV	古吉拉特番茄曲叶病毒
Tomato leaf curl Hsinchu virus	*Begomovirus*	*Geminiviridae*	ToLCHsV	新竹番茄曲叶病毒
Tomato leaf curl Java virus	*Begomovirus*	*Geminiviridae*	ToLCJV	爪哇番茄曲叶病毒
Tomato leaf curl Joydebpur virus	*Begomovirus*	*Geminiviridae*	ToLCJoV	加济布尔番茄曲叶病毒
Tomato leaf curl Karnataka virus	*Begomovirus*	*Geminiviridae*	ToLCKV	卡纳塔克番茄曲叶病毒
Tomato leaf curl Kerala virus	*Begomovirus*	*Geminiviridae*	ToLCKeV	喀拉拉番茄卷叶病毒
Tomato leaf curl Laos virus	*Begomovirus*	*Geminiviridae*	ToLCLV	老挝番茄曲叶病毒
Tomato leaf curl Madagascar virus	*Begomovirus*	*Geminiviridae*	ToLCMGV	马达加斯加番茄曲叶病毒

（续）

种	属	科	简写	中文名称
Tomato leaf curl Malaysia virus	*Begomovirus*	*Geminiviridae*	ToLCMV	马来西亚番茄曲叶病毒
Tomato leaf curl Mali virus	*Begomovirus*	*Geminiviridae*	ToLCMLV	马里番茄曲叶病毒
Tomato leaf curl Mayotte virus	*Begomovirus*	*Geminiviridae*	ToLCYTV	马约特番茄曲叶病毒
Tomato leaf curl New Delhi virus	*Begomovirus*	*Geminiviridae*	ToLCNDV	新德里番茄曲叶病毒
Tomato leaf curl Philippines virus	*Begomovirus*	*Geminiviridae*	ToLCPV	菲律宾番茄曲叶病毒
Tomato leaf curl Pune virus	*Begomovirus*	*Geminiviridae*	ToLCPuV	浦那番茄曲叶病毒
Tomato leaf curl Seychelles virus	*Begomovirus*	*Geminiviridae*	ToLCSCV	塞舌尔番茄曲叶病毒
Tomato leaf curl Sinaloa virus	*Begomovirus*	*Geminiviridae*	ToLCSInV	锡那罗亚番茄曲叶病毒
Tomato leaf curl Sri Lanka virus	*Begomovirus*	*Geminiviridae*	ToLCSLV	斯里兰卡番茄曲叶病毒
Tomato leaf curl Sudan virus	*Begomovirus*	*Geminiviridae*	ToLCSDV	苏丹番茄曲叶病毒
Tomato leaf curl Taiwan virus	*Begomovirus*	*Geminiviridae*	ToLCTWV	台湾番茄曲叶病毒
Tomato leaf curl Uganda virus	*Begomovirus*	*Geminiviridae*	ToLCUV	乌干达番茄曲叶病毒
Tomato leaf curl Vietnam virus	*Begomovirus*	*Geminiviridae*	ToLCVV	越南番茄曲叶病毒
Tomato leaf curl virus	*Begomovirus*	*Geminiviridae*	ToLCV	番茄曲叶病毒
Tomato mild yellow leaf curl Aragua virus	*Begomovirus*	*Geminiviridae*	ToMYLCV	阿拉瓜番茄轻型黄曲叶病毒
Tomato mosaic Havana virus	*Begomovirus*	*Geminiviridae*	ToMHaV	哈瓦那番茄花叶病毒
Tomato mottle Taino virus	*Begomovirus*	*Geminiviridae*	ToMTaV	泰诺番茄斑驳病毒
Tomato mottle virus	*Begomovirus*	*Geminiviridae*	ToMoV	番茄斑驳病毒
Tomato rugose mosaic virus	*Begomovirus*	*Geminiviridae*	ToRMV	番茄皱缩花叶病毒
Tomato severe leaf curl virus	*Begomovirus*	*Geminiviridae*	ToSLCV	番茄重型曲叶病毒
Tomato severe rugose virus	*Begomovirus*	*Geminiviridae*	ToSRV	番茄重型皱缩病毒
Tomato yellow leaf curl Axarquia virus	*Begomovirus*	*Geminiviridae*	TYLCAxV	阿萨尔基亚番茄黄曲叶病毒
Tomato yellow leaf curl China virus	*Begomovirus*	*Geminiviridae*	TYLCCNV	中国番茄黄曲叶病毒
Tomato yellow leaf curl Guangdong virus	*Begomovirus*	*Geminiviridae*	TYLCGuV	广东番茄黄曲叶病毒

（续）

种	属	科	简写	中文名称
Tomato yellow leaf curl Indonesia virus	*Begomovirus*	*Geminiviridae*	TYLCIDV	印度尼西亚番茄黄曲叶病毒
Tomato yellow leaf curl Kanchanaburi virus	*Begomovirus*	*Geminiviridae*	TYLCKaV	北碧府番茄黄曲叶病毒
Tomato yellow leaf curl Malaga virus	*Begomovirus*	*Geminiviridae*	TYLCMAlV	马拉加番茄黄曲叶病毒
Tomato yellow leaf curl Mali virus	*Begomovirus*	*Geminiviridae*	TYLCMLV	马里番茄黄曲叶病毒
Tomato yellow leaf curl Sardinia virus	*Begomovirus*	*Geminiviridae*	TYLCSV	撒丁番茄黄曲叶病毒
Tomato yellow leaf curl Thailand virus	*Begomovirus*	*Geminiviridae*	TYLCTHV	泰国番茄黄曲叶病毒
Tomato yellow leaf curl Vietnam virus	*Begomovirus*	*Geminiviridae*	TYLCVNV	越南番茄黄曲叶病毒
Tomato yellow leaf curl virus	*Begomovirus*	*Geminiviridae*	TYLCV	番茄黄曲叶病毒
Tomato yellow margin leaf curl virus	*Begomovirus*	*Geminiviridae*	TYMLCV	番茄黄边曲叶病毒
Tomato yellow spot virus	*Begomovirus*	*Geminiviridae*	ToYSV	番茄黄斑病毒
Tomato yellow vein streak virus	*Begomovirus*	*Geminiviridae*	ToYVSV	番茄黄脉线条病毒
Vernonia yellow vein virus	*Begomovirus*	*Geminiviridae*	VeYVV	斑鸠菊黄脉病毒
Watermelon chlorotic stunt virus	*Begomovirus*	*Geminiviridae*	WmCSV	西瓜褪绿矮化病毒
Beet curly top Iran virus	*Curtovirus*	*Geminiviridae*	BCTIV	伊朗甜菜曲顶病毒
Beet curly top virus	*Curtovirus*	*Geminiviridae*	BCTV	甜菜曲顶病毒
Beet mild curly top virus	*Curtovirus*	*Geminiviridae*	BMCTV	甜菜轻型曲顶病毒
Beet severe curly top virus	*Curtovirus*	*Geminiviridae*	BSCTV	甜菜重型曲顶病毒
Horseradish curly top virus	*Curtovirus*	*Geminiviridae*	HrCTV	辣根曲顶病毒
Pepper curly top virus	*Curtovirus*	*Geminiviridae*	PepCTV	胡椒曲顶病毒
Spinach curly top virus	*Curtovirus*	*Geminiviridae*	SpCTV	菠菜曲顶病毒
Bean yellow dwarf virus	*Mastrevirus*	*Geminiviridae*	BeYDV	菜豆黄矮病毒
Chloris striate mosaic virus	*Mastrevirus*	*Geminiviridae*	CSMV	虎尾草条点花叶病毒
Digitaria streak virus	*Mastrevirus*	*Geminiviridae*	DSV	马唐线条病毒
Eragrostis streak virus	*Mastrevirus*	*Geminiviridae*	ESV	画眉草线条病毒

（续）

种	属	科	简写	中文名称
Maize streak virus	*Mastrevirus*	*Geminiviridae*	MSV	玉米线条病毒
Miscanthus streak virus	*Mastrevirus*	*Geminiviridae*	MiSV	芒线条病毒
Panicum streak virus	*Mastrevirus*	*Geminiviridae*	PanSV	黍线条病毒
Setaria streak virus	*Mastrevirus*	*Geminiviridae*	SetSV	狗尾草线条病毒
Sugarcane streak Egypt virus	*Mastrevirus*	*Geminiviridae*	SSEV	埃及甘蔗线条病毒
Sugarcane streak Reunion virus	*Mastrevirus*	*Geminiviridae*	SSRV	留尼汪甘蔗线条病毒
Sugarcane streak virus	*Mastrevirus*	*Geminiviridae*	SSV	甘蔗线条病毒
Tobacco yellow dwarf virus	*Mastrevirus*	*Geminiviridae*	TYDV	烟草黄矮病毒
Urochloa streak virus	*Mastrevirus*	*Geminiviridae*	UroSV	尾稃草线条病毒
Wheat dwarf virus	*Mastrevirus*	*Geminiviridae*	WDV	小麦矮缩病毒
Tomato pseudo-curly top virus	*Topocuvirus*	*Geminiviridae*	TPCTV	番茄伪曲顶病毒
Pea enation mosaic virus 1	*Enamovirus*	*Luteoviridae*	PEMV-1	豌豆耳突花叶病毒1
Barley yellow dwarf virus-MAV	*Luteovirus*	*Luteoviridae*	BYDV-MAV	大麦黄矮病毒-MAV
Barley yellow dwarf virus-PAS	*Luteovirus*	*Luteoviridae*	BYDV-PAS	大麦黄矮病毒-PAS
Barley yellow dwarf virus-PAV	*Luteovirus*	*Luteoviridae*	BYDV-PAV	大麦黄矮病毒-PAV
Bean leafroll virus	*Luteovirus*	*Luteoviridae*	BLRV	菜豆卷叶病毒
Rose spring dwarf-associated virus	*Luteovirus*	*Luteoviridae*	RSDaV	玫瑰泉矮病毒
Soybean dwarf virus	*Luteovirus*	*Luteoviridae*	SbDV	大豆矮缩病毒
Beet chlorosis virus	*Polerovirus*	*Luteoviridae*	BChV	甜菜萎黄病毒
Beet mild yellowing virus	*Polerovirus*	*Luteoviridae*	BMYV	甜菜轻型黄化病毒
Beet western yellows virus	*Polerovirus*	*Luteoviridae*	BWYV	甜菜西方黄化病毒
Carrot red leaf virus	*Polerovirus*	*Luteoviridae*	CtRLV	胡萝卜红叶病毒
Cereal yellow dwarf virus-RPS	*Polerovirus*	*Luteoviridae*	CYDV-RPS	禾谷类黄矮病毒-RPS
Cereal yellow dwarf virus-RPV	*Polerovirus*	*Luteoviridae*	CYDV-RPV	禾谷类黄矮病毒-RPV
Chickpea chlorotic stunt virus	*Polerovirus*	*Luteoviridae*	CpCSV	鹰嘴豆褪绿丛矮病毒
Cucurbit aphid-borne yellows virus	*Polerovirus*	*Luteoviridae*	CABYV	南瓜蚜传黄化病毒
Melon aphid-borne yellows virus	*Polerovirus*	*Luteoviridae*	MABYV	甜瓜蚜传黄化病毒
Potato leafroll virus	*Polerovirus*	*Luteoviridae*	PLRV	马铃薯卷叶病毒
Sugarcane yellow leaf virus	*Polerovirus*	*Luteoviridae*	SCYLV	甘蔗黄叶病毒

（续）

种	属	科	简写	中文名称
Tobacco vein distorting virus	*Polerovirus*	*Luteoviridae*	TVDV	烟草脉扭病毒
Turnip yellows virus	*Polerovirus*	*Luteoviridae*	TuYV	芜菁黄化病毒
Barley yellow dwarf virus-GPV	*Unassigned Luteoviridae*	*Luteoviridae*	BYDV-GPV	大麦黄矮病毒 -GPV
Barley yellow dwarf virus-RMV	*Unassigned Luteoviridae*	*Luteoviridae*	BYDV-RMV	大麦黄矮病毒 -RMV
Barley yellow dwarf virus-SGV	*Unassigned Luteoviridae*	*Luteoviridae*	BYDV-SGV	大麦黄矮病毒 -SGV
Chickpea stunt disease associated virus	*Unassigned Luteoviridae*	*Luteoviridae*	CpSDaV	鹰嘴豆矮化病伴随病毒
Groundnut rosette assistor virus	*Unassigned Luteoviridae*	*Luteoviridae*	GRAV	花生丛生辅助病毒
Indonesian soybean dwarf virus	*Unassigned Luteoviridae*	*Luteoviridae*	ISDV	印尼大豆矮缩病毒
Sweet potato leaf speckling virus	*Unassigned Luteoviridae*	*Luteoviridae*	SPLSV	甘薯叶斑点病毒
Tobacco necrotic dwarf virus	*Unassigned Luteoviridae*	*Luteoviridae*	TNDV	烟草坏死矮缩病毒
Abaca bunchy top virus	*Babuvirus*	*Nanoviridae*	ABTV	蕉麻束顶病毒
Banana bunchy top virus	*Babuvirus*	*Nanoviridae*	BBTV	香蕉束顶病毒
Cardamom bushy dwarf virus	*Babuvirus*	*Nanoviridae*	CdBDV	豆蔻丛矮病毒
Faba bean necrotic stunt virus	*Nanovirus*	*Nanoviridae*	FBNSV	蚕豆坏死矮缩病毒
Faba bean necrotic yellows virus	*Nanovirus*	*Nanoviridae*	FBNYV	蚕豆坏死黄化病毒
Milk vetch dwarf virus	*Nanovirus*	*Nanoviridae*	MDV	紫云英矮缩病毒
Pea necrotic yellow dwarf virus	*Nanovirus*	*Nanoviridae*	PNYDV	豌豆坏死黄矮病毒
Subterranean clover stunt virus	*Nanovirus*	*Nanoviridae*	SCSV	地三叶草矮化病毒
Coconut foliar decay virus	*Unassigned Nanoviridae*	*Nanoviridae*	CFDV	椰子叶衰病毒
Cassava brown streak virus	*Ipomovirus*	*Potyviridae*	CBSV	木薯褐色线条病毒
Cucumber vein yellowing virus	*Ipomovirus*	*Potyviridae*	CVYV	黄瓜脉黄病毒
Squash vein yellowing virus	*Ipomovirus*	*Potyviridae*	SqVYV	苦瓜脉黄病毒

（续）

种	属	科	简写	中文名称
Sweet potato mild mottle virus	*Ipomovirus*	*Potyviridae*	SPMMV	甘薯轻型斑驳病毒
Ugandan cassava brown streak virus	*Ipomovirus*	*Potyviridae*	UCBSV	乌干达木薯褐条病毒
Alpinia mosaic virus	*Macluravirus*	*Potyviridae*	AlpMV	山姜花叶病毒
Cardamom mosaic virus	*Macluravirus*	*Potyviridae*	CdMV	豆蔻花叶病毒
Chinese yam necrotic mosaic virus	*Macluravirus*	*Potyviridae*	ChYNMV	中国山药坏死花叶病毒
Maclura mosaic virus	*Macluravirus*	*Potyviridae*	MacMV	柘橙花叶病毒
Narcissus latent virus	*Macluravirus*	*Potyviridae*	NLV	水仙潜隐病毒
Ranunculus latent virus	*Macluravirus*	*Potyviridae*	RanLV	毛茛潜隐病毒
Algerian watermelon mosaic virus	*Potyvirus*	*Potyviridae*	AWMV	阿尔及利亚西瓜花叶病毒
Alstroemeria mosaic virus	*Potyvirus*	*Potyviridae*	AlMV	六出花花叶病毒
Alternanthera mild mosaic virus	*Potyvirus*	*Potyviridae*	AltMMV	莲子轻型花叶病毒
Amaranthus leaf mottle virus	*Potyvirus*	*Potyviridae*	AmLMV	苋叶斑驳病毒
Amazon lily mosaic virus	*Potyvirus*	*Potyviridae*	ALiMV	亚马逊百合花叶病毒
Angelica virus Y	*Potyvirus*	*Potyviridae*	AVY	当归Y病毒
Apium virus Y	*Potyvirus*	*Potyviridae*	ApVY	芹菜Y病毒
Araujia mosaic virus	*Potyvirus*	*Potyviridae*	ArjMV	萝藦花叶病毒
Arracacha mottle virus	*Potyvirus*	*Potyviridae*	AMoV	滇芎斑驳病毒
Artichoke latent virus	*Potyvirus*	*Potyviridae*	ArLV	菊芋潜隐病毒
Asparagus virus 1	*Potyvirus*	*Potyviridae*	AV-1	天门冬病毒1
Banana bract mosaic virus	*Potyvirus*	*Potyviridae*	BBrMV	香蕉苞片花叶病毒
Basella rugose mosaic virus	*Potyvirus*	*Potyviridae*	BaRMV	小立柱皱缩花叶病毒
Bean common mosaic necrosis virus	*Potyvirus*	*Potyviridae*	BCMNV	菜豆普通花叶坏死病毒
Bean common mosaic virus	*Potyvirus*	*Potyviridae*	BCMV	菜豆普通花叶病毒
Bean yellow mosaic virus	*Potyvirus*	*Potyviridae*	BYMV	菜豆黄花叶病毒
Beet mosaic virus	*Potyvirus*	*Potyviridae*	BtMV	甜菜花叶病毒
Bidens mottle virus	*Potyvirus*	*Potyviridae*	BiMoV	鬼针草斑驳病毒
Brugmansia suaveolens mottle virus	*Potyvirus*	*Potyviridae*	BsMoV	曼陀罗斑驳病毒
Butterfly flower mosaic virus	*Potyvirus*	*Potyviridae*	BFMV	蝴蝶花花叶病毒

（续）

种	属	科	简写	中文名称
Calanthe mild mosaic virus	*Potyvirus*	*Potyviridae*	CalMMV	虾脊兰轻型花叶病毒
Canna yellow streak virus	*Potyvirus*	*Potyviridae*	CaYSV	美人蕉黄色线条病毒
Carnation vein mottle virus	*Potyvirus*	*Potyviridae*	CVMoV	麝香石竹脉斑驳病毒
Carrot thin leaf virus	*Potyvirus*	*Potyviridae*	CTLV	胡萝卜细叶病毒
Carrot virus Y	*Potyvirus*	*Potyviridae*	CarVY	胡萝卜 Y 病毒
Celery mosaic virus	*Potyvirus*	*Potyviridae*	CeMV	芹菜花叶病毒
Ceratobium mosaic virus	*Potyvirus*	*Potyviridae*	CerMV	石斛兰花叶病毒
Chilli ringspot virus	*Potyvirus*	*Potyviridae*	ChiRSV	辣椒环斑病毒
Chilli veinal mottle virus	*Potyvirus*	*Potyviridae*	ChiVMV	南美红辣椒脉斑驳病毒
Chinese artichoke mosaic virus	*Potyvirus*	*Potyviridae*	ChAMV	中国菊芋花叶病毒
Clitoria virus Y	*Potyvirus*	*Potyviridae*	ClVY	蝶豆 Y 病毒
Clover yellow vein virus	*Potyvirus*	*Potyviridae*	ClYVV	三叶草黄脉病毒
Cocksfoot streak virus	*Potyvirus*	*Potyviridae*	CSV	鸭茅线条病毒
Colombian datura virus	*Potyvirus*	*Potyviridae*	CDV	哥伦比亚曼陀罗病毒
Commelina mosaic virus	*Potyvirus*	*Potyviridae*	ComMV	鸭跖草花叶病毒
Cowpea aphid-borne mosaic virus	*Potyvirus*	*Potyviridae*	CABMV	豇豆蚜传花叶病毒
Cowpea green vein banding virus	*Potyvirus*	*Potyviridae*	CGVBV	豇豆绿色脉带病毒
Cypripedium virus Y	*Potyvirus*	*Potyviridae*	CypVY	凤仙花 Y 病毒
Daphne mosaic virus	*Potyvirus*	*Potyviridae*	DapMV	月桂树花叶病毒
Dasheen mosaic virus	*Potyvirus*	*Potyviridae*	DsMV	芋花叶病毒
Datura shoestring virus	*Potyvirus*	*Potyviridae*	DSSV	曼陀罗带化病毒
Diuris virus Y	*Potyvirus*	*Potyviridae*	DiVY	兰花 Y 病毒
East Asian passiflora virus	*Potyvirus*	*Potyviridae*	EAPV	东亚西番莲病毒
Endive necrotic mosaic virus	*Potyvirus*	*Potyviridae*	ENMV	苣荬菜坏死花叶病毒
Euphorbia ringspot virus	*Potyvirus*	*Potyviridae*	EuRSV	大戟环斑病毒
Freesia mosaic virus	*Potyvirus*	*Potyviridae*	FreMV	香雪兰花叶病毒
Fritillary virus Y	*Potyvirus*	*Potyviridae*	FVY	贝母 Y 病毒
Gloriosa stripe mosaic virus	*Potyvirus*	*Potyviridae*	GSMV	嘉兰条斑花叶病毒
Groundnut eyespot virus	*Potyvirus*	*Potyviridae*	GEV	花生眼斑病毒
Guinea grass mosaic virus	*Potyvirus*	*Potyviridae*	GGMV	羊草花叶病毒

（续）

种	属	科	简写	中文名称
Hardenbergia mosaic virus	*Potyvirus*	*Potyviridae*	HaMV	哈登柏豆花叶病毒
Helenium virus Y	*Potyvirus*	*Potyviridae*	HVY	堆心菊Y病毒
Henbane mosaic virus	*Potyvirus*	*Potyviridae*	HMV	天仙子花叶病毒
Hibbertia virus Y	*Potyvirus*	*Potyviridae*	HiVY	纽扣花属Y病毒
Hippeastrum mosaic virus	*Potyvirus*	*Potyviridae*	HiMV	朱顶红花叶病毒
Hyacinth mosaic virus	*Potyvirus*	*Potyviridae*	HyaMV	风信子花叶病毒
Iris fulva mosaic virus	*Potyvirus*	*Potyviridae*	IFMV	暗黄鸢尾花叶病毒
Iris mild mosaic virus	*Potyvirus*	*Potyviridae*	IMMV	鸢尾轻型花叶病毒
Iris severe mosaic virus	*Potyvirus*	*Potyviridae*	ISMV	鸢尾重型花叶病毒
Japanese yam mosaic virus	*Potyvirus*	*Potyviridae*	JYMV	日本山药花叶病毒
Johnsongrass mosaic virus	*Potyvirus*	*Potyviridae*	JGMV	石茅高粱花叶病毒
Kalanchoe mosaic virus	*Potyvirus*	*Potyviridae*	KMV	伽蓝菜花叶病毒
Konjac mosaic virus	*Potyvirus*	*Potyviridae*	KoMV	魔芋花叶病毒
Leek yellow stripe virus	*Potyvirus*	*Potyviridae*	LYSV	韭葱黄条病毒
Lettuce mosaic virus	*Potyvirus*	*Potyviridae*	LMV	莴苣花叶病毒
Lily mottle virus	*Potyvirus*	*Potyviridae*	LMoV	百合斑驳病毒
Lycoris mild mottle virus	*Potyvirus*	*Potyviridae*	LyMMoV	石蒜轻斑驳病毒
Maize dwarf mosaic virus	*Potyvirus*	*Potyviridae*	MDMV	玉米矮花叶病毒
Malva vein clearing virus	*Potyvirus*	*Potyviridae*	MVCV	锦葵脉明病毒
Meadow saffron breaking virus	*Potyvirus*	*Potyviridae*	MSBV	番红花碎色病毒
Moroccan watermelon mosaic virus	*Potyvirus*	*Potyviridae*	MWMV	摩洛哥西瓜花叶病毒
Narcissus degeneration virus	*Potyvirus*	*Potyviridae*	NDV	水仙退化病毒
Narcissus late season yellows virus	*Potyvirus*	*Potyviridae*	NLSYV	水仙晚期黄化病毒
Narcissus yellow stripe virus	*Potyvirus*	*Potyviridae*	NYSV	水仙黄条病毒
Nerine yellow stripe virus	*Potyvirus*	*Potyviridae*	NeYSV	尼润黄条病毒
Nothoscordum mosaic virus	*Potyvirus*	*Potyviridae*	NoMV	假葱花叶病毒
Onion yellow dwarf virus	*Potyvirus*	*Potyviridae*	OYDV	洋葱黄矮病毒
Ornithogalum mosaic virus	*Potyvirus*	*Potyviridae*	OrMV	虎眼万年青花叶病毒
Ornithogalum virus 2	*Potyvirus*	*Potyviridae*	OrV-2	虎眼万年青病毒2

（续）

种	属	科	简写	中文名称
Ornithogalum virus 3	*Potyvirus*	*Potyviridae*	OrV-3	虎眼万年青病毒 3
Papaya leaf distortion mosaic virus	*Potyvirus*	*Potyviridae*	PLDMV	木瓜畸叶花叶病毒
Papaya ringspot virus	*Potyvirus*	*Potyviridae*	PRSV	木瓜环斑病毒
Parsnip mosaic virus	*Potyvirus*	*Potyviridae*	ParMV	欧防风花叶病毒
Passiflora chlorosis virus	*Potyvirus*	*Potyviridae*	PaChV	西番莲萎黄病毒
Passion fruit woodiness virus	*Potyvirus*	*Potyviridae*	PWV	鸡蛋果木质化病毒
Pea seed-borne mosaic virus	*Potyvirus*	*Potyviridae*	PSbMV	豌豆种传花叶病毒
Peanut mottle virus	*Potyvirus*	*Potyviridae*	PeMoV	花生斑驳病毒
Pennisetum mosaic virus	*Potyvirus*	*Potyviridae*	PenMV	白草花叶病毒
Pepper mottle virus	*Potyvirus*	*Potyviridae*	PepMoV	辣椒斑驳病毒
Pepper severe mosaic virus	*Potyvirus*	*Potyviridae*	PepSMV	辣椒重型花叶病毒
Pepper veinal mottle virus	*Potyvirus*	*Potyviridae*	PVMV	辣椒脉斑驳病毒
Pepper yellow mosaic virus	*Potyvirus*	*Potyviridae*	PepYMV	胡椒黄化花叶病毒
Peru tomato mosaic virus	*Potyvirus*	*Potyviridae*	PTV	秘鲁番茄花叶病毒
Pfaffia mosaic virus	*Potyvirus*	*Potyviridae*	PfMV	珐菲亚花叶病毒
Pleione virus Y	*Potyvirus*	*Potyviridae*	PlVY	独蒜兰 Y 病毒
Plum pox virus	*Potyvirus*	*Potyviridae*	PPV	李痘病毒
Pokeweed mosaic virus	*Potyvirus*	*Potyviridae*	PkMV	商陆花叶病毒
Potato virus A	*Potyvirus*	*Potyviridae*	PVA	马铃薯 A 病毒
Potato virus V	*Potyvirus*	*Potyviridae*	PVV	马铃薯 V 病毒
Potato virus Y	*Potyvirus*	*Potyviridae*	PVY	马铃薯 Y 病毒
Ranunculus leaf distortion virus	*Potyvirus*	*Potyviridae*	RanLDV	毛茛叶变形病毒
Ranunculus mild mosaic virus	*Potyvirus*	*Potyviridae*	RanMMV	毛茛轻型花叶病毒
Ranunculus mosaic virus	*Potyvirus*	*Potyviridae*	RanMV	毛茛花叶病毒
Sarcochilus virus Y	*Potyvirus*	*Potyviridae*	SaVY	狭唇兰 Y 病毒
Scallion mosaic virus	*Potyvirus*	*Potyviridae*	ScaMV	胡葱花叶病毒
Shallot yellow stripe virus	*Potyvirus*	*Potyviridae*	SYSV	青葱黄条病毒
Sorghum mosaic virus	*Potyvirus*	*Potyviridae*	SrMV	高粱花叶病毒
Soybean mosaic virus	*Potyvirus*	*Potyviridae*	SMV	大豆花叶病毒

（续）

种	属	科	简写	中文名称
Spiranthes mosaic virus	*Potyvirus*	*Potyviridae*	SpMV	绶花叶病毒
Sugarcane mosaic virus	*Potyvirus*	*Potyviridae*	SCMV	甘蔗花叶病毒
Sunflower chlorotic mottle virus	*Potyvirus*	*Potyviridae*	SuCMoV	向日葵褪绿斑驳病毒
Sunflower mosaic virus	*Potyvirus*	*Potyviridae*	SuMV	向日葵花叶病毒
Sweet potato feathery mottle virus	*Potyvirus*	*Potyviridae*	SPFMV	甘薯羽状斑驳病毒
Sweet potato latent virus	*Potyvirus*	*Potyviridae*	SPLV	甘薯潜隐病毒
Sweet potato mild speckling virus	*Potyvirus*	*Potyviridae*	SPMSV	甘薯轻型斑点病毒
Sweet potato virus 2	*Potyvirus*	*Potyviridae*	SPV-2	甘薯病毒 2
Sweet potato virus C	*Potyvirus*	*Potyviridae*	SPVC	甘薯病毒 C
Sweet potato virus G	*Potyvirus*	*Potyviridae*	SPVG	甘薯病毒 G
Telfairia mosaic virus	*Potyvirus*	*Potyviridae*	TeMV	发藤葫芦花叶病毒
Telosma mosaic virus	*Potyvirus*	*Potyviridae*	TelMV	夜来香(属) 花叶病毒
Thopalanthe virus Y	*Potyvirus*	*Potyviridae*	ThVY	节兰 Y 病毒
Thunberg fritillary mosaic virus	*Potyvirus*	*Potyviridae*	TFMV	浙贝母花叶病毒
Tobacco etch virus	*Potyvirus*	*Potyviridae*	TEV	烟草蚀纹病毒
Tobacco vein banding mosaic virus	*Potyvirus*	*Potyviridae*	TVBMV	烟草镶脉花叶病毒
Tobacco vein mottling virus	*Potyvirus*	*Potyviridae*	TVMV	烟草脉斑驳病毒
Tradescantia mild mosaic virus	*Potyvirus*	*Potyviridae*	TraMMV	紫露草轻型花叶病毒
Tropaeolum mosaic virus	*Potyvirus*	*Potyviridae*	TroMV	旱金莲(属) 花叶病毒
Tuberose mild mosaic virus	*Potyvirus*	*Potyviridae*	TuMMV	晚香玉轻型花叶病毒
Tuberose mild mottle virus	*Potyvirus*	*Potyviridae*	TuMMoV	晚香玉轻型斑驳病毒
Tulip breaking virus	*Potyvirus*	*Potyviridae*	TBV	郁金香碎色病毒
Tulip mosaic virus	*Potyvirus*	*Potyviridae*	TulMV	郁金香花叶病毒
Turnip mosaic virus	*Potyvirus*	*Potyviridae*	TuMV	芜菁花叶病毒
Twisted stalk chlorotic streak virus	*Potyvirus*	*Potyviridae*	TSCSV	扭柄褪绿条纹病毒
Vallota mosaic virus	*Potyvirus*	*Potyviridae*	ValMV	石蒜花叶病毒
Watermelon leaf mottle virus	*Potyvirus*	*Potyviridae*	WLMV	西瓜叶斑驳病毒
Watermelon mosaic virus	*Potyvirus*	*Potyviridae*	WMV	西瓜花叶病毒
Wild potato mosaic virus	*Potyvirus*	*Potyviridae*	WPMV	野马铃薯花叶病毒

（续）

种	属	科	简写	中文名称
Wild tomato mosaic virus	*Potyvirus*	*Potyviridae*	WTMV	野番茄花叶病毒
Wisteria vein mosaic virus	*Potyvirus*	*Potyviridae*	WVMV	紫藤脉花叶病毒
Yam mild mosaic virus	*Potyvirus*	*Potyviridae*	YMMV	薯蓣轻型花叶病毒
Yam mosaic virus	*Potyvirus*	*Potyviridae*	YMV	薯蓣花叶病毒
Yambean mosaic virus	*Potyvirus*	*Potyviridae*	YBMV	豆薯花叶病毒
Zantedeschia mild mosaic virus	*Potyvirus*	*Potyviridae*	ZaMMV	马蹄莲轻型花叶病毒
Zea mosaic virus	*Potyvirus*	*Potyviridae*	ZeMV	玉米花叶病毒
Zucchini yellow fleck virus	*Potyvirus*	*Potyviridae*	ZYFV	小西葫芦黄点病毒
Zucchini yellow mosaic virus	*Potyvirus*	*Potyviridae*	ZYMV	小西葫芦黄花叶病毒
Fiji disease virus	*Fijivirus*	*Reoviridae*	FDV	斐济病病毒
Garlic dwarf virus	*Fijivirus*	*Reoviridae*	GDV	大蒜矮缩病毒
Maize rough dwarf virus	*Fijivirus*	*Reoviridae*	MRDV	玉米粗缩病毒
Mal de Rio Cuarto virus	*Fijivirus*	*Reoviridae*	MRCV	马德里库阿托病毒
Nilaparvata lugens reovirus	*Fijivirus*	*Reoviridae*	NLRV	褐飞虱呼肠孤病毒
Oat sterile dwarf virus	*Fijivirus*	*Reoviridae*	OSDV	燕麦不孕矮缩病毒
Pangola stunt virus	*Fijivirus*	*Reoviridae*	PaSV	马唐矮化病毒
Rice black streaked dwarf virus	*Fijivirus*	*Reoviridae*	RBSDV	水稻黑条矮缩病毒
Echinochloa ragged stunt virus	*Oryzavirus*	*Reoviridae*	ERSV	稗草齿叶矮缩病毒
Rice ragged stunt virus	*Oryzavirus*	*Reoviridae*	RRSV	水稻齿矮病毒
Rice dwarf virus	*Phytoreovirus*	*Reoviridae*	RDV	水稻矮缩病毒
Rice gall dwarf virus	*Phytoreovirus*	*Reoviridae*	RGDV	水稻瘤矮病毒
Wound tumor virus	*Phytoreovirus*	*Reoviridae*	WTV	伤瘤病毒
Barley yellow striate mosaic virus	*Cytorhabdovirus*	*Rhabdoviridae*	BYSMV	大麦黄条点花叶病毒
Broccoli necrotic yellows virus	*Cytorhabdovirus*	*Rhabdoviridae*	BNYV	分枝花椰菜坏死黄化病毒
Festuca leaf streak virus	*Cytorhabdovirus*	*Rhabdoviridae*	FLSV	羊茅叶线条病毒
Lettuce necrotic yellows virus	*Cytorhabdovirus*	*Rhabdoviridae*	LNYV	莴苣坏死黄化病毒
Lettuce yellow mottle virus	*Cytorhabdovirus*	*Rhabdoviridae*	LYMoV	莴苣黄斑驳病毒
Northern cereal mosaic virus	*Cytorhabdovirus*	*Rhabdoviridae*	NCMV	北方禾谷花叶病毒
Sonchus virus	*Cytorhabdovirus*	*Rhabdoviridae*	SonV	苦苣菜病毒

（续）

种	属	科	简写	中文名称
Strawberry crinkle virus	*Cytorhabdovirus*	*Rhabdoviridae*	SCV	草莓皱缩病毒
Wheat American striate mosaic virus	*Cytorhabdovirus*	*Rhabdoviridae*	WASMV	美国小麦线条花叶病毒
Datura yellow vein virus	*Nucleorhabdovirus*	*Rhabdoviridae*	DYVV	曼陀罗黄脉病毒
Eggplant mottled dwarf virus	*Nucleorhabdovirus*	*Rhabdoviridae*	EMDV	茄斑驳矮缩病毒
Maize fine streak virus	*Nucleorhabdovirus*	*Rhabdoviridae*	MFSV	玉米细条纹病毒
Maize Iranian mosaic virus	*Nucleorhabdovirus*	*Rhabdoviridae*	MIMV	伊朗玉米花叶病毒
Maize mosaic virus	*Nucleorhabdovirus*	*Rhabdoviridae*	MMV	玉米花叶病毒
Potato yellow dwarf virus	*Nucleorhabdovirus*	*Rhabdoviridae*	PYDV	马铃薯黄矮病毒
Rice yellow stunt virus	*Nucleorhabdovirus*	*Rhabdoviridae*	RYSV	水稻黄矮病毒
Sonchus yellow net virus	*Nucleorhabdovirus*	*Rhabdoviridae*	SYNV	苦苣菜黄网病毒
Sowthistle yellow vein virus	*Nucleorhabdovirus*	*Rhabdoviridae*	SYVV	苦苣菜黄脉病毒
Taro vein chlorosis virus	*Nucleorhabdovirus*	*Rhabdoviridae*	TaVCV	芋头静脉萎黄病病毒
Andean potato mottle virus	*Comovirus*	*Secoviridae*	APMoV	安第斯马铃薯斑驳病毒
Bean pod mottle virus	*Comovirus*	*Secoviridae*	BPMV	菜豆荚斑驳病毒
Bean rugose mosaic virus	*Comovirus*	*Secoviridae*	BRMV	菜豆皱缩花叶病毒
Broad bean stain virus	*Comovirus*	*Secoviridae*	BBSV	蚕豆杂色病毒
Broad bean true mosaic virus	*Comovirus*	*Secoviridae*	BBTMV	蚕豆真花叶病毒
Cowpea mosaic virus	*Comovirus*	*Secoviridae*	CPMV	豇豆花叶病毒
Cowpea severe mosaic virus	*Comovirus*	*Secoviridae*	CPSMV	豇豆重花叶病毒
Glycine mosaic virus	*Comovirus*	*Secoviridae*	GMV	大豆属花叶病毒
Pea green mottle virus	*Comovirus*	*Secoviridae*	PGMV	豌豆绿斑驳病毒
Pea mild mosaic virus	*Comovirus*	*Secoviridae*	PMiMV	豌豆轻型花叶病毒
Quail pea mosaic virus	*Comovirus*	*Secoviridae*	QPMV	鹑豌豆花叶病毒
Radish mosaic virus	*Comovirus*	*Secoviridae*	RaMV	萝卜花叶病毒
Red clover mottle virus	*Comovirus*	*Secoviridae*	RCMV	红三叶草斑驳病毒
Squash mosaic virus	*Comovirus*	*Secoviridae*	SqMV	南瓜花叶病毒
Ullucus virus C	*Comovirus*	*Secoviridae*	UVC	块根落葵C病毒
Broad bean wilt virus 1	*Fabavirus*	*Secoviridae*	BBWV-1	蚕豆萎蔫病毒1
Broad bean wilt virus 2	*Fabavirus*	*Secoviridae*	BBWV-2	蚕豆萎蔫病毒2

（续）

种	属	科	简写	中文名称
Gentian mosaic virus	*Fabavirus*	*Secoviridae*	GeMV	龙胆花叶病毒
Lamium mild mosaic virus	*Fabavirus*	*Secoviridae*	LMMV	野芝麻轻型花叶病毒
Anthriscus yellows virus	*Waikavirus*	*Secoviridae*	AYV	峨参黄化病毒
Maize chlorotic dwarf virus	*Waikavirus*	*Secoviridae*	MCDV	玉米褪绿矮缩病毒
Rice tungro spherical virus	*Waikavirus*	*Secoviridae*	RTSV	水稻东格鲁球状病毒
Maize chlorotic mottle virus	*Machlomovirus*	*Tombusviridae*	MCMV	玉米褪绿斑驳病毒
Bermuda grass etched-line virus	*Marafivirus*	*Tymoviridae*	BELV	百慕大草蚀刻线病毒
Blackberry virus S	*Marafivirus*	*Tymoviridae*	BVS	黑莓 S 病毒
Citrus sudden death-associated virus	*Marafivirus*	*Tymoviridae*	CSDaV	柑橘猝死病毒
Grapevine Syrah virus	*Marafivirus*	*Tymoviridae*	GSyV	葡萄西拉病毒
Maize Rayado Fino virus	*Marafivirus*	*Tymoviridae*	MRFV	玉米雷亚多非纳病毒
Oat blue dwarf virus	*Marafivirus*	*Tymoviridae*	OBDV	燕麦蓝矮病毒
Olive latent virus 3	*Marafivirus*	*Tymoviridae*		橄榄潜伏病毒 3
Anagyris vein yellowing virus	*Tymovirus*	*Tymoviridae*	AVYV	灌木脉黄病毒
Andean potato latent virus	*Tymovirus*	*Tymoviridae*	APLV	安第斯马铃薯潜隐病毒
Belladonna mottle virus	*Tymovirus*	*Tymoviridae*	BeMV	颠茄斑驳病毒
Cacao yellow mosaic virus	*Tymovirus*	*Tymoviridae*	CYMV	可可黄花叶病毒
Calopogonium yellow vein virus	*Tymovirus*	*Tymoviridae*	CalYVV	毛蔓豆黄脉病毒
Chayote mosaic virus	*Tymovirus*	*Tymoviridae*	ChMV	佛手瓜花叶病毒
Chiltepin yellow mosaic virus	*Tymovirus*	*Tymoviridae*	ChiYMV	墨西哥辣椒黄花叶病毒
Clitoria yellow vein virus	*Tymovirus*	*Tymoviridae*	CYVV	蝶豆黄脉病毒
Desmodium yellow mottle virus	*Tymovirus*	*Tymoviridae*	DYMoV	山蚂蟥黄斑驳病毒
Dulcamara mottle virus	*Tymovirus*	*Tymoviridae*	DuMV	欧白英斑驳病毒
Eggplant mosaic virus	*Tymovirus*	*Tymoviridae*	EMV	茄花叶病毒
Erysimum latent virus	*Tymovirus*	*Tymoviridae*	ErLV	糖芥潜隐病毒
Kennedya yellow mosaic virus	*Tymovirus*	*Tymoviridae*	KYMV	肯尼迪豆黄花叶病毒
Melon rugose mosaic virus	*Tymovirus*	*Tymoviridae*	MRMV	甜瓜粗缩花叶病毒
Nemesia ring necrosis virus	*Tymovirus*	*Tymoviridae*	NeRNV	龙面花环疽病毒

（续）

种	属	科	简写	中文名称
Okra mosaic virus	*Tymovirus*	*Tymoviridae*	OkMV	秋葵花叶病毒
Ononis yellow mosaic virus	*Tymovirus*	*Tymoviridae*	OYMV	芒柄花黄花叶病毒
Passion fruit yellow mosaic virus	*Tymovirus*	*Tymoviridae*	PFYMV	鸡蛋果黄花叶病毒
Peanut yellow mosaic virus	*Tymovirus*	*Tymoviridae*	PeYMV	花生黄花叶病毒
Petunia vein banding virus	*Tymovirus*	*Tymoviridae*	PetVBV	矮牵牛镶脉病毒
Physalis mottle virus	*Tymovirus*	*Tymoviridae*	PhyMV	酸浆斑驳病毒
Plantago mottle virus	*Tymovirus*	*Tymoviridae*	PlMoV	车前草斑驳病毒
Scrophularia mottle virus	*Tymovirus*	*Tymoviridae*	ScrMV	玄参斑驳病毒
Turnip yellow mosaic virus	*Tymovirus*	*Tymoviridae*	TYMV	芜菁黄花叶病毒
Voandzeia necrotic mosaic virus	*Tymovirus*	*Tymoviridae*	VNMV	沃安齐贾坏死花叶病毒
Wild cucumber mosaic virus	*Tymovirus*	*Tymoviridae*	WCMV	野黄瓜花叶病毒

附录Ⅱ 植物病毒分类系统（ICTV，2011年）

目	科	亚科	属	代表种	种数
ssDNA 病毒					
—	双生病毒科 *Geminiviridae*	—	菜豆金色黄花叶病毒属 *Begomovirus*	菜豆金色黄花叶病毒 *Bean golden yellow mosaic virus*	192
			曲顶病毒属 *Curtovirus*	甜菜曲顶病毒 *Beet curly top virus*	7
			玉米线条病毒属 *Mastrevirus*	玉米线条病毒 *Maize streak virus*	14
			番茄伪曲顶病毒属 *Topocuvirus*	番茄伪曲顶病毒 *Tomato pseudo-curly top virus*	1
	矮缩病毒科 *Nanoviridae*	—	香蕉束顶病毒属 *Babuvirus*	香蕉束顶病毒 *Banana bunchy top virus*	3
			矮缩病毒属 *Nanovirus*	地三叶草矮化病毒 *Subterranean clover stunt virus*	5
			未归属 Unassigned		1
dsDNA（RT）病毒					
—	花椰菜花叶病毒科 *Caulimoviridae*	—	花椰菜花叶病毒属 *Caulimovirus*	花椰菜花叶病毒 *Cauliflower mosaic virus*	9
			碧冬茄病毒属 *Petuvirus*	碧冬茄脉明病毒 *Petunia vein clearing virus*	1
			木薯脉花叶病毒属 *Cavemovirus*	木薯脉花叶病毒 *Cassava vein mosaic virus*	2
			茄内源病毒属 *Solendovirus*	烟草脉明病毒 *Tobacco vein clearing virus*	2
			大豆斑驳病毒属 *Soymovirus*	大豆褪绿斑驳病毒 *Soybean chlorotic mottle virus*	4
			杆状DNA病毒属 *Badnavirus*	鸭跖草黄斑驳病毒 *Commelina yellow mottle virus*	25
			东格鲁病毒属 *Tungrovirus*	水稻东格鲁杆状病毒 *Rice tungro bacilliform virus*	1

（续）

目	科	亚科	属	代表种	种数
ssRNA（RT）病毒					
—	伪病毒科 *Pseudoviridae*	—	伪病毒属 *Pseudovirus*	啤酒酵母Ty1病毒 *Saccharomyces cerrevisiae Ty1 virus*	16
			塞尔病毒属 *Sirevirus*	大豆SIRE1病毒 *Glycine max SIRE1 virus*	6
			未归属 Unassigne		1
	转座病毒科 *Metaviridae*	—	转座病毒属 *Metavirus*	啤酒酵母Ty3病毒 *Saccharomyces cerrevisiae Ty3 virus*	3
dsRNA病毒					
—	呼肠孤病毒科 *Reoviridae*	光滑呼肠孤病毒亚科 *Sedoreovirinae*	植物呼肠孤病毒属 *Phytoreovirus*	伤瘤病毒 *Wound tumor virus*	3
		刺突呼肠孤病毒亚科 *Spinareovirinae*	斐济病毒属 *Fijivirus*	斐济病病毒 *Fiji disease virus*	7
			水稻病毒属 *Oryzavirus*	水稻齿叶矮化病毒 *Rice ragged stunt virus*	2
	双分病毒科 *Partitiviridae*	—	甲型隐潜病毒属 *Alphacryptovirus*	白三叶草隐潜病毒1 *White clover cryptic virus 1*	16
			乙型隐潜病毒属 *Betacryptovirus*	白三叶草隐潜病毒2 *White clover cryptic virus 2*	4
	内源RNA病毒科 *Endornaviridae*	—	内源RNA病毒属 *Endornavirus*	蚕豆内源RNA病毒 *Vicia faba endorna virus*	4
(一) ssRNA病毒					
单分子负链RNA病毒目 Mononegavirales	弹状病毒科 *Rhabdoviridae*	—	质型弹状病毒属 *Cytorhabdovirus*	莴苣坏死黄化病毒 *Lettuce necrotic yellow virus*	9
			核型弹状病毒属 *Nucleorhabdovirus*	马铃薯黄矮病毒 *Potato yellow dwarf virus*	10

（续）

目	科	亚科	属	代表种	种数
—	布尼亚病毒科 *Bunyaviridae*	—	番茄斑萎病毒属 *Tospovirus*	番茄斑萎病毒 *Tomato spotted wilt virus*	8
	蛇形病毒科 *Ophioviridae*	—	蛇形病毒属 *Ophiovirus*	柑橘鳞皮病毒 *Citrus psorosis virus*	6
	—	—	欧洲花楸环斑病毒属 *Emaravirus*	欧洲花楸环斑伴随病毒 *European mountainash ringspot-associated virus*	2
	—	—	纤细病毒属 *Tenuivirus*	水稻条纹病毒 *Rice stripe virus*	6
	—	—	巨脉病毒属 *Varicosavirus*	莴苣巨脉伴随病毒 *Lettuce big-vein associated virus*	1
（+）ssRNA 病毒					
小 RNA 病毒目 Picornavirales	伴生及豇豆病毒科 *Secoviridae*	豇豆花叶病毒亚科 *Comovirinae*	豇豆花叶病毒属 *Comovirus*	豇豆花叶病毒 *Cowpea mosaic virus*	15
			蚕豆病毒属 *Fabavirus*	蚕豆萎蔫病毒 1 *Broad bean wilt virus 1*	4
			线虫传多面体病毒属 *Nepovirus*	烟草环斑病毒 *Tobacco ringspot virus*	35
		—	樱桃锉叶病毒属 *Cheravirus*	樱桃锉叶病毒 *Cherry rasp leaf virus*	3
			温州蜜柑矮缩病毒属 *Sadwavirus*	温州蜜柑矮缩病毒 *Satsuma dwarf virus*	1
			灼烧病毒属 *Torradovirus*	番茄灼烧病毒 *Tomato torrado virus*	2
			伴生病毒属 *Sequivirus*	欧防风黄点病毒 *Parsnip yellow fleck virus*	3
			水稻矮化病毒属 *Waikavirus*	水稻东格鲁球状病毒 *Rice tungro spherical virus*	3
			未归属 Unassigned		3

（续）

目	科	亚科	属	代表种	种数
芜菁黄花叶病毒目 Tymovirales	甲型线状病毒科 *Alphaflexiviridae*	—	葱X病毒属 *Allexivirus*	火葱X病毒 *Shallot virus X*	8
			黑麦草潜隐病毒属 *Lolavirus*	黑麦草潜隐病毒 *Lolium latent virus*	1
			印度柑橘病毒属 *Mandarivirus*	印度柑橘环斑病毒 *Indian citrus ringspote virus*	1
			马铃薯X病毒属 *Potexvirus*	马铃薯X病毒 *Potato virus X*	35
	乙型线状病毒科 *Betaflexiviridae*	—	发样病毒属 *Capillovirus*	苹果茎沟病毒 *Apple stem grooving virus*	2
			麝香石竹潜隐病毒属 *Carlavirus*	麝香石竹潜隐病毒 *Carnation latent virus*	43
			柑橘病毒属 *Citrivirus*	柑橘叶疱斑病毒 *Citrus leaf blotch virus*	1
			凹陷病毒属 *Foveavirus*	苹果茎痘病毒 *Apple stem pitting virus*	4
			马铃薯T病毒属 *Tepovirus*	马铃薯T病毒 *Potato virus T*	1
			纤毛病毒属 *Trichovirus*	苹果褪绿叶斑病毒 *Apple chlorotic leaf spot virus*	5
			葡萄病毒属 *Vitivirus*	葡萄A病毒 *Grapevine virus A*	6
			未归属 Unassigned		5
	芜菁黄花叶病毒科 *Tymoviridae*	—	葡萄斑点病毒属 *Maculavirus*	葡萄斑点病毒 *Grapevine fleck virus*	1
			玉米雷亚朵非纳病毒属 *Marafivirus*	玉米雷亚朵非纳病毒 *Maize rayado fino virus*	7
			芜菁黄花叶病毒属 *Tymovirus*	芜菁黄花叶病毒 *Turnip yellow mosaic virus*	26
			未归属 Unassigned		1

（续）

目	科	亚科	属	代表种	种数
—	雀麦花叶病毒科 *Bromoviridae*	—	苜蓿花叶病毒属 *Alfamovirus*	苜蓿花叶病毒 *Alfalfa mosaic virus*	1
			同心病毒属 *Anulavirus*	天竺葵环纹斑点病毒 *Pelargonium zonate spot virus*	1
			雀麦花叶病毒属 *Bromovirus*	雀麦花叶病毒 *Brome mosaic virus*	6
			黄瓜花叶病毒属 *Cucumovirus*	黄瓜花叶病毒 *Cucumber mosaic virus*	4
			等轴不稳环斑病毒属 *Ilarvirus*	烟草线条病毒 *Tobacco streak virus*	19
			油橄榄病毒属 *Oleavirus*	油橄榄潜隐病毒 2 *Olive latent virus 2*	1
	马铃薯 Y 病毒科 *Potyviridae*	—	黑莓 Y 病毒属 *Brambyvirus*	黑莓 Y 病毒 *Blackberry virus Y*	1
			大麦黄花叶病毒属 *Bymovirus*	大麦黄花叶病毒 *Barley yellow mosaic virus*	6
			甘薯病毒属 *Ipomovirus*	甘薯轻型斑驳病毒 *Sweet potato mild mottle virus*	5
			柘橙病毒属 *Macluravirus*	柘橙花叶病毒 *Maclura mosaic virus*	6
			禾草病毒属 *Poacevirus*	小麦花叶病毒 *Triticum mosaic virus*	2
			马铃薯 Y 病毒属 *Potyvirus*	马铃薯 Y 病毒 *Potato virus Y*	146
			黑麦草花叶病毒属 *Rymovirus*	黑麦草花叶病毒 *Ryegrass mosaic virus*	3
			小麦花叶病毒属 *Tritimovirus*	小麦线条花叶病毒 *Wheat streak mosaic virus*	4
			未归属 Unassigned		2
	长线形病毒科 *Closteroviridae*	—	葡萄卷叶病毒属 *Ampelovirus*	葡萄卷叶伴随病毒 3 *Grapevine leafroll-associated virus 3*	8
			长线形病毒属 *Closterovirus*	甜菜黄化病毒 *Beet yellows virus*	11
			毛形病毒属 *Crinivirus*	莴苣侵染性黄化病毒 *Lettuce infectious yellows virus*	12
			未归属 Unassigned		6

（续）

目	科	亚科	属	代表种	种数
	黄症病毒科 *Luteoviridae*	—	耳突花叶病毒属 *Enamovirus*	豌豆耳突花叶病毒1 *Pea enation mosaic virus 1*	1
			黄症病毒属 *Luteovirus*	大麦黄矮病毒-PAV *Barley yellow dwarf virus-PAV*	6
			马铃薯卷叶病毒属 *Polerovirus*	马铃薯卷叶病毒 *Potato leafroll virus*	13
			未归属 Unassigned		8
	番茄丛矮病毒科 *Tombusviridae*	—	绿萝病毒属 *Aureusvirus*	绿萝潜隐病毒 *Pothos latent virus*	4
			燕麦病毒属 *Avenavirus*	燕麦褪绿矮化病毒 *Oat chlorotic stunt virus*	1
			麝香石竹斑驳病毒属 *Carmovirus*	麝香石竹斑驳病毒 *Carnation mottle virus*	20
			麝香石竹环斑病毒属 *Dianthovirus*	麝香石竹环斑病毒 *Carnation ring spot virus*	3
			玉米褪绿斑驳病毒属 *Machlomovirus*	玉米褪绿斑驳病毒 *Maize chlorotic mottle virus*	1
			坏死病毒属 *Necrovirus*	烟草坏死A病毒 *Tobacco necrosis virus A*	7
			黍花叶病毒属 *Panicovirus*	黍花叶病毒 *Panicum mosaic virus*	2
			番茄丛矮病毒属 *Tombusvirus*	番茄丛矮病毒 *Tomato bushy stunt virus*	17
			未归属 Unassigned		2
	植物杆状病毒科 *Virgaviridae*	—	真菌传杆状病毒属 *Furovirus*	土传小麦花叶病毒 *Soil-borne wheat mosaic virus*	6
			大麦病毒属 *Hordeivirus*	大麦条纹花叶病毒 *Barley stripe mosaic virus*	4
			花生丛簇病毒属 *Pecluvirus*	花生丛簇病毒 *Peanut clump virus*	2
			马铃薯帚顶病毒属 *Pomovirus*	马铃薯帚顶病毒 *Potato mop-top virus*	4
			烟草花叶病毒属 *Tobamovirus*	烟草花叶病毒 *Tobacco mosaic virus*	25
			烟草脆裂病毒属 *Tobravirus*	烟草脆裂病毒 *Tobacco rattle virus*	3

（续）

目	科	亚科	属	代表种	种数
	—	—	甜菜坏死黄脉病毒属 *Benyvirus*	甜菜坏死黄脉病毒 *Beet necrotic yellow vein virus*	2
	—	—	柑橘粗糙病毒属 *Cilevirus*	柑橘粗糙C病毒 *Citrus leprosis virus C*	1
	—	—	悬钩子病毒属 *Idaeovirus*	悬钩子丛矮病毒 *Raspberry bushy dwarf virus*	1
—	—	—	欧尔密病毒属 *Ourmiavirus*	欧尔密甜瓜病毒 *Ourmia melon virus*	3
	—	—	一品红潜隐病毒属 *Polemovirus*	一品红潜隐病毒 *Poinsettia latent virus*	1
	—	—	南方菜豆花叶病毒属 *Sobemovirus*	南方菜豆花叶病毒 *Southern bean mosaic virus*	14
	—	—	幽影病毒属 *Umbravirus*	胡萝卜斑驳病毒 *Carrot mottle virus*	7

图书在版编目（CIP）数据

昆虫传植物病毒流行学及其预防 / 陈声祥，燕飞，陈剑平著. —北京：中国农业出版社，2020.3
ISBN 978-7-109-25170-0

Ⅰ.①昆… Ⅱ.①陈…②燕…③陈… Ⅲ.①植物病毒病—防治 Ⅳ.①S432.4

中国版本图书馆 CIP 数据核字（2019）第 018715 号

中国农业出版社出版
地址：北京市朝阳区麦子店街 18 号楼
邮编：100125
责任编辑：阎莎莎　张洪光　　文字编辑：冯英华
版式设计：王　晨　　责任校对：周丽芳
印刷：中农印务有限公司
版次：2020 年 3 月第 1 版
印次：2020 年 3 月北京第 1 次印刷
发行：新华书店北京发行所
开本：787mm×1092mm　1/16
印张：12　　插页：6
字数：200 千字
定价：78.00 元

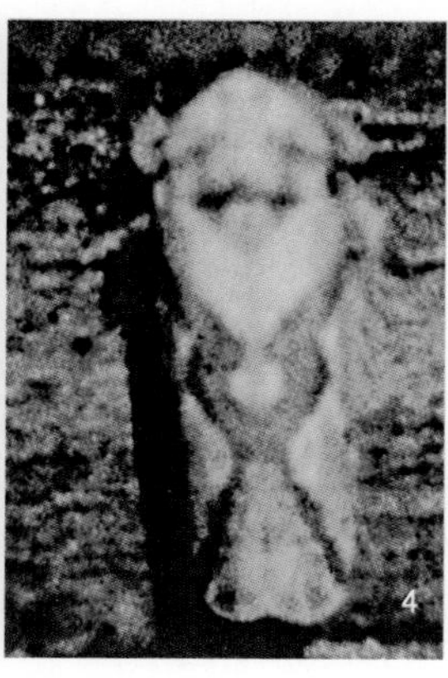

图版1　几种介体昆虫

1. 黑尾叶蝉(左雌右雄)　2. 灰飞虱(长翅雌虫)　3. 褐飞虱(长翅雌虫)　4. 电光叶蝉(雌虫)

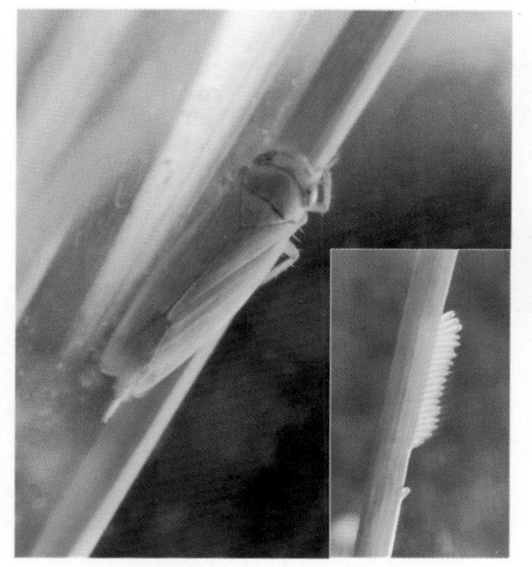

图版2　黑尾叶蝉怀卵雌虫及虫卵(右下)

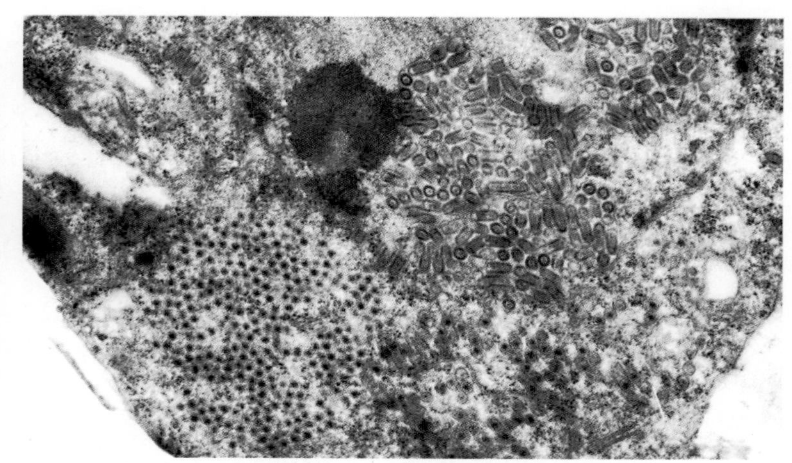

图版3　病稻切片中的RDV和RYSV

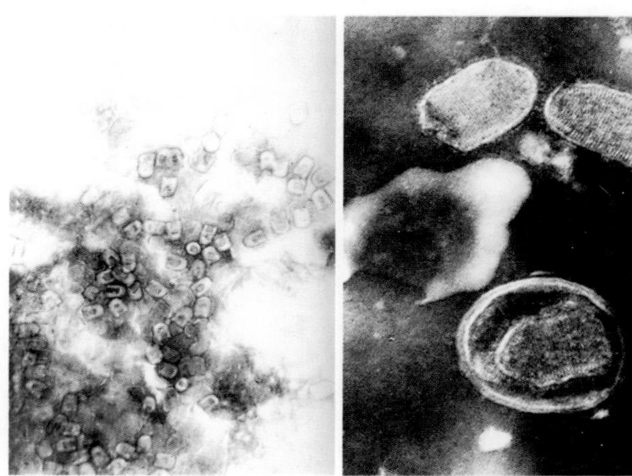

图版4　病稻提纯液中的RYSV粒体（左）及其放大（右）

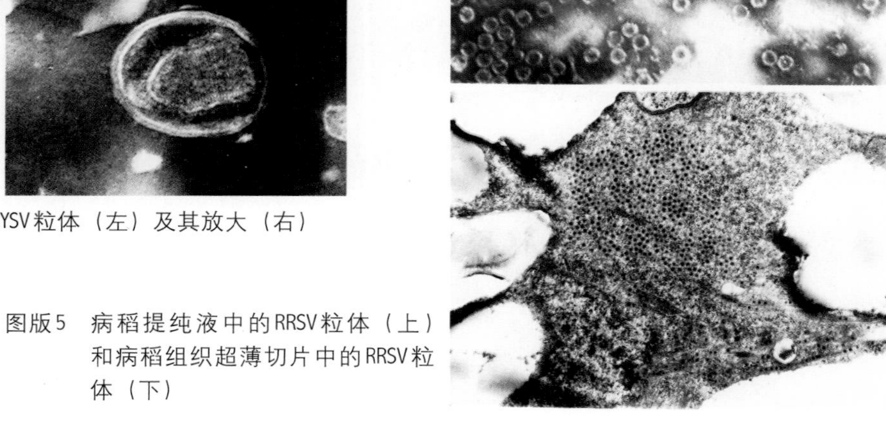

图版5　病稻提纯液中的RRSV粒体（上）和病稻组织超薄切片中的RRSV粒体（下）

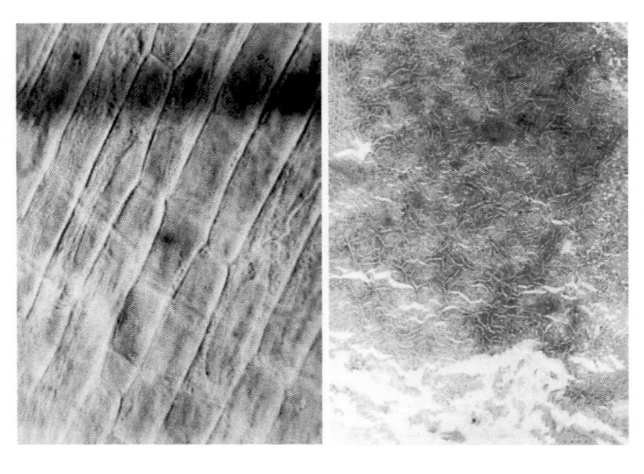

图版6　病稻叶鞘内表皮中RSV的环状和"8"形内含体（左）以及提纯液中RSV分枝丝状粒体（右）

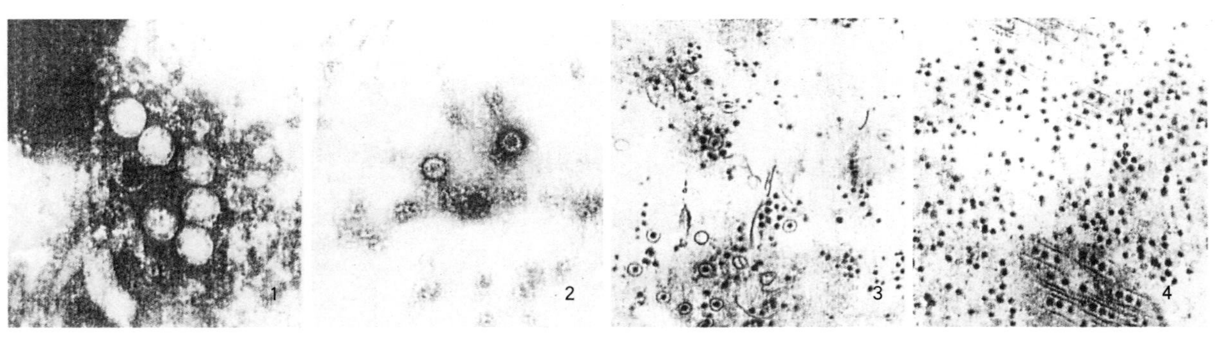

图版7　RBSDV电镜图

1.病稻榨出液中的RBSDV粒子（放大21万倍）　2.病稻提纯液中的RBSDV粒子（放大10万倍）　3.病稻叶脉超薄切片中的RBSDV（可见荚膜横切面，放大3.2万倍）　4.病稻叶脉超薄切片中的RBSDV（可见荚膜结构，放大3.2万倍）

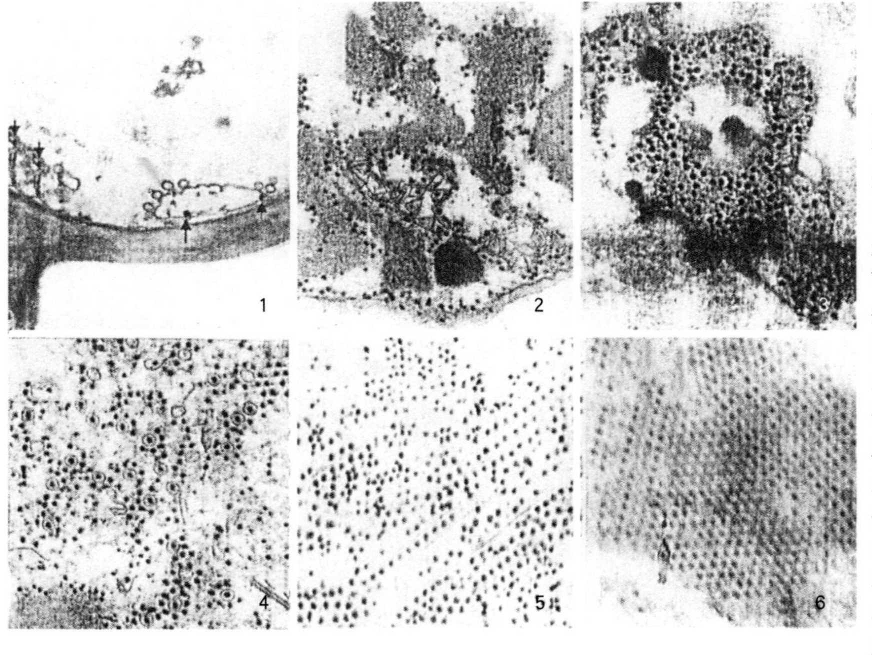

图版8　RBSDV侵染玉米导致玉米粗缩病的发病进程

1. 发病3d病玉米叶脉（呈透明点条）超薄切片（可见病毒粒子从病毒基质VP周边凹陷侵入）（箭头所示，放大4.8万倍）　2. 发病10d病玉米叶脉（透明点条连成虚线条）超薄切片（可见病毒粒子分布在VP周边）（放大4.8万倍）　3. 发病20d病玉米叶脉（呈蜡白色微微隆起条）超薄切片（可见病毒粒子从VP周边向内分布）（放大4.8万倍）　4. 发病30天病玉米叶脉（呈蜡泪状突起条斑）超薄切片（可见荚膜结构横切片）（放大4.8万倍）　5. 发病30d病玉米叶脉（呈蜡泪状突起条斑）超薄切片（可见病毒粒子排列在荚膜里）（放大4.8万倍）　6. 发病40d病玉米脉肿（蜡泪状突起条斑由蜡白色转变为褐色）超薄切片（可见病毒粒子整齐地呈晶格状排列，荚膜消失）（放大4.8万倍）

图版9 RBSDV侵染籼稻抽穗期的病株（左图显示剑叶短宽而平展）和粳稻抽穗期的病株（右）

图版10 水稻齿叶矮缩病病株（左）和水稻叶鞘上的长条形蜡白色隆起条斑（右）

图版11 水稻瘤矮病毒病病株（左）和病叶瘤状突起（右）

图版12 水稻矮缩病田间病株（初期，左）和水稻矮缩病病稻（分蘖末期，右）

图版13 看麦娘水稻矮缩病病株（抽穗期，左侧）和看麦娘健康对照（右侧）

图版14　水稻矮缩病稗草病株（分蘖末期至抽穗期）

图版15　籼稻水稻黄矮病病稻（上图为田间分蘖盛期，下图为幼苗人工接种分蘖盛期）

图版16　粳稻水稻黄矮病病株（叶色发黄，较籼稻浅）

图版17　水稻黄矮病病稻与东格鲁病病稻的病状对比［左图为籼稻水稻黄矮病病株，右图为水稻东格鲁病病株（RTSV+RTBV）］

图版18　分蘖初期的水稻条纹叶枯病病稻（新生叶褪绿点条）

图版19　分蘖期稻田水稻条纹叶枯病发病中心（假枯心苗）

图版20　水稻条纹叶枯病重病株（心叶黄枯卷曲）

图版21　水稻条纹叶枯病后期症状（穗头扭曲畸形，短缩在剑叶叶鞘内）

图版22　玉米水稻条纹叶枯病病株（系统侵染的叶片由于褪绿黄化而变软下垂，上）和大田小麦抽穗期的水稻条纹叶枯病病麦（剑叶由褪绿斑驳到黄化，麦穗发黄而半包在叶鞘里，下）

图版23　水稻黄矮病毒（RYSV）和水稻条纹病毒（RSV）并发病株

图版24　水稻矮缩病毒（RDV）和水稻黄矮病毒（RYSV）并发病株

图版25　水稻黑条矮缩病毒（RBSDV）和水稻齿叶矮缩病毒（RRSV）并发病株（左）和RRSV病稻剑叶叶鞘上的长条形隆起脉条（右）

图版26　水稻黄萎病病株（分蘖末期）

图版27　水稻黄萎病病株（成株期）

图版28　1991年温州市郊柑橘区杂交晚稻RBSDV重病田片[株发病率近100%，其中少数稻丛为大田移栽后自生的常规稻苗（避过RBSDV的侵染期）]

图版29　1994年金华市郊晚稻RBSDV重病田（直播稻，上）和局部病稻（下）

图版30　1998年浙江兰溪市郊早稻RBSDV病株（上）和1998年浙江省临海市郊杂交晚稻RBSDV重病田（下）

图版31　RBSDV病小麦（左上为田间分蘖期病株，右上为分蘖期病株根部粗短，下为分蘖初期病株）

图版32　燕麦RBSDV病株（顶叶短宽而僵直，色深，穗头短缩在顶叶叶鞘里，上）和1964年秋浙江省东阳县塘西RBSDV重病田片（几乎绝产，下）

图版33　抽穗期玉米RBSDV病株（植株矮缩浓绿色，叶片僵直地向两侧伸展，雄蕊短缩在顶叶的叶鞘里，在叶背叶脉和果穗苞叶的叶脉上可见蜡白色隆起条斑，1992年秋用温州市郊毒源接种）

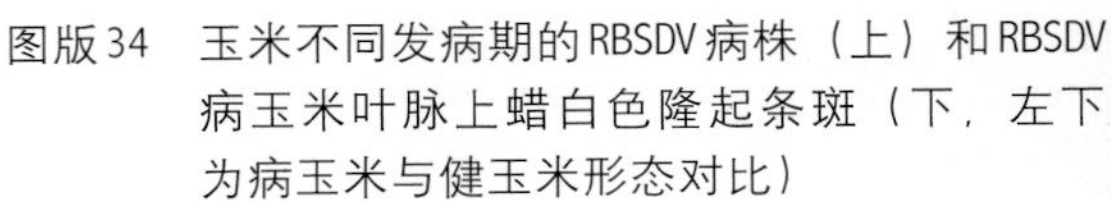

图版34　玉米不同发病期的RBSDV病株（上）和RBSDV病玉米叶脉上蜡白色隆起条斑（下，左下为病玉米与健玉米形态对比）

图版35　谷子田中的RBSDV病株（左上图中部）、高粱RBSDV病株（右上图中间）和茭白RBSDV病株（下）

图版36　早熟禾RBSDV病株（上图左）和看麦娘RBSDV病株（下图中部）

图版37　旱稗RBSDV病株

图版38　粳稻RBSDV病株（左）、籼稻RBSDV病株（中）和除草剂药害后病变植株（矮化，茎叶皱缩畸形，右）

图版39　除草剂引起的看麦娘药害（穗头及顶叶扭曲畸形，穗头短缩在顶叶叶鞘里，但顶叶不短宽而僵直，上）和杂交稻除草剂药害植株（植株矮化，穗头、花器扭曲畸形，下）

图版40　玉米抽穗期RBSDV病株（僵直的叶片向两侧伸展，左）和除草剂药害玉米（僵直的叶片向四周伸展，右）

图版41　菌草RBSDV病株（左上）及叶鞘上蜡白色肿块（右上）、稗草RBSDV病株（左下）和马唐RBSDV病株（右下）

图版42　菌草RBSDV病株（上）和田边菌草（下）

图版43　休闲稻田中的菌草（稻田连年大面积使用除草剂后，原来冬春休闲田滋长的看麦娘被杀灭，被抗药性强的菌草所取代）

图版44　RBSDV苗期和分蘖初期病株（病株矮缩而色泽浓绿，顶叶叶片短而宽，从下叶叶鞘撑出，上下叶叶枕并列）

图版45　RBSDV不同发病时间的症状（杂交水稻，左上为始病后10d，右上为始病后15d，下为始病后30d）

图版46　杂交水稻RBSDV病株（右上为叶基皱纹，右下为茎秆上纤细的隆起条斑）

图版47　抽穗后的RBSDV病稻（剑叶短宽而僵直，稻穗均短缩在叶鞘里，稻穗的谷粒及枝梗均短缩而密集）

图版48　RBSDV病稻茎基部沿维管束现蜡泪状隆起条斑（左）和粳稻成株期RBSDV病稻茎基上隆起蜡泪状肿块（右）

图版49　水稻不同品种对RBSDV的感病性（常规稻比杂交稻发病重）

图版50　早稻RBSDV病田（上）及在病田调查（下）

上图为1998年7月上旬，浙江省临海市大田镇早稻RBSDV病田中的双季晚稻秧田（预测稻苗严重感染RBSDV）；下图为1998年7月上旬在发病早稻田和双季晚稻秧田调查病虫，准备做重病田治虫防病试验。

图版51　晚稻防治田（右侧）与不防治对照田（左侧）的RBSDV病情

临海市下洋岩村双季晚稻在秧田后期和大田初期及时治虫防病田（右侧）的RBSDV株发病率为12%；左侧不防治对照田的株发病率为97.65%，田中有一些抽穗的稻丛是病田自生的籼稻，是在大田初期过侵染期后出苗的，避过了RBSDV侵染。防病效果显著。

图版52 安徽省潜山县防病结果（左）及对照（右）

左图左侧水稻在大田初期进行治虫防病，后期发病轻；右侧为大田初期不防治对照田，RYSV发病严重，稻叶显示一片黄色景象。右图发黄的一片稻田是不进行大田初期治虫防病的对照田，RYSV和RDV合计发病率超过50%；左侧是在大田初期进行治虫防病的小区，RYSV和RDV合计发病率10%左右，防病效果约80%。

图版53 安徽省桐城县防病基地（上）及不防病稻田（下）

上图左侧为大田初期防治田，黄矮病和矮缩病发生轻，仅田边受重病田边际影响而RYSV发病较重；右边为大田初期不防治对照田，合计发病率高达66.28%。下图为大田初期不及时治虫防病稻田（因在早稻收获完毕后治虫防病为时已晚，黑尾叶蝉带毒虫已将病毒传入水稻），发病情况相当严重，两病合计发病率达47.99%。

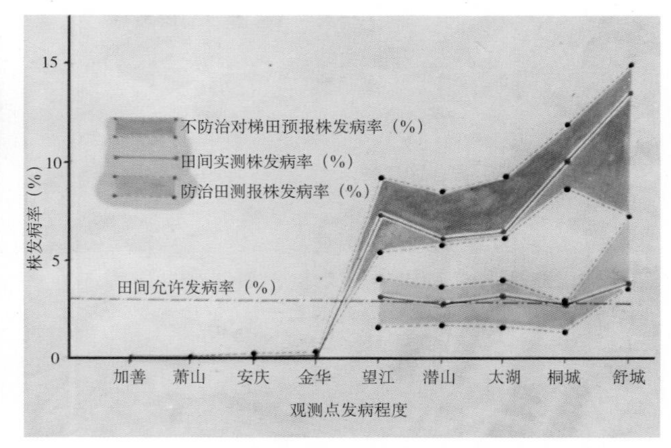

图版54 1983年应用发病率模型对安徽和浙江9个实验区的晚稻RYSV和RDV发病率进行预测和预报的结果（田间实测发病率均落在预报发病率区间内，预测预报相当正确）

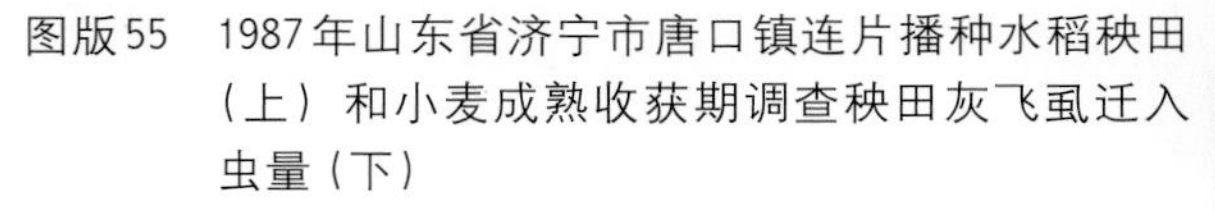

图版55 1987年山东省济宁市唐口镇连片播种水稻秧田（上）和小麦成熟收获期调查秧田灰飞虱迁入虫量（下）

图版56　小麦收获期调查水稻秧田第二代灰飞虱若虫（上）和小麦成熟和收获期用杀虫剂喷杀迁入单晚秧田的灰飞虱（下）

图版57　水稻秧田治虫防病小区处理编号（上）和试验田水稻大田初期（处于小麦收获期10d左右和麦收后5 ～ 7d内）用杀虫剂杀灭灰飞虱（下）

图版58　山东省济宁市唐口镇水稻秧田后期治虫防病试验对照田［秧田后期治虫防病的大田后期RSV病株率为2.293%（左侧），对照田为8.815%（右侧），可见一个个分散凹陷的病窝，左］和水稻后期因RSV重病致死的病窝（右）

图版59　RSV抗性品种筛选（用带毒灰飞虱在水稻3叶期传毒测定结果显示盐粳20、铁桂丰表现抗病）

图版60　RSV抗性品种筛选（用带毒灰飞虱在水稻3叶期传毒测定结果显示中国91、徐稻807表现抗病）